普通高等教育"十二五"测绘科学与技术系列教材

# 变形监测技术与应用
## （第2版）

岳建平　田林亚　主编

国防工业出版社
·北京·

## 内容简介

本书共分15章,前8章主要介绍变形监测的原理和方法,后7章主要介绍这些原理和方法在典型工程中的应用。在变形监测基本原理中,主要介绍了变形监测的目的意义、精度要求、观测周期,以及变形监测系统的设计等。在变形监测方法中,重点介绍了水平位移、垂直位移、挠度、裂缝等的监测技术。此外,补充介绍了应力、渗流等安全监测的技术内容。为反映现代变形监测技术的研究进展,简要介绍了光纤监测技术、GPS监测技术,以及自动化监测技术。为全面反映变形监测工作的全过程,对监测资料的整编,以及变形监测数学模型作了系统的介绍。在实际应用方面,重点介绍了工业与民用建筑物、基坑工程、桥梁工程、地铁隧道工程、水利工程、边坡工程、软土地基工程等的变形监测技术和方法。

#### 图书在版编目(CIP)数据

变形监测技术与应用/岳建平,田林亚主编.—2版.
—北京:国防工业出版社,2014.3(2024.8重印)
普通高等教育"十二五"测绘科学与技术系列教材
ISBN 978-7-118-09228-8

Ⅰ.①变… Ⅱ.①岳…②田… Ⅲ.①变形观测-高等学校-教材 Ⅳ.①P227

中国版本图书馆 CIP 数据核字(2014)第 026004 号

※

*国防工业出版社*出版发行
(北京市海淀区紫竹院南路23号 邮政编码100048)
北京富博印刷有限公司印刷
新华书店经售

\*

开本 787×1092 1/16 印张 15¼ 字数 368 千字
2024年8月第2版第7次印刷 印数 15001—16500 册 定价 32.00 元

(本书如有印装错误,我社负责调换)

国防书店:(010)88540777    发行邮购:(010)88540776
发行传真:(010)88540755    发行业务:(010)88540717

# 前言 preface

变形监测理论和技术是工程测量学中的一项重要研究内容,也是目前监测建筑物安全的一种重要方法,对保障国民经济建设和工程的正常运营有着重要的意义。该课程是测绘工程专业的必修专业课。本书按照高等院校测绘工程专业培养方案的要求编写而成。编者在总结多年教学经验的基础上,广泛征求同行的意见和建议,并根据当今工程测量技术的研究进展,重点介绍了变形监测的原理和方法,同时对全站仪、GPS、光纤和自动化监测等先进监测技术进行了适当的介绍。本书适用于测绘工程、土木工程等相关专业的教学,也可作为工程技术人员的参考书。

本书的前8章主要介绍变形监测的基本原理、方法和技术,以及监测数据处理理论和方法;后7章侧重介绍监测技术在工程中的应用。本书以基础理论和基本概念为重点,力求理论与实际相结合,传统技术与现代技术相对照,重点和难点阐述分析详细,各部分内容由浅入深,循序渐进。

参加本书编写的作者及分工如下:

岳建平(河海大学),撰写第1、3、4、6、7、11、13章,负责全书的组织和统稿。

田林亚(河海大学),撰写第2、10、14、15章,负责全书的校对。

黄红女(河海大学),撰写第8章。

石杏喜(南京理工大学),撰写第5章。

赵显富(南京信息工程大学),撰写第9章。

郑加柱(南京林业大学),撰写第12章。

本书的部分图表和内容取自所列的参考文献,在此向原作者致谢。

由于编者水平有限,书中难免存在谬误之处,敬请读者批评指正。

编 者

# 目录 contents

## 第1章 概述　1
- 1.1　变形监测的目的与意义　1
- 1.2　变形监测的主要内容　5
- 1.3　变形监测的精度和周期　7
- 1.4　变形监测系统设计　9
- 1.5　变形监测技术进展　11
- 思考题　15

## 第2章 沉降监测技术　16
- 2.1　概述　16
- 2.2　精密水准测量　17
- 2.3　精密三角高程测量　23
- 2.4　液体静力水准测量　24
- 思考题　28

## 第3章 水平位移监测　29
- 3.1　概述　29
- 3.2　交会法观测　31
- 3.3　精密导线测量　33
- 3.4　全站仪观测　38
- 3.5　视准线测量　42
- 3.6　引张线测量　46
- 3.7　垂线测量　49
- 3.8　激光准直测量　52
- 思考题　55

## 第4章 建筑物内部监测　56
- 4.1　内部位移监测　56
- 4.2　应力/应变监测　58
- 4.3　地下水位及渗流监测　61
- 4.4　挠度监测　64
- 4.5　裂缝监测　65
- 4.6　光纤监测技术　68
- 思考题　72

## 第5章 GPS在变形监测中的应用 73

5.1 概述 73
5.2 GPS定位基本原理 76
5.3 GPS实时监测技术 83
5.4 GPS一机多天线监测技术 85
思考题 88

## 第6章 自动化监测技术 90

6.1 概述 90
6.2 自动化监测系统设计 92
6.3 通用分布式测量控制单元（MCU）原理及应用 97
6.4 安全监测自动化系统设计示例 100
思考题 105

## 第7章 监测资料的整编与分析 106

7.1 监测资料的整编 106
7.2 监测资料的分析 109
7.3 监测数据的预处理 112
思考题 115

## 第8章 变形监测数学模型及应用 116

8.1 概述 116
8.2 统计模型的建立 117
8.3 灰色系统分析模型 121
8.4 时间序列分析模型 127
思考题 134

## 第9章 工业与民用建筑物变形监测 135

9.1 概述 135
9.2 建筑基础沉降监测 136
9.3 建筑物倾斜监测 142
9.4 工程实例 146
思考题 147

## 第10章 基坑工程施工监测 148

10.1 概述 148
10.2 监测内容及方法 149
10.3 监测技术设计 154
10.4 监测数据整理与分析 157
10.5 基坑监测实例 159
思考题 163

## 第11章 桥梁工程变形监测 164

- 11.1 概述 164
- 11.2 桥梁基础垂直位移监测 168
- 11.3 桥梁挠度观测 170
- 11.4 桥梁结构的健康诊断 172
- 思考题 176

## 第12章 地铁盾构隧道施工监测 177

- 12.1 概述 177
- 12.2 施工监测内容与方法 180
- 12.3 地铁盾构隧道监测方案设计 185
- 12.4 监测数据整理与分析 186
- 12.5 工程实例 188
- 思考题 191

## 第13章 水利工程变形监测 192

- 13.1 概述 192
- 13.2 监测项目及要求 194
- 13.3 监测系统设计 198
- 13.4 小浪底大坝安全监控系统设计 201
- 13.5 大坝安全评判专家系统设计 206
- 思考题 209

## 第14章 边坡工程监测 210

- 14.1 概述 210
- 14.2 监测内容与方法 211
- 14.3 监测技术设计 215
- 14.4 监测数据整理与分析 218
- 14.5 边坡监测实例 219
- 思考题 222

## 第15章 软土地基沉降与稳定监测 223

- 15.1 概述 223
- 15.2 高速公路软基监测 224
- 15.3 堤防工程软基监测 228
- 15.4 堤防工程施工监测实例 231
- 思考题 234

## 参考文献 235

# 第1章 概述

变形监测是对被监测的对象或物体(简称为变形体)进行测量以确定其空间位置及内部形态随时间的变化特征。变形监测又称变形测量或变形观测。变形体一般包括工程建筑物、技术设备以及其他自然或人工对象,如古塔与电视塔、桥梁与隧道、船闸与大坝、大型天线、车船与飞机、油罐与贮矿仓、崩滑体与泥石流、采空区与高边坡、城市与灌溉沉降区域等。工程建筑物和技术设备变形以及局部地表形变的监测乃是工程测量学的重要内容。

变形监测是掌握建筑物工作性态的基本方法,但仅对建筑物进行位移特征的监测是不够全面的,还需要对结构内部的应力、温度以及外部环境进行相应的监测,只有这样才能全面掌握建筑物的性态特征。因此,在变形监测的基础上发展成为安全监测。安全监测的成果不仅可以反映建筑物的工作性态,同时还能反馈给生产管理部门,以控制和调节建筑物的荷载,所以,安全监测又称为安全监控。

安全监测的主要目的是确定建筑物的工作性态,保证建筑物的安全运营。因此,需要建立一套完整的安全评判理论体系,以分析和评判建筑物的安全状况,由此而产生和发展了一种新的建筑物健康诊断理论。

## 1.1 变形监测的目的与意义

### 1.1.1 目的与意义

由于大型建筑物在国民经济中的重要性,其安全问题受到普遍的关注,政府对安全监测工作都十分重视,因此绝大部分的大型建筑物都实施了监测工作。对建筑物进行变形监测的主要目的有以下几个方面。

**1. 分析和评价建筑物的安全状态**

工程建筑物的变形观测是随着工程建设的发展而兴起的一门年轻学科。改革开放以后,我国兴建了大量的水工建筑物、大型工业厂房和高层建筑物。由于工程地质、外界条件等因素的影响,建筑物及其设备在施工和运营过程中都会产生一定的变形。这种变形常常表现为建筑物整体或局部发生沉陷、倾斜、扭曲、裂缝等。如果这种变形在允许的范围之内,则认为是正常现象。如果超过了一定的限度，就会影响建筑物的正常使用，甚至还可能危及建筑物的安全。例如，不均匀沉降使某汽车厂的巨型压机的两排立柱靠拢，以至巨大的齿轮"咬死"而不得不停工大修；某重机厂柱子倾斜使行车轨道间距扩大，造成了行车下坠事故。不均匀沉降还会使建筑物的构件断裂或墙面开裂，使地下建筑物的防水措施失效。因此，在工程建筑物的施工和运营期间，都必须对它们进行变形观测，以监视建筑物的安全状态。

随着经济建设的发展和水利资源的不断开发利用，大坝和其他水工建筑物的数量和规模都在不断增加和发展。我国的水利水电事业取得了举世瞩目的成就，自1949年以来，我国共修建8.6万余座堤坝，这些工程在国民经济中发挥了巨大的作用。然而，相当一部分大坝存在着某些不安全因素，有的已运行40多年，甚至更长时间。其坝体材料逐渐老化，出现危及大坝安全的裂缝和病变。有些大坝的坝址地质条件复杂，导致大坝的安全度偏低，还有些大坝的防洪标准偏低等。这些因素不同程度地影响工程效益的发挥，甚至威胁着下游千百万人民的生命财产安全。法国的马尔巴塞大坝(Malpasset)、美国的提堂大坝(Teton)、意大利的瓦依昂拱坝(Vaiont)以及我国的板桥水库、石漫滩水库和沟后水库等的大坝失事，都给下游人民的生命和财产造成了严重灾难。

**2. 验证设计参数**

变形监测的结果也是对设计数据的验证，为改进设计和科学研究提供资料。这是由于人们对自然的认识不够全面，不可能对影响建筑物的各种因素都进行精确计算，设计中往往采用一些经验公式、实验系数或近似公式进行简化，对正在兴建或已建工程的安全监测，可以验证设计的正确性，修正不合理的部分。例如，我国刘家峡水库的大坝，根据观测结果进行反演分析，得出初期时效位移分量、坝体混凝土弹模、渗透扩散率及横缝作用等有关结构本身特性的信息。

**3. 反馈设计施工质量**

变形监测不仅能监视建筑物的安全状态，而且对反馈设计施工质量等起到重要作用。例如，葛洲坝大坝是建在产状平缓、多软弱夹层的地基上，岩性的特点是砂岩、砾岩、粉砂岩、黏土质粉砂岩互层状，因此担心其开挖后会破坏基岩的稳定，所以通过安装大量的基岩变形计，在施工期间及1981年大江截流和百年一遇洪水期间的观测结果表明，基岩处理后，变形量在允许范围内，大坝是安全稳定的。

**4. 研究正常的变形规律和预报变形的方法**

由于人们认识水平的限制，对许多问题的认识都有一个由浅入深的过程，而大型建筑物由于结构类型、建筑材料、施工模式、地质条件的不同，其变形特征和规律存在一定的差异。因此，对已建建筑物实施安全监测，从中获取大量的安全监测信息，并对这些信息进行系统的分析研究，可寻找出建筑物变形的基本规律和特征，从而为监控建筑物的安全、预报建筑物的变形趋势提供依据。

变形监测的意义具体表现：对于机械技术设备，则保证设备安全、可靠、高效地运行，为改善产品质量和新产品的设计提供技术数据；对于滑坡，通过监测其随时间的变化过程，可进一步研究引起滑坡的成因，预报大的滑坡灾害；通过对矿山由于矿藏开挖所引起的实际变形的观测，可以采用控制开挖量和加固等方法，避免危险性变形的发生，同时可以改进变形预报模型；在地壳构造运动监测方面，主要是大地测量学的任务，但对于近期地壳垂直和水平运动以及断裂带的应力积聚等地球动力学现象、大型特种精密工程如核电厂、粒子加速器以及铁路工程也具有重要的工程意义。

## 1.1.2 变形监测的特点

变形监测与常规的测量相比较,它们既有相同点,又有各自不同的特点和要求。具体来说,变形监测具有以下特点。

**1. 周期性重复观测**

变形观测的主要任务是周期性地对观测点进行重复观测,以求得其在观测周期内的变化量。周期性是指观测的时间间隔是固定的,不能随意更改;重复性是指观测的条件、方法和要求等基本相同。

为了最大限度地测量出建筑物的变形特征数据,减小测量仪器、外界条件等引起的系统性误差影响,每次观测时,测量的人员、仪器、作业条件等都应相对固定。例如,在进行沉降观测时,要求在规定的日期,按照设计线路和精度进行观测,水准网形原则上不准改变,测量仪器一般也不准更改,对于某些测量要求较高的情况,测站的位置也应基本固定。

**2. 精度要求高**

在通常情况下,为了准确地了解变形体的变形特征和变形过程,需要精确地测量变形体特征点的空间位置,因此变形监测的精度要求一般比常规工程测量的精度要求高。例如,在大坝变形监测中,坝体的水平位移监测精度一般要求达到±1mm,对于坝基等特殊部位的监测精度甚至更高。因此,高精度的测量要求对测量的仪器和作业方法提出了更高的要求。

另外,由于变形监测点大多布设在变形体上,它是根据建筑物的重要性及其地质条件等布设的,变形体的形状特征决定了监测点的空间分布特征,同时也决定了监测网的形状特征。由于许多工程建筑物呈狭长的条状分布,所以变形监测网基本上只能按这种形状分布,测量人员无法按照常规测量那样考虑测点的网形,这给测量工作及测量的精度带来一定的影响。

**3. 多种观测技术的综合应用**

随着科学技术的发展,变形监测技术也在不断丰富和提高。相对而言,变形监测的技术和方法较常规大地测量的技术方法更为丰富。目前,在变形监测工作中,通常用到的测量技术包括以下几个方面。

(1) 常规大地测量方法。大地测量方法是变形监测的传统方法,主要包括三角测量、水准测量、交会测量等方法。该类方法的主要特征是可以利用传统的大地测量仪器,其理论和方法成熟,测量数据可靠,观测费用相对较低。但该类方法也有其很大的缺陷,主要表现在观测所需要的时间长,劳动强度高,观测精度受到观测条件的影响较多,不能实现自动化观测等。因此,该类方法在快速、实时、高精度等要求的场合,应用受到一定的限制。

(2) 专门的测量方法。对于某些只需要监测某些特定位移特征量的场合,可以采用专门的测量方法。例如,利用视准线、引张线测量方法,可以测量直线型大坝垂直于坝轴线方向的水平位移,利用垂线可以监测大坝或高大型建筑物的挠度等;利用倾斜仪可以观测建筑物及其基础的倾斜和转动角等。目前,这种专门用于土木工程变形监测的专用仪器在品种、型号等方面相当丰富,用户有很大的选择余地。

(3) 自动化监测方法。变形监测的自动化是监测工作的发展方向。目前,大多数重大工程的主要监测工作都实现了自动化监测,这不仅提高了测量的速度,降低了测量作业的劳动强度,而且对实时监控建筑物的安全、提高测量精度等都有着重要的意义。自动化监测除了需要布设自动监测的传感器外,还要建立测量控制和数据传输的通信网络,以及进行数据采集、传输、管理、分析等的计算机软件系统。虽然该项技术已进入实用阶段,但还有许多技术问题需要进一步研究。

（4）摄影测量方法。在利用变形监测点监测变形体的变形特征时，由于测点的数量有限，因此有时难以反映变形体变形的细节和全貌，特征信息不够全面。而采用摄影测量方法可以将变形体变形的特征信息全面地进行采集，具有快速、直观、全面的特点，该方法已广泛应用于高边坡、滑坡等的监测工作。但摄影测量方法也存在一定的缺陷，主要是测量的精度相对较低，对于高精度要求的监测工作还需要进一步的研究。

（5）GPS 等新技术的应用。GPS 在许多领域都有成功的应用，在变形监测领域，该技术的应用研究是一个热点课题，它可以实现高精度、全天候的实时监测，较常规的大地测量方法有许多独特的优点。该技术的成功应用，不仅减轻了测量作业的劳动强度，而且实现了监测工作的自动化，特别是该方法受观测条件的影响较小，可以保证测量数据的连续性和完整性。另外，应用于变形监测的新技术还有 CT 技术、光纤技术、测量机器人技术等，这些高新技术的成功应用，将大大提高变形监测的整体水平。

**4. 监测网着重于研究点位的变化**

变形监测工作主要关心的是测点的点位变化情况，而对测点的绝对位置并不过分关注，因此在变形监测中，常采用独立的坐标系统。虽然坐标系统可以根据工程需要灵活建立，但坐标系统一经建立一般不允许更改，否则，监测资料的正确性和完整性就得不到保证。例如，在沉降监测中，一般采用独立的高程系统，该系统可以和国家或地方的高程系统联测，也可以不进行联测，只需要在成果资料中予以说明。另外，对于某些建筑物，其监测的位移量要求在某个特定的方向上，若采用国家坐标系统或地方坐标系统，则将难以满足这样的要求，因此，只能建立独立的工程坐标系统。例如，在大坝变形监测中，要求测量的水平位移是坝轴线方向和垂直于坝轴线方向的位移，这时的坐标系统就应该根据坝轴线来建立。

## ▶ 1.1.3 变形的分类

引起建筑物变形的原因有很多，但主要可分为外部原因和内部原因两个方面。外部原因主要有：建筑物的自重、使用中的动荷载、振动或风力等因素引起的附加荷载、地下水位的升降、建筑物附近新工程施工对地基的扰动等。内部原因主要有：地质勘探不充分、设计错误、施工质量差、施工方法不当等。分析引起建筑物变形的原因，对以后变形监测数据的分析解释是非常重要的。

对变形体的变形特征进行合理的分类，有利于科学合理地开展监测工作，对变形的机理及变形监测的数据进行有效的分析和解释。变形体的变形特征按照其自身的特点和研究的不同目的，有不同的分类方法，主要方法如下。

**1. 变形的一般分类**

在通常情况下，变形可分为静态变形和动态变形两大类。静态变形主要是指变形体随时间的变化而发生的变形，这种变形一般速度较慢，需要较长的时间才能被发现。动态变形主要指变形体在外界荷载的作用下发生的变形，这种变形的大小和速度与荷载密切相关，在通常情况下，荷载的作用将使变形即刻发生。

**2. 按变形特征分类**

根据变形体的变形特征，变形可分为变形体自身的形变和变形体的刚体位移。变形体自身形变包括：伸缩、错动、弯曲和扭转 4 种变形；而刚体位移则包含整体平移、整体转动、整体升降和整体倾斜 4 种变形。

**3. 按变形速度分类**

变形按照其速度一般可分为长周期变形、短周期变形和瞬时变形。长周期变形一般指在比较长的时间段内发生的循环变形过程,如大坝在运营期由于受水压、温度等的影响而产生的年周期变形等。短周期变形是指在较短的一段时间内发生的循环变形过程,如高大型建筑物在日照的作用下而发生的周日变形等。瞬时变形是指在短时间荷载作用下发生的瞬间变形,如烟囱、塔柱等高大建筑物在风力的作用下发生的变形等。

**4. 按变形特点分类**

变形按其特点可分为弹性变形和塑性变形两类。当作用的荷载在构件的弹性范围内时,其发生的变形一般为弹性变形,特点是当荷载撤销后,变形也将消失。当荷载作用在非弹性体或者荷载超过了构件的弹性限度,则会产生塑性变形,其特点是当荷载撤销后,变形没有或者没有全部消失。在实际工程中,弹性变形和塑性变形会同时存在。

## 1.2 变形监测的主要内容

对于不同类型的变形体,其监测的内容和方法有一定的差异,但总的来说可以分成现场巡视检查、位移监测、渗流监测、应力监测等方面。

### 1.2.1 现场巡视检查

现场巡视检查是变形监测中的一项重要内容,包括巡视检查和现场检测两项工作,分别采用简单量具或临时安装的仪器设备在建筑物及其周围定期或不定期进行检查,检查结果可以定性描述,也可以定量描述。

巡视检查不仅是工程运营期的必需工作,在施工期也应十分重视。因此,在设计变形监测系统时,应根据工程的具体情况和特点,同时制定巡视检查的内容和要求,巡视人员应严格按照预先制定的巡视检查程序进行检查工作。

巡视检查的次数应根据工程的等级、施工的进度、荷载情况等决定。在施工期,一般每周2次,正常运营期,可逐步减少次数,但每月不宜少于1次。在工程进度加快或荷载变化很大的情况下,应加强巡视检查。另外,在遇到暴雨、大风、地震、洪水等特殊情况时,应及时进行巡视检查。

巡视检查的内容可根据具体情况确定,如对于大坝的坝体主要检查内容如下:

(1)相邻坝段之间的错动。
(2)伸缩缝开合情况和止水的工作状况。
(3)上下游坝面、宽缝内及廊道壁上有无裂缝,裂缝中渗水情况。
(4)混凝土有无破损。
(5)混凝土有无溶蚀、水流侵蚀或冻融现象。
(6)坝体排水孔的工作状况,渗漏水的漏水量和水质有无明显变化。
(7)坝顶防浪墙有无开裂、损坏情况。

巡视检查的方法主要依靠目视、耳听、手摸、鼻嗅等直观方法,也可辅以锤、钎、量具、放大镜、望远镜、照相机、摄像机等工器具。如有必要,则可采用坑(槽)探挖、钻孔取样或孔内电视、注水或抽水试验、化学试剂、水下检查或水下电视摄像、超声波探测及锈蚀检测、材质化验或强度检测等特殊方法进行检查。

现场巡视检查应按规定做好记录和整理,并与以往检查结果进行对比,分析有无异常迹象。如果发现疑问或异常现象,应立即对该项目进行复查,确认后,应立即编写专门的检查报告,及时上报。

### 1.2.2　环境量监测

环境量监测一般包括气温、气压、降水量、风力、风向等。对于水工建筑物,还应监测库水位、库水温度、冰压力、坝前淤积和下游冲刷等;对于桥梁工程,还应监测河水流速、流向、泥沙含量、河水温度、桥址区河床变化等。总之,对于不同的工程,除了一般性的环境量监测外,还要进行一些针对性的监测工作。

环境量监测的一般项目通常采用自动气象站来实现,即在监测对象附近设立专门的气象观测站,用以监测气温、气压、降雨量等数据。

对于特定类型建筑物的特定监测项目,应采用特定的监测方法和要求。例如,对于水利工程的坝前淤积和下游冲刷监测,则应在坝前、沉沙池、下游冲刷的区域至少各设立一个监测断面,并采用水下摄像、地形测量或断面测量等方法进行监测。又如,库水位监测应在水流平稳,受风浪、泄水和抽水影响较小,便于安装设备的稳固地点设立水位观测站,采用遥测水位计和水位标尺进行观测,两者的观测数据应相互比对,并及时进行校验。

地震是一种危害巨大的自然灾害,对于一些重大工程,为保证其安全,降低地震灾害所造成的损失,需要在工程所在地设立地震监测站,以分析和预报可能发生的地震。

### 1.2.3　位移监测

位移监测主要包括沉降监测、水平位移监测、挠度监测、裂缝监测等,对于不同类型的工程,各类监测项目的方法和要求有一定的差异。为使测量结果有相同的参考系,在进行位移测量时,应设立统一的监测基准点。

沉降监测一般采用几何水准测量方法进行,在精度要求不太高或者观测条件较差时,也可采用三角高程测量方法。对于监测点高差不大的场合,可采用液体静力水准测量和压力传感器方法进行测量。沉降监测除了可以测量建筑物基础的整体沉降情况外,还可以测量基础的局部相对沉降量、基础倾斜、转动等。

水平位移监测通常采用大地测量方法(包括交会测量、三角网测量和导线测量)、基准线测量(包括视准线测量、引张线测量、激光准直测量、垂线测量)以及其他一些专门的测量方法。其中,大地测量方法是传统的测量方法,而基准线测量是目前普遍使用的主要方法,对于某些专门测量(如裂缝计、多点位移计等)也是进行特定项目监测的十分有效的方法。

### 1.2.4　渗流监测

渗流监测主要包括地下水位监测、渗透压力监测、渗流量监测等。对于水工建筑物,还要包括扬压力监测、水质监测等。

地下水位监测通常采用水位观测井或水位观测孔进行,即在需要观测的位置打井或埋设专门的水位监测管,测量井口或孔口到水面的距离,然后换算成水面的高程,通过水面高程的变化分析地下水位的变化情况。

渗透压力一般采用专门的渗压计进行监测,渗压计和测读仪表的量程应根据工程的实际情况选定。

渗流量监测可采用人工量杯观测和量水堰观测等方法。量水堰通常采用三角堰和矩形堰两种形式，三角堰一般适用于流量较小的场合，矩形堰一般适用于流量较大的场合。

## 1.2.5 应力、应变监测

应力、应变监测的主要项目包括混凝土应力应变监测、锚杆（锚索）应力监测、钢筋应力监测、钢板应力监测、温度监测等。

为使应力、应变监测成果不受环境变化的影响，在测量应力、应变时，应同时测量监测点的温度。应力、应变的监测应与变形监测、渗流监测等项目结合布置，以便监测资料的相互验证和综合分析。

应力、应变监测一般采用专门的应力计和应变计进行。选用的仪器设备和电缆，其性能和质量应满足监测项目的需要，应特别注意仪器的可靠性和耐用性。

## 1.2.6 周边监测

周边监测主要指对工程周边地区可能发生的对工程运营产生不良影响的监测工作，主要包括滑坡监测、高边坡监测、渗流监测等。对于水利工程，由于水库的蓄水，使库区岸坡的岩土力学特性发生变化，从而引起库区的大面积滑坡，这对工程的使用效率和安全将是巨大的隐患，因此，应加强水利工程库区的滑坡监测工作。另外，对于水利工程中非大坝的自然挡水体，由于没有进行特殊处理，很可能会存在大量的渗漏现象，加强这方面的监测，对有效地利用水库、防止渗漏有很大的作用。

## 1.3 变形监测的精度和周期

## 1.3.1 变形监测的精度

在制定变形观测方案时，首先要确定精度要求。如何确定精度是一个不易回答的问题，国内外学者对此作过多次讨论。在1971年国际测量工作者联合会（FIG）第十三届会议上工程测量组提出：如果观测的目的是为了使变形值不超过某一允许的数值而确保建筑物的安全，则其观测的中误差应小于允许变形值的1/10~1/20；如果观测的目的是为了研究其变形的过程，则其中误差应比这个数小得多。

变形监测的目的大致可分为三类。第一类是安全监测，希望通过重复观测能及时发现建筑物的不正常变形，以便及时分析和采取措施，防止事故的发生。第二类是积累资料，各地对大量不同基础形式的建筑物所作沉降观测资料的积累，是检验设计方法的有效措施，也是以后修改设计方法、制定设计规范的依据。第三类是为科学试验服务。它实质上可能是为了收集资料、验证设计方案，也可能是为了安全监测。只是它是在一个较短时期内，在人工条件下让建筑物产生变形。测量工作者要在短时期内，以较高的精度测出一系列变形值。

显然，不同的目的所要求的精度不同。为积累资料而进行的变形观测精度可以低一些。另两种目的要求精度高一些。但是究竟要具有什么样的精度，仍没有解决，因为设计人员无法回答结构物究竟能承受多大的允许变形。在多数情况下，设计人员希望把精度要求提得高一些，而测量人员希望他们定得低一些。对于重要的工程（如大坝等），则要求"以当时能达到的最高精度为标准进行变形观测"。由于大坝安全监测的极其重要性和目前测量方法的进步，加上测量费用所占工程费用的比例较小,所以变形观测的精度要求一般较严。现将我国《混凝土大坝安全监测技术规范》中有关变形监测的精度列于表1-1。

表1-1　混凝土大坝变形监测的精度

| 项　　目 | | | | 位移中误差限值 |
|---|---|---|---|---|
| 水平位移 | 坝体 | 重力坝 | | ±1.0mm |
| | | 拱坝 | 径向 | ±2.0mm |
| | | | 切向 | ±1.0mm |
| | 坝基 | 重力坝 | | ±0.3mm |
| | | 拱坝 | 径向 | ±0.3mm |
| | | | 切向 | ±0.3mm |
| 坝体、坝基垂直位移 | | | | ±1.0mm |
| 坝体、坝基挠度 | | | | ±0.3mm |
| 倾斜 | 坝体 | | | ±5.0″ |
| | 坝基 | | | ±1.0″ |
| 坝体表面接缝与裂缝 | | | | ±0.2mm |
| 近坝区岩体 | 水平位移 | | | ±2.0mm |
| | 垂直位移 | 坝下游 | | ±1.5mm |
| | | 库区 | | ±2.0mm |
| 滑坡体和高边坡 | 水平位移 | | | ±0.3mm~±3.0mm |
| | 垂直位移 | | | ±3.0mm |
| | 裂缝 | | | ±1.0mm |

在确定了变形监测的精度要求后,可参照《建筑变形测量规程》确定相应的观测等级(表1-2)。当存在多个变形监测精度要求时,应根据其中最高精度选择相应的精度等级;当要求精度低于规范最低精度要求时,宜采用规范中规定的最低精度。

表1-2　建筑物变形测量等级及精度

| 变形测量等级 | 沉降观测 观测点测站高差中误差/mm | 位移观测 观测点坐标中误差/mm | 适　用　范　围 |
|---|---|---|---|
| 特级 | ≤0.05 | ≤0.3 | 特高精度要求的特种精密工程和重要科研项目变形观测 |
| 一级 | ≤0.15 | ≤1.0 | 高精度要求的大型建筑物和科研项目变形观测 |
| 二级 | ≤0.50 | ≤3.0 | 中等精度要求的建筑物和科研项目变形观测;重要建筑物主体倾斜观测、场地滑坡观测 |
| 三级 | ≤1.50 | ≤10.0 | 低精度要求的建筑物变形观测;一般建筑物主体倾斜观测、场地滑坡观测 |

注:1. 观测点测站高差中误差是指几何水准测量测站高差中误差或静力水准测量相邻观测点相对高差中误差。
　　2. 观测点坐标中误差是指观测点相对于测站点(如工作基点等)的坐标中误差、坐标差中误差以及等价的观测点相对于基准线的偏差值中误差、建筑物(或构件)相对于底部定点的水平位移分量中误差

## 1.3.2 变形监测的周期

变形监测的时间间隔称为观测周期,即在一定的时间内完成一个周期的测量工作。观测周期与工程的大小、测点所在位置的重要性、观测目的以及观测一次所需时间的长短有关。根据观测工作量和参加人数,一个周期可从几小时到几天。观测速度要尽可能快,以免在观测期间某些标志产生一定的位移。

变形监测的周期应以能系统反映所测变形的变化过程且不遗漏其变化时刻为原则,根据单位时间内变形量的大小及外界影响因素确定。当观测中发现变形异常时,应及时增加观测次数。不同周期观测时,宜采用相同的观测网形和观测方法,并使用相同类型的测量仪器。对于特级和一级变形观测,还宜固定观测人员、选择最佳观测时段、在基本相同的环境和条件下观测。

观测次数一般可按荷载的变化或变形的速度来确定。在工程建筑物建成初期,变形速度较快,观测次数应多一些;随着建筑物趋向稳定,可以减少观测次数,但仍应坚持长期观测,以便能发现异常变化。对于周期性的变形,在一个变形周期内至少应观测2次。

如果按荷载阶段来确定周期,则建筑物在基坑浇筑第一方混凝土后就立即开始沉陷观测。在软基上兴建大型建筑物时,一般从基坑开挖测定坑底回弹就开始进行沉陷观测。一般来说,从开始施工到满荷载阶段,观测周期约为10~30天;从满荷载起至沉陷趋于稳定时,观测周期可适当放长。具体观测周期可根据工程进度或规范规定确定。表1-3列出了大坝变形观测的周期。

表1-3 大坝变形观测周期

| 变形种类 | 水库蓄水前 | 水库蓄水 | 水库蓄水后2~3年 | 正常运营 |
| --- | --- | --- | --- | --- |
| 混凝土坝: | | | | |
| 沉陷 | 1个月 | 1个月 | 3~6个月 | 半年 |
| 相对水平位移 | 0.5个月 | 1周 | 0.5个月 | 1个月 |
| 绝对水平位移 | 0.5~1个月 | 1季度 | 1季度 | 6~12个月 |
| 土石坝: | | | | |
| 沉陷、水平位移 | 1季度 | 1季度 | 1季度 | 半年 |

在施工期间,若遇特殊情况(暴雨、洪水、地震等),应进行加测。

及时进行第一周期的观测有重要的意义。因为延误最初的测量就可能失去已经发生的变形数据,而且以后各周期的重复测量成果是与第一次观测成果相比较的,所以应特别重视第一次观测的质量。

## 1.4 变形监测系统设计

### 1.4.1 设计的原则与内容

设计一套监测系统对建筑物及其基础的性态进行监测,是保证建筑物安全运营的必备措施,以便发现异常现象,及时分析处理,防止发生重大事故和灾害。

**1. 设计原则**

1) 针对性

设计人员应熟悉设计对象,了解工程规模、结构设计方法、水文、气象、地形、地质条件及存在的问题,有的放矢地进行监测设计,特别是要根据工程特点及关键部位综合考虑,统筹安排,做到目的明确、实用性强、突出重点、兼顾全局,即以重要工程和危及建筑物安全的因素为重点监测对象,同时兼顾全局,并对监测系统进行优化,以最小的投入取得最好的监测效果。

2) 完整性

对监测系统的设计要有整体方案,它是用各种不同的观测方法,通过可靠性、连续性和整体性论证后,优化出来的最优设计方案。监测系统以监测建筑物安全为主,观测项目和测点的布设应满足资料分析的需要,同时兼顾到验证设计,以达到提高设计水平的目的。另外,观测设备的布置要尽可能地与施工期的监测相结合,以指导施工和便于得到施工期的观测数据。

3) 先进性

设计所选用的监测方法、仪器和设备应满足精度和准确度的要求,并吸取国内外的经验,尽量采用先进技术,及时有效地提供建筑物性态的有关信息,对工程安全起关键作用且人工难以进行观测的数据,可借助于自动化系统进行观测和传输。

4) 可靠性

观测设备要具有可靠性,特别是监测建筑物安全的测点,必要时在这些特别重要的测点上布置两套不同的观测设备以便互相校核并可防止观测设备失灵。观测设备的选择要便于实现自动数据采集,同时考虑留有人工观测接口。

5) 经济性

监测项目宜简化,测点要优选,施工安装要方便。各监测项目要相互协调,并考虑今后监测资料分析的需要,使监测成果既能达到预期目的,又能做到经济合理,节省投资。

**2. 主要内容**

对于一个变形监测系统的设计应包括以下内容:

(1) 技术设计书。测量所遵照的规范及其相应规定,合同主要条款及双方职责等。

(2) 有关建筑物自然条件和工艺生产过程的概述。其主要是说明各部分观测的重要性及对可能出现的现象的解释。

(3) 观测的原则方案。其包括监测工作的重要性、目的、要求等的总体说明。

(4) 控制点及监测点的布置方案。其包括监测系统布置图、测量精度要求及说明。

(5) 测量的必要精度论证。对主要监测方法的精度论证,并说明观测中的注意事项。

(6) 测量的方法及仪器。其包括仪器的种类、数量、精度等,对于特殊仪器应给出加工图、施工图,以及观测规程。

(7) 成果的整理方法及其他要求或建议。成果的整理一般按照规范的要求执行,对于规范中没有明确规定的内容,应进行详细说明。

(8) 观测进度计划表。其主要说明观测所需要的时间及其安排。

(9) 观测人员的编制及预算。

## 1.4.2 变形监测点的分类

变形监测的测量点,一般分为基准点、工作点和变形观测点3类。

**1. 基准点**

基准点是变形监测系统的基本控制点,是测定工作点和变形点的依据。基准点通常埋设在稳固的基岩上或变形区域以外,尽可能长期保存,稳定不动。每个工程一般应建立3个基准点,以便相互校核,确保坐标系统的一致。当确认基准点稳定可靠时,也可少于3个。

水平位移监测的基准点,可根据点位所处的地质条件选埋,常采用地表混凝土观测墩、井式混凝土观测墩等。在大型水利工程中,经常采用深埋倒垂线装置作为水平位移监测的基准点。

沉降观测的基准点通常成组设置,用以检核基准点的稳定性。每一个测区的水准基点不应少于3个。对于小测区,当确认点位稳定可靠时可少于3个,但连同工作基点不得少于2个。水准基点的标石,应埋设在基岩层或原状土层中。在建筑区内,点位与邻近建筑物的距离应大于建筑物基础最大宽度的2倍,其标石埋深应大于邻近建筑物基础的深度。水准基点的标石,可根据点位所处的不同地质条件选埋基岩水准基点标石、深埋钢管水准基点标石、深埋双金属管水准基点标石和混凝土基本水准标石。

变形观测中设置的基准点应进行定期观测,将观测结果进行统计分析,以判断基准点自身的稳定情况。水平位移监测的基准点的稳定性检核通常采用三角测量法进行。由于电磁波测距仪精度的提高,因此变形观测中也可采用三维三边测量来检核工作基准点的稳定性。沉降监测基准点的稳定性一般采用精密水准测量的方法检核。

**2. 工作点**

工作点又称为工作基点,它是基准点与变形观测点之间起联系作用的点。工作点埋设在被研究对象附近,要求在观测期间保持点位稳定,其点位由基准点定期检测。

工作基点位置与邻近建筑物的距离不得小于建筑物基础深度的1.5~2.0倍。工作基点与联系点也可设置在稳定的永久性建筑物墙体或基础上。工作基点的标石,可根据实际情况和工程的规模,参照基准点的要求建立。

**3. 变形观测点**

变形观测点是直接埋设在变形体上的能反映建筑物变形特征的测量点,又称为观测点,一般埋设在建筑物内部,并根据测定它们的变化来判断这些建筑物的沉陷与位移。对通视条件较好或观测项目较少的工程,可不设立工作点,在基准点上直接测定变形观测点。

变形监测点标石埋设后,应在其稳定后方可开始观测。稳定期根据观测要求与测区的地质条件确定,一般不宜少于15天。

## 1.5 变形监测技术进展

由于变形监测的特殊要求,一般不允许监测系统中断监测,这就要求安全监测系统能精确、稳定、可靠、长期而又实时地采集数据。而传统的仪器设备或监测方法通常难以满足这样的要求。因此,科研人员在现有自动化监测技术的基础上,有针对性地开发和研制了精度高、稳定可靠的自动化监测仪器和设备,这方面的主要研究成果如下。

### 1.5.1 自动化监测技术

近10年来,随着我国大型水利工程的增多,对大坝安全监测系统不断提出新任务、新课题和新要求。同时,电子计算机技术、激光技术、空间技术等新科技的发展与应用,有力地促进了观测技术的发展。

根据自动控制原理,先把被观测的几何量(长度、角度)转换成电量,再与一些必要的测量电路、附件装置相配合,组成自动测量装置,从而推动了连续观测方法的兴起,传感器也成为自动化监测必不可缺的重要部件。从外部观测的静力水准、正倒锤、激光准直,到内部观测的渗压计、沉降计、测斜仪、土体应变计、土压力计,其自动化遥测都建立在传感器的基础上。由于用途不同,传感器有机械式、光敏式、电式(又分为电压式、电容式、电感式)和磁式等几种形式,精度也各不相同。目前,运用最多的是电式和磁式传感器。例如,广西大化大坝监测系统应用的变形遥测仪器均为差动电容感应式,精度为 ±(0.1~0.2)mm,结构简单,可在高湿度环境下长期可靠地工作;新丰江大坝变形监测设备采用的是地震研究所研制的 EMD-S 型遥测垂线仪和 EMD-T 型引张线遥测仪,是用磁场差动法测量位移的二维传感器,它独到的电路和结构设计,使仪器具有良好的线性度、极小的横向位移影响,且抗磁、防雷、耐潮,有极好的长期稳定性和可靠性。

### 1.5.2 光纤传感检测技术

光导纤维是以不同折射率的石英玻璃包层及石英玻璃细芯组合而成的一种新型纤维。它使光线的传播以全反射的形式进行,能将光和图像曲折传递到所需要的任意空间,具有通信容量大、速度快、抗电磁干扰等优点。以激光作载波,光导纤维作传输路径来感应、传输各种信息。凡是电子仪器能测量的物理量(如位移、压力、流量、液面、温度等),它几乎都能测量。

光纤灵敏度相当高,其位移传感器能测出 0.01mm 的位移量,温度传感器能测出 0.01℃ 的温度变化。在美国、德国、加拿大、奥地利、日本等国已应用于裂缝、应力、应变、振动等观测。该技术具有以下优点:①将传感器和数据通道集为一体,便于组成遥测系统,实现在线分布式检测;②测量对象广泛,适于各种物理量的观测;③体积小、重量轻、非电连接、无机械活动件、不影响埋设点的特性;④灵敏度高,可远距测量;⑤耐水性、电绝缘好、耐腐蚀、抗电磁干扰;⑥频带宽,有利于超高速测量。所以,其适用于建筑物的裂缝、应力应变、水平、垂直位移等测量,可用于监测关键部位的形变,尤其可以替代高雷区、强磁场区或潮湿地带的电子仪器。

### 1.5.3 CT 技术的应用

计算机断层扫描技术(computerized tomography,CT)是在不破坏物体结构的前提下,根据在物体周边所获取的某种物理量(如波速、X 射线光强)的一维投影数据,运用一定的数学方法,通过计算机处理,重建物体特定层面上的二维图像以及依据一系列上述二维图像而构成三维图像的一门技术。

该技术是美国科学家 Hounsfield 于 1971 年所研制,率先用于医学领域。近十多年,该技术已发展应用到工业、地球物理、大坝监测等领域。意大利、日本将其应用于大坝性态诊断,有效地进行了大坝安全检查及工程处理效果验证。由于 CT 技术能够定量地反映出建筑物内部材料性质的分布情况和缺陷部位,得出三维结构图,所以,可以用其分析地基基础的地质构造,推测断层破碎带分布、隧道开挖前后岩层松弛的范围和程度等。

CT 技术在工程的选址、施工和运营期间可以发挥重大作用,既减少了仪器设备的复杂性,又提高了建筑物的安全度,同时对于建筑物的内部性态检测、缺陷搜索和老化评判都将成为重要依据。

### 1.5.4 GPS 在变形监测中的应用

随着 GPS 接收机的小型化,该技术在工程领域逐渐得到应用。特别是 20 世纪 90 年代,由于接收技术和数据处理技术的日臻完善,使测量的速度和精度不断提高,GPS 在我国的变形监测领域中得到应用。1998年,我国的隔河岩大坝外部变形首次采用GPS自动化监测系统,该系统具有速度快、全天候观测、测点间无需通视、自动化程度高等优点,对坝体表面的各监测点能进行同步变形监测,并实现了数据采集、传输、处理、分析、显示、存储等,测量精度可达到亚毫米级。

在1998年8月大坝蓄水至150年一遇的校核洪水水位期间,GPS监测系统一直安全可靠,抗干扰能力强,监测精度高,1h观测资料解算的点位水平精度优于±1mm,垂直精度优于±1.5mm,6h观测资料解算的点位水平精度优于±0.5mm,垂直精度优于±1mm。其数据处理分析及时,反应时间小于15min,能够快速反映大坝在超高蓄水下的三维变形,不仅确保了大坝的安全,也成功地实现了洪水错峰,为防洪减灾起到重大作用。实践证明,由于具有全天候、实时、自动化监测等优点,GPS可用于大坝的动态实时位移监测、振动频率测试和安全运营报答系统。

### 1.5.5 激光技术的应用

激光技术的应用,提高了探测的灵敏度,减少了作业的条件限制,克服了一定的外界干扰。激光用于水准仪,减少了读数和照准误差,提高了精度。试验表明,当视线长度为50m时,测站高差中误差约为±0.02mm。

我国从20世纪70年代初开始研究激光准直系统,70年代后期开始研究真空激光准直系统,1981年在太平哨坝顶建成运行。20世纪90年代后期真空激光准直系统又有新的发展,采用密封式激光点光源、聚用光电耦合器件(CCD)(面阵)作传感器,采用新型的波带板和真空泵自动循环冷却水装置等新措施和新技术,将进一步提高该系统的可靠性。

### 1.5.6 测量机器人技术

测量机器人由带电动马达驱动和程序控制的TPS系统结合激光、通信及CCD技术组合而成,它集目标识别、自动照准、自动测角测距、自动跟踪、自动记录于一体,可以实现测量的全自动化。测量机器人能够自动寻找并精确照准目标,在1s内完成对单点的观测,并可以对成百上千个目标作持续的重复观测。小浪底大坝外观监测中对测量机器人进行了试验性应用,效果非常理想。

### 1.5.7 三维激光扫描技术

三维激光扫描以格网扫描方式,高精度、高密度、高速度和免棱镜地测量变形体表面点云,具有高时间分辨率、高空间分辨率和测量精度均匀等特点,可以形成一个基于三维数据点的三维物体点云模型,根据点云模型通过单点和整体数据比对,不仅可以对变形体的局部进行监测,同时还可以对变形体进行整体监测。

变形体的刚体位移包括整体平移、升降、转动和倾斜等,主要反映了变形体整体变形的情况。目前,传统的大地测量技术方法及理论研究都已经比较深入,但这种方法多是单点式监测,监测点数少,难以发现无监测点区域的变形情况,而且一旦被破坏会严重影响资料的连续性。三维激光扫描技术可以快速、准确地获取变形体的刚体位移,利用获取的目标表面空间信息,确定出观测目标的整体空间姿态,根据其空间几何参数的变化,分析其整体位移,有效地避免传统变形分析结果中所带有的局部性和片面性。

三维激光扫描是一种新型测量技术,被誉为继GPS技术以来测绘领域的又一次技术革命。该技术突破了传统单点测量及数据处理方式的不足,为工程变形监测技术开拓了一种崭新的测量手段,具有广阔的应用前景。目前,三维激光扫描技术已广泛应用于建筑物几何结构、桥梁、文化遗产、滑坡和大坝的变形监测。

### 1.5.8 合成孔径雷达监测技术

合成孔径雷达干涉(interferometry synthetic aperture radar,InSAR)技术开辟了遥感技术用于监测地表形变的先河。机载或星载 SAR 通过微波对地球表面主动成像,通过对覆盖同一地区的两幅 SAR 图像的联合处理提取相位干涉图,可建立数字高程模型。利用合成孔径雷达差分干涉技术可从中提取厘米甚至毫米级精度的地表形变信息,以揭示许多地球物理现象,如地震形变、火山运动、冰川漂移、地面下沉以及山体滑坡等。InSAR 技术监测地表形变具有高分辨率和连续空间覆盖特征,是已有传统监测方法(如精密水准、GPS 等)所不具备的,且遥感探测形变覆盖面积大,成本低。

地基合成孔径雷达干涉(ground based InSAR,GBInSAR)将合成孔径雷达干涉变形监测技术从空基转化到地基,利用步进频率技术实现雷达影像方位向和距离向的高空间分辨率,克服了星载 SAR 影像受时空失相干严重和时空分辨率低的缺点,通过干涉处理可实现优于毫米级精度的微变形监测。在国外,GBInSAR 技术已经广泛用于滑坡、冰川和大坝安全监测。

### 1.5.9 安全监控专家系统

专家系统(expert system,ES)由人工智能的概念突破发展而来,是在某个特定领域内运用人类专家的丰富知识进行推理求解的计算机程序系统。它是基于知识的智能系统,主要包括知识库、综合数据库、推理机制、解释机制、人机接口和知识获取等功能模块。专家系统采用了计算机技术实现应用知识的推理过程,与传统的程序有着本质的区别。作为人工智能的重要组成部分,专家系统近年来在许多领域得到了卓有成效的应用。近年来兴起的大坝安全综合评价专家系统就是在专家决策支持系统的基础上,加上综合推理机,形成"一机四库"的完整体系。它着重应用人类专家的启发性知识,用计算机模拟专家对大坝的安全作出综合评价(分析、解释、评判和决策)的推理过程。

大坝安全综合评价专家系统对确保大坝安全、改善运行管理水平起到重要作用,它的建立具有重大的实际意义和科学价值。从国内外看,大坝安全监控领域内专家系统目前都还处于起步阶段,有待进一步完善。这主要是因为对大坝安全性态的评价是一个多层次、多指标且相当复杂的综合分析推理,从评价体系中下一层多个元素的已知状态来评价上一层元素的状态时,往往需要富有经验的专家根据工程实际情况、历史经验、物理力学关系等,运用其智慧、逻辑思维及判断能力,作出合理恰当的评价,而一般的常规模型是难以做到这一点的。

近年来将人工神经网络技术应用于专家系统中,成为又一热点。传统的专家系统致力于模拟人脑的逻辑思维,而神经网络则擅长模拟人脑的形象思维,将这两者相结合,建造出更为实用的混合专家系统,将是今后大坝安全监控专家系统的发展方向之一。在安全监控领域,受到关注的理论还有很多,如模糊数学、遗传算法、灰色系统理论、多目标大系统决策等,虽然将这些理论应用于安全监控还不完全成熟,甚至有些还处于研究探索阶段,但是它们已显现出了一定的实用性。

**思考题**

1. 变形监测的主要目的有哪些？
2. 变形监测的精度如何确定？
3. 变形监测的周期如何确定？
4. 变形监测的主要内容有哪些？
5. 变形监测点分哪几类？各有什么要求？
6. 变形监测系统设计的原则有哪些？
7. 监测系统设计的主要内容有哪些？
8. 变形监测技术在哪几方面取得了较好的发展？

# 第 2 章

# 沉降监测技术

## 2.1 概　述

沉降监测是建筑物变形监测中一项重要的监测内容。《工程测量规范》及《混凝土大坝安全监测技术规范》等对监测项目分类时，使用的是"垂直位移监测"一词；《建筑变形测量规程》等对监测项目分类时，使用的是"沉降监测"一词。仅从词面来说，"垂直位移"能同时表示建筑物的下沉或上升，而"沉降"只能表示建筑物的下沉。对于大多数建筑物来说，特别在施工阶段，由于垂直方向上的变形特征和变形过程主要表现为沉降变化，因此实际应用中通常采用"沉降"一词。在各种不同的条件下和不同的监测时期，被测对象在垂直方向上高程的变化情况可能不同，当采用"沉降"一词时，"沉降"实际表达的是一个向量，即沉降量既有大小又有方向。例如，本期沉降量的大小等于前一期观测高程减去本期观测高程所得差值的绝对值，而沉降的方向则用差值自身的正负号来表示，差值为"＋"时表示"下沉"，差值为"－"时表示"上升"。

建筑物的沉降与地基的土力学性质和地基的处理方式有关。建筑物的兴建，对地基施加了一定的外力，破坏了地表和地下土层的自然状态，必然引起地基及其周围地层的变形，沉降是变形的主要表现形式。沉降量的大小首先与地基的土力学性质有关，如果地基土具有较好的力学特性，或建筑物的兴建没有过大破坏地下土层的原有状态，则沉降量就可能较小；否则，沉降量就可能较大。其次，如果地基的土质较差，是否对地基进行处理和对地基处理方式的不同，将严重影响沉降量的大小，也将影响工程的质量。

建筑物的沉降与建筑物基础的设计有关。地基的沉降必然引起基础的沉降，当地基均匀沉降时，基础也均匀沉降；当地基产生不均匀沉降时，基础也随之出现不均匀沉降，基础的不均匀沉降可能导致建筑物的倾斜、裂缝甚至破坏。对于一定土质的地基，不同形式的基础其沉降效应可能不同。对于一定的基础，若地基土质不同，则其沉降差异很大。因此，设计人员一般要通过工程勘察和分析等工作，掌握地基土的力学性质，进行合理的基础设计。

建筑物的沉降与建筑物的上部结构有关，即与建筑物基础的荷载有关。随着建筑物的施工进程，不断增加的荷载对基础下的土层产生压缩，基础的沉降量会逐渐加大。但是荷载对基础下土层的压缩是逐步实现的，荷载的快速增加并不意味沉降量在短期内会快速加大；同样，荷载的停止增加也不意味沉降量在短期内会立即停止增加。一般认为,建筑在砂土类土层上的建筑物,其沉降在荷载基本稳定后已大部分完成,沉降趋于稳定;而建筑在黏土类土层上的建筑物,其沉降在施工期间仅完成了一部分,荷载稳定后仍会有一定的沉降变化。

建筑物施工中,引起地基和基础沉降的原因是多种多样的,除了建筑物地基、基础和上部结构荷载的影响,施工中地下水的升降对建筑物沉降也有较大的影响,如果施工周期长,温度等外界条件的强烈变化有可能改变地基土的力学性质,则会导致建筑物产生沉降。

上述讨论的沉降及其原因主要是指建筑物施工对自身地基和基础的影响。实际上,建筑物的施工活动,如降水、基坑开挖、地下开采、盾构或顶管穿越等,对周围建筑物的地基也有一定的影响。实际工作中不仅要考虑建筑物施工对自身沉降的影响,还要考虑建筑物施工对周围建筑物沉降的影响;沉降监测不仅要监测建筑物自身的沉降,还要监测施工区周围建筑物的沉降。还有一部分建筑物,如堤坝、桥梁、位于软土地区的高速公路和地铁等,其沉降不仅在施工中存在,而且由于受外界因素,如水位、温度、动力等影响,在运营阶段也长期存在,对这些重要建筑物,应该进行长期的沉降监测。

沉降监测就是采用合理的仪器和方法测量建筑物在垂直方向上高程的变化量。建筑物沉降是通过布置在建筑物上的监测点的沉降来体现的,因此沉降监测前首先需要布置监测点。监测点布置应考虑设计要求和实际情况,要能较全面地反映建筑物地基和基础的变形特征。沉降监测一般在基础施工时开始,并定期监测到施工结束或结束后一段时间,当沉降趋于稳定时停止,重要建筑物有的可能要延续较长一段时间,有的可能要长期监测。为了保证监测成果的质量,应根据建筑物特点和监测精度要求配备监测仪器,采用合理的监测方法。沉降监测需要有一个相对统一的监测基准,即高程系统,以便监测数据的计算和监测成果的分析。因此,沉降监测前还应该进行基准点的布置和观测,对其稳定状况进行分析和评判。

定期地、准确地对监测点进行沉降监测,可以计算监测点的累积沉降量、沉降差、平均沉降量(沉降速率),进行监测点的沉降分析和预报,通过相关监测点的沉降差可以进一步计算基础的局部相对倾斜值、挠度和建筑物主体的倾斜值,进行建筑物基础局部或整体稳定性状况分析和判断。当前,在建筑物施工或运营阶段进行沉降监测,其首要目的仍是为了保证建筑物的安全,通过沉降监测发现沉降异常和不安全隐患,分析原因并采取必要的防范措施;其次是研究的目的,主要用于对设计的反分析和对未来沉降趋势的预报。

## 2.2 精密水准测量

### 2.2.1 监测标志与选埋

精密水准测量精度高,其方法简便,是沉降监测最常用的方法。采用该方法进行沉降监测,沉降监测的测量点分为水准基点、工作基点和监测点3种。

水准基点是沉降监测的基准点,一般3~4个点构成一组,形成近似正三角形或正方形。为保证其坚固与稳定,应选埋在变形区以外的岩石上或深埋于原状土上,也可以选埋在稳固的建(构)筑物上。为了检查水准基点自身的高程有否变动,可以在每组水准基点的中心位置设置固定测站,定期观测水准基点之间的高差,判断水准基点高程的变动情况;也可以将水准基点构成闭合水准路线,通过重复观测的平差结果和统计检验的方法分析水准基点的稳定性。

根据工程的实际需要与条件,水准基点可以采用下列几种标志。

（1）普通混凝土标。如图2-1所示（图中数字单位为cm，以下同），用于覆盖层很浅且土质较好的地区，适用于规模较小和监测周期较短的监测工程。

（2）地面岩石标。如图2-2所示，用于地面土层覆盖很浅的地方，如有可能，则可直接埋设在露头的岩石上。

（3）浅埋钢管标。如图2-3所示，用于覆盖层较厚但土质较好的地区，采用钻孔穿过土层达到一定深度时，埋设钢管标志。

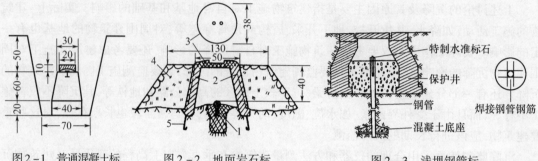

图2-1 普通混凝土标　　图2-2 地面岩石标　　图2-3 浅埋钢管标

（4）井式混凝土标。如图2-4所示，用于地面土层较厚的地方，防止雨水灌进井内，井台应高出地面0.2m。

（5）深埋钢管标。如图2-5所示，用于覆盖层很厚的平坦地区，采用钻孔穿过土层和风化岩层，达到基岩时埋设钢管标志。

（6）深埋双金属标。如图2-6所示，用于常年温差很大的地方，通过钻孔在基岩上深埋两根膨胀系数不同的金属管，如一根为钢管，另一根为铝管，因为这两根管所受地温影响相同，所以通过测定两根金属管高程差的变化值，可求出温度改正值，从而消除由于温度影响所造成的误差。

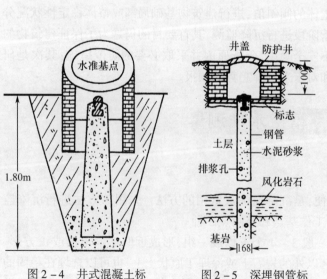
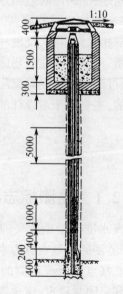

图2-4 井式混凝土标　　图2-5 深埋钢管标　　图2-6 深埋双金属标

工作基点是用于直接测定监测点的起点或终点。为了便于观测和减少观测误差的传递，工作基点应布置在变形区附近相对稳定的地方，其高程尽可能接近监测点的高程。工作基点一般采用地表岩石标,当建筑物附近的覆盖层较深时,可采用浅埋标志;当新建建筑物附近有基础稳定的建筑物时,可设置在该建筑物上。因工作基点位于测区附近,应经常与水准基点进行联测,通过联测结果判断其稳定状况,以保证监测成果的正确可靠。

监测点是沉降监测点的简称,布设在被监测建(构)筑物上。布设时,要使其位于建筑物的特征点上,能充分反映建筑物的沉降变化情况;点位应当避开障碍物,便于观测和长期保护;标志应稳固,不影响建(构)筑物的美观和使用;要考虑建筑物基础地质、建筑结构、应力分布等,对重要和薄弱部位应该适当增加监测点的数目。例如,建筑物四角或沿外墙 10～15m 处或 2～3 根柱基上;裂缝、沉降缝或伸缩缝的两侧;新旧建筑物或高低建筑物以及纵横墙的交接处;建筑物不同结构的分界处;人工地基和天然地基的接壤处;烟囱、水塔和大型贮藏罐等高耸构筑物的基础轴线的对称部位,每个构筑物不少于 4 个点。监测点标志应根据工程施工进展情况及时埋设,常用的监测点标志形式有以下几种。

(1) 盒式标志。如图 2-7 所示(图中数字单位为 mm,以下同),一般用铆钉或钢筋制作,适于在设备基础上埋设。

(2) 窨井式标志。如图 2-8 所示,一般用钢筋制作,适于在建筑物内部埋设。

(3) 螺栓式标志。如图 2-9 所示,标志为螺旋结构,平时旋进螺盖以保护标志,观测时将螺盖旋出,将带有螺纹的标志旋进,适于在墙体上埋设。

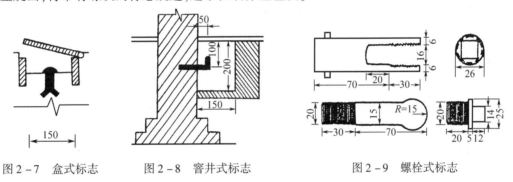

图 2-7  盒式标志　　　　图 2-8  窨井式标志　　　　图 2-9  螺栓式标志

## 2.2.2　监测仪器及检验

不同类型的建筑物,如大坝、公路等,其沉降监测的精度要求不尽相同。同一种建筑物在不同的施工阶段,如公路基础和路面施工阶段,其沉降监测的精度要求也不相同。针对具体的监测工程,应当使用满足精度要求的水准仪,采用正确的测量方法。国家有关测量规范,如《建筑变形测量规程》对不同等级的沉降监测应当配备的水准仪有明确的要求:对特级、一级沉降监测,应使用 DSZ05 或 DS05 型水准仪和因瓦合金标尺;对二级沉降监测,应使用 DS1 或 DS05 型水准仪和因瓦合金标尺;对三级沉降监测,应使用 DS3 水准仪和区格式木质标尺或 DS1 型水准仪和因瓦合金标尺。

目前,投入沉降监测的精密水准仪种类较多,相当于或高于 DS05 型的精密水准仪有 Wild N3、ZeissNi002、ZeissNi004、ZeissDiNi12、DS05、NA2003、Trimble Dini03 等,相当于或高于 DS1 型的精密水准仪有 ZeissNi007、DS1、NA2002 等,其中 ZeissNi002、ZeissNi007 为自动安平水准仪,ZeissDiNi12、NA2002、NA2003 等为电子水准仪。自动安平水准仪在概略整平后,自动补偿器可以实现仪器的精确整平,因此操作过程比一般精密水准仪简单方便,提高了观测速度。但从发展趋势看,既具有自动补偿功能又能实现水准测量自动化和数字化的电子水准仪更有发展和应用前景。

自动安平水准仪和电子水准仪虽有一般精密水准仪无法比拟的优点,但也有不足之处。首先表现在它们对风和振动的敏感性,因此在建筑工地和沿道路观测时应特别注意。此外,它们易受磁场的影响,有研究和经验表明,ZeissNi007 基本不受磁场的影响,ZeissNi002 受影响较小,但仍然呈明显的系统影响;NA2002 存在影响,但大小尚不明确。因此,精密水准测量时应该避开高压输电线和变电站等强磁场源,在没有搞清楚强大的交变磁场对仪器的磁效应前,最好不要使用这类仪器。

无论使用何种仪器,开始工作前,应该按照测量规范要求对仪器进行检验,其中水准仪的 $i$ 角误差是最重要的检验项目。检验 $i$ 角误差时,如图 2-10 所示,可在较为平坦的场地上选定安置仪器的 $J_1$、$J_2$ 点和竖立标尺的 $A$、$B$ 点,$s=20.6$m。先在 $J_1$ 点上安置水准仪,分别照准标尺 $A$ 和 $B$ 读数,如果 $i=0$,标尺上的正确读数应分别为 $a'_1$ 和 $b'_1$;如果 $i\neq 0$,读数应分别为 $a_1$ 和 $b_1$,由 $i$ 角引起的读数误差分别为 $\Delta$ 和 $2\Delta$,则在 $J_1$ 点上测得 $A$、$B$ 两点的正确高差为

$$h'_1 = a'_1 - b'_1 = (a_1 - \Delta) - (b_1 - 2\Delta) = a_1 - b_1 + \Delta = h_1 + \Delta \tag{2-1}$$

再在 $J_2$ 点上安置水准仪,分别照准标尺 $A$ 和 $B$ 读数,同理可得 $A$、$B$ 两点的正确高差为

$$h'_2 = a'_2 - b'_2 = (a_2 - 2\Delta) - (b_2 - \Delta) = a_2 - b_2 - \Delta = h_2 - \Delta \tag{2-2}$$

如不考虑其他误差的影响,则 $h'_1 = h'_2$,由式(2-1)和式(2-2)可得

$$2\Delta = (a_2 - b_2) - (a_1 - b_1) = h_2 - h_1 \tag{2-3}$$

由图 2-10 可知

$$i'' = \frac{\Delta}{s} \cdot \rho'' \approx 10\Delta \tag{2-4}$$

式中:$\Delta$ 以 mm 为单位,$\rho = 206265 \approx 206000$。水准测量规范规定水准仪的 $i$ 角不应大于 $15''$,否则应进行校正。

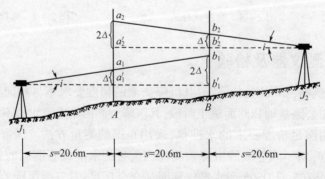

图 2-10 水准仪 $i$ 角误差检验

精密水准测量前,还应按规范要求对水准标尺进行检验,其中标尺的每米真长偏差是最重要的检验项目,一般送专门的检定部门进行检验。《国家一、二等水准测量规范》规定,如果一根标尺的每米真长偏差大于 0.1mm,应禁止使用;如果一对标尺的平均每米真长偏差大于 0.05mm,应对观测高差进行改正。一个测站观测高差的改正数为

$$\delta = fh \tag{2-5}$$

式中:$\delta$ 为一个测站观测高差的改正数(mm);$f$ 为平均每米真长偏差,即一对标尺的平均每米

真长与名义长度 1m 之差(mm/m);$h$ 为一个测站观测高差(m)。

一个测段观测高差的改正计算公式为

$$\sum h' = \sum h + f \sum h = (1+f)\sum h \qquad (2-6)$$

式中:$\sum h$ 为测段观测高差(m);$\sum h'$ 为测段改正后高差(m)。

在野外作业期间,可以用通过检定的一级线纹米尺检测标尺每米真长的变化,掌握标尺的使用状况,但检测结果不作为观测高差的改正用,具体方法参见《国家一、二等水准测量规范》。

### 2.2.3 监测方法与技术要求

采用精密水准测量方法进行沉降监测时,从工作基点开始经过若干监测点,形成一个或多个闭合或附合路线,其中以闭合路线为佳,特别困难的监测点可以采用支水准路线往返测量。整个监测期间,最好能固定监测仪器和监测人员,固定监测路线和测站,固定监测周期和相应时段。

水准仪的 $i$ 角误差已经被检验甚至校正,但仍然是存在的,设 $s_{后}$、$s_{前}$ 分别为前后视距,在 $i$ 角不变的情况下,对一个测站高差的影响为

$$\delta_s = \frac{i''}{\rho''}(s_{后} - s_{前}) \qquad (2-7)$$

对一个测段高差的影响为

$$\sum \delta_s = \frac{i''}{\rho''}\left(\sum s_{后} - \sum s_{前}\right) \qquad (2-8)$$

由式(2-7)、式(2-8)可知,一个测站上的前后视距相等和一个测段上的前后视距总和相等可以消除 $i$ 角误差的影响,但事实上很难做到。为了保证极大地减少 $i$ 角误差的影响,水准测量规范对前后视距差和前后视距累积差都有明确的规定,测量中应遵照执行。严格控制前后视距差和前后视距累积差,也可有效地减弱磁场和大气垂直折光的影响。例如,当水准线路与输电线相交时,将水准仪安置在输电线的下方,标尺点与输电线成对称布置,水准仪视准线变形的影响将得到较好地减弱和消除。

水准仪在作业中由于受温度等影响,$i$ 角误差会发生一定的变化。这种变化有时是很不规则的,其影响在往返测不符值中也不能完全被发现。减弱其影响的有效方法是减少仪器受辐射热的影响,避免日光直接照射。如果认为在较短的观测时间内,$i$ 角误差与时间成比例地均匀变化,则可以采用改变观测程序的方法,在一定程度上消除或减弱其影响。因此,水准测量规范对观测程序有明确的要求,往测时,奇数站的观测顺序:后视标尺的基本分划,前视标尺的基本分划,前视标尺的辅助分划,后视标尺的辅助分划,简称为"后前前后";偶数站的观测顺序:前视标尺的基本分划,后视标尺的基本分划,后视标尺的辅助分划,前视标尺的辅助分划,简称为"前后后前"。返测时,奇、偶数站的观测顺序与往测偶、奇数站相同。

标尺的每米真长偏差应在测前进行检验,当超过一定误差时应进行相应改正。测量中还必须考虑标尺零点差的影响,假设标尺 $a$、$b$ 的零点误差分别为 $\Delta a$、$\Delta b$,如图 2-11 所示,在测站 I 上零点误差对标尺读数 $a_1$、$b_1$ 和高差产生影响,观测高差为

$$h_{12} = (a_1 - \Delta a) - (b_1 - \Delta b) = a_1 - b_1 - \Delta a + \Delta b \qquad (2-9)$$

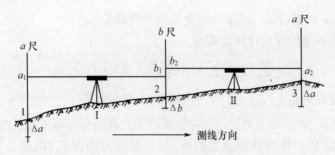

图 2-11 标尺零点差的影响

在测站Ⅱ上零点误差对标尺读数 $a_2$、$b_2$ 和高差产生影响,观测高差为

$$h_{23} = (b_2 - \Delta b) - (a_2 - \Delta a) = b_2 - a_2 + \Delta a - \Delta b \qquad (2-10)$$

若将式(2-9)、式(2-10)相加,则测站Ⅰ、Ⅱ所测高差之和中消除了标尺零点误差的影响,故作业中应将各测段的测站数目安排成偶数。

对采用精密水准测量进行沉降监测,国家有关测量规范都提出了具体的技术要求,具体实施时,应结合具体的沉降监测工程,选择相应的规范作为作业标准,表2-1~表2-3摘录了《工程测量规范》对沉降监测的主要技术要求。

表 2-1　视线长度、前后视距差和视线高度　　　　　　单位:m

| 等级 | 仪器类型 | 视线长度 | 前后视距差 | 视距累积差 | 视线高度 |
|---|---|---|---|---|---|
| 特等 | DS05 | ≤15 | ≤0.3 | ≤1.5 | ≥0.5 |
| 一等 | DS05 | ≤30 | ≤0.5 | ≤1.5 | ≥0.5 |
| 二等 | DS05、DS1 | ≤50 | ≤1.0 | ≤3.0 | ≥0.3 |
| 三等 | DS1、DS3 | ≤75 | ≤5.0 | ≤8.0 | ≥0.2 |

表 2-2　水准测量主要限差　　　　　　单位:mm

| 等级 | 基辅分划读数差 | 基辅分划所测高差之差 | 相邻基准点高差中误差 | 每站高差中误差 | 往返较差、附合或环线闭合差 | 检测已测高差较差 |
|---|---|---|---|---|---|---|
| 特等 | 0.3 | 0.4 | 0.3 | 0.07 | $0.15\sqrt{n}$ | $0.2\sqrt{n}$ |
| 一等 | 0.3 | 0.4 | 0.5 | 0.13 | $0.3\sqrt{n}$ | $0.5\sqrt{n}$ |
| 二等 | 0.4 | 0.6 | 1.0 | 0.30 | $0.6\sqrt{n}$ | $0.8\sqrt{n}$ |
| 三等 | 2.0 | 3.0 | 2.0 | 0.70 | $1.4\sqrt{n}$ | $2.0\sqrt{n}$ |

注:$n$ 为测段的测站数

表 2-3　沉降监测点的精度要求　　　　　　单位:mm

| 等级 | 往返较差、附合或环线闭合差 | 高程中误差 | 相邻点高差中误差 |
|---|---|---|---|
| 特等 | $0.15\sqrt{n}$ | ±0.3 | ±0.15 |
| 一等 | $0.3\sqrt{n}$ | ±0.5 | ±0.30 |
| 二等 | $0.6\sqrt{n}$ | ±1.0 | ±0.50 |
| 三等 | $1.4\sqrt{n}$ | ±2.0 | ±1.00 |

## 2.3 精密三角高程测量

精密水准测量因受观测环境影响小,观测精度高,仍然是沉降监测的主要方法。但如果水准路线线况差,则水准测量实施将很困难。高精度全站仪的发展,使得电磁波测距三角高程测量在工程测量中的应用更加广泛,若能用短程电磁波测距三角高程测量代替水准测量进行沉降监测,则将极大地降低劳动强度,提高工作效率。

### 2.3.1 单向观测及其精度

单向观测法,即将仪器安置在一个已知高程点(一般为工作基点)上,观测工作基点到沉降监测点的水平距离 $D$、垂直角 $\alpha$、仪器高 $i$ 和目标高 $v$,计算两点之间的高差。由于大气折光系数 $K$ 和垂线偏差的影响,因此单向观测计算高差的公式为

$$h = D \cdot \tan\alpha + \frac{1-K}{2R} \cdot D^2 + i - v + (u_1 - u_m) \cdot D \qquad (2-11)$$

式中:$u_1$ 为测站在观测方向上的垂线偏差;$u_m$ 为观测方向上各点的平均垂线偏差。

因垂线偏差对高差的影响虽随距离的增大而增大,但在平原地区边长较短时,垂线偏差的影响极小,且在各期沉降量的相对变化量中得到抵消,通常可忽略不计,所以式(2-11)为

$$h = D \cdot \tan\alpha + \frac{1-K}{2R} \cdot D^2 + i - v \qquad (2-12)$$

高差中误差为

$$m_h^2 = \tan^2\alpha \cdot m_D^2 + D^2 \sec^4\alpha \frac{m_\alpha^2}{\rho^2} + m_i^2 + m_v^2 + \frac{D^4}{4R^2} m_K^2 \qquad (2-13)$$

由式(2-13)可以看出,影响三角高程测量精度的因素有测距误差 $m_D$、垂直角观测误差 $m_\alpha$、仪器高量测误差 $m_i$、目标高量测误差 $m_v$、大气折光误差 $m_K$。采用高精度的测距仪器和短距离测量,可大大减弱测距误差的影响;垂直角观测误差对高程中误差的影响较大,且与距离成正比的关系,观测时应采用高精度的测角仪器并采取有关措施提高观测精度;监测基准点一般采用强制对中设备,仪器高的量测误差相对较小,对非强制对中点位,可采用适当的方法提高量取精度;监测项目不同,监测点的标志有多种,应根据具体情况采用适当的方法减小目标高的量测误差;大气折光误差随地区、气候、季节、地面覆盖物、视线超出地面的高度等不同而发生变化,其影响与距离的平方成正比,其取值误差是影响三角高程精度的主要部分,但对小区域短边三角高程测量影响程度较小。

若采用标称精度 $0.5''$、$1\text{mm} + 10^{-6} \times D$ 的全站仪观测一测回,取 $m_s = 1\text{mm} + 10^{-6} \times D$,$m_\beta = 1.0''$,并设 $D = 500\text{m}$,$\alpha = \pm 3°$,$m_i = m_v = \pm 1.0\text{mm}$,$m_K = \pm 0.2$,则根据式(2-13)可得 $m_h = \pm 4.8\text{mm}$。假设监测点的观测高差中误差允许值为 $m_h = \pm 5.0\text{mm}$,则当 $D \leq 500\text{m}$ 时,都可以满足精度要求。

### 2.3.2 中间法及其精度

中间法是将仪器安置于已知高程测点 1 和测点 2 之间,通过观测站点到 1、2 两点的距离

$D_1$ 和 $D_2$,垂直角 $\alpha_1$ 和 $\alpha_2$,目标 1、2 的高度 $v_1$ 和 $v_2$,计算 1、2 两点之间的高差。中间法距离较短,若不考虑垂线偏差的影响,则其计算公式为

$$h = (D_2\tan\alpha_2 - D_1\tan\alpha_1) + \left(\frac{D_2^2 - D_1^2}{2R}\right) - \left(\frac{D_2^2}{2R}K_2 - \frac{D_1^2}{2R}K_1\right) - (v_2 - v_1) \quad (2-14)$$

若设 $D_1 \approx D_2 = D, \Delta K = K_1 - K_2, m_{\alpha 1} = m_{\alpha 2} = m_\alpha, m_{D_1} \approx m_{D_2} = m_D, m_{v_1} \approx m_{v_2} = m_v$,则有

$$h = D(\tan\alpha_2 - \tan\alpha_1) + \frac{D^2}{2R} \cdot \Delta K + v_1 - v_2 \quad (2-15)$$

$$m_h^2 = (\tan\alpha_2 - \tan\alpha_1)^2 m_D^2 + D^2(\sec^4\alpha_2 + \sec^4\alpha_1)\frac{m_\alpha^2}{\rho^2} + \frac{D^4}{4R^2} \cdot m_{\Delta K}^2 + 2m_v^2 \quad (2-16)$$

由式(2-16)可以看出,大气折光对高差的影响不是 $K$ 值取值误差的本身,而是体现在 $K$ 值的差值 $\Delta K$ 上,虽然 $\Delta K$ 对三角高程精度的影响仍与距离的平方成正比,但由于视线大大缩短,在小区域选择良好的观测条件和观测时段可以极大地减小 $\Delta K$,$\Delta K$ 对高差的影响甚至可忽略不计。这种方法对测站点的位置选择有较高的要求。

### 2.3.3 对向观测及其精度

若采用对向观测,根据式(2-12),设 $D_{12} \approx D_{21} = D, \Delta K = K_1 - K_2$,计算高差的公式为

$$h = \frac{1}{2}D(\tan\alpha_{12} - \tan\alpha_{21}) - \frac{\Delta K}{4R}D^2 + \frac{1}{2}(i_1 - i_2) + \frac{1}{2}(v_1 - v_2) \quad (2-17)$$

若设 $m_{i_1} \approx m_{i_2} = m_i$,则对向观测高差中误差可写为

$$m_h^2 = \frac{1}{4}(\tan\alpha_{12} - \tan\alpha_{21})^2 \cdot m_D^2 + \frac{D^2}{4}(\sec^4\alpha_{12} + \sec^4\alpha_{21}) \cdot \frac{m_\alpha^2}{\rho^2} + \frac{D^4}{16R^2} \cdot m_{\Delta K}^2 + \frac{m_i^2 + m_v^2}{2}$$

$$(2-18)$$

采用对向观测时,$K_1$ 与 $K_2$ 严格意义上虽不完全相同,但对高差的影响也不是 $K$ 值取值误差的本身,而是体现在 $K$ 值的差值 $\Delta K$ 上,在较短的时间内进行对向观测可以更好地减小 $\Delta K$ 值,视线较短时 $\Delta K$ 值对高差的影响甚至可忽略不计。这种方法对监测点标志的选择有较高的要求,作业难度也较大,一般的监测工程较少采用。

## 2.4 液体静力水准测量

### 2.4.1 基本原理

液体静力水准测量也称为连通管测量,是利用相互连通的且静力平衡时的液面进行高程传递的测量方法。

如图 2-12 所示,为了测量 $A$、$B$ 两点的高差 $h$,将容器 1 和 2 用连通管连接,其静力水准测头分别安置在 $A$、$B$ 上。由于两测头内的液体是相互连通的,当静力平衡时,两液面将处于同一高程面上,因此 $A$、$B$ 两点的高差 $h$ 为

$$h = H_1 - H_2 = (a_1 - a_2) - (b_1 - b_2) \quad (2-19)$$

式中：$a_1$、$a_2$ 为容器的顶面或读数零点相对于工作底面的高度；$b_1$、$b_2$ 为容器中液面位置的读数或读数零点到液面的距离。

由于制造的容器不完全一致，探测液面高度的零点位置（起始读数位置）不可能完全相同，因此为求出两容器的零位差，可将两容器互换位置，求得 A、B 两点的新的高差 h 为

$$h = H_1 - H_2 = (a_2 - a_1) - (b'_2 - b'_1) \tag{2-20}$$

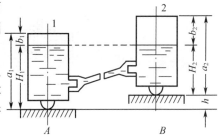

图 2-12　静力水准测量原理

式中：$b'_1$、$b'_2$ 为对应容器中液面位置的新读数。联合解算式（2-19）和式（2-20）得

$$h = \frac{1}{2}[(b_2 - b_1) - (b'_2 - b'_1)] \tag{2-21}$$

$$C = a_2 - a_1 = \frac{1}{2}[(b_2 - b_1) + (b'_2 - b'_1)] \tag{2-22}$$

式中：C 为两容器的零位差。

对于确定的两容器，零位差是个常量。若采用自动液面高度探测的传感器，两容器的零位差就是两传感器对应的零位到容器顶面距离不等而产生的差值。对于新仪器或使用中的仪器进行检验时，必须测定零位差。当传感器重新更换或调整时，也必须测定零位差。

液体静力水准仪种类较多，但总体上由 3 部分组成，即液体容器及其外壳、液面高度量测设备和沟通容器的连通管。根据不同的仪器及其结构，液面高度测定方法有目视法、接触法、传感器测量法和光电机械法等。前两种方法精度较低，后两种方法精度较高且利于自动化测量。

图 2-13(a) 所示为传感器静力水准测量系统。容器 1 中盛有液体，液面有浮体 2，线性差动位移传感器 3 固定在容器 1 上，其铁芯 4 插入浮体 2 中，容器上部有导气管 5。为保持稳定，浮体 2 内盛有铁砂。

图 2-13(b) 所示为线性差动位移传感器。当容器内液面升降时，浮体带动传感器铁芯一起升降。由于铁芯的升降，相对于传感器内初级和次级线圈的位置上、下移动，使输出的感应电压产生变化，精密地测出这种电压的变化量并换算成相应的位移量，就可以获得液面的升降值。如果把容器内液面升降所产生的电压变化量放大，并利用屏蔽导线传输到观测控制室内，则可容易地实现遥测。现代生产的液体静力水准仪，不但有较高的自动测量功能，测量液面位置的精度也可达到 ±0.01mm～±0.02mm。

## 2.4.2　误差来源

液体静力水准测量的原理并不复杂，但要在实际测量中达到很高的精度，必须考虑诸多因素的影响。

**1. 仪器的误差**

仪器的误差包括观测头的倾斜、量测设备的误差和液体的漏损等。通过仪器制造时的严密检校、调试和在仪器壳体上附加用于观测头置平的圆水准器，这些误差可限制在极小的范围内。

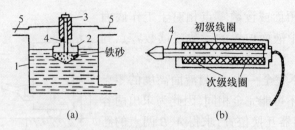

图 2-13　传感器静力水准测量系统
1—容器；2—浮体；3—传感器；4—铁芯；5—导气管。

**2. 温度的影响**

考察图 2-14 中的 $A$ 点，根据流体力学原理，由伯努利方程可得

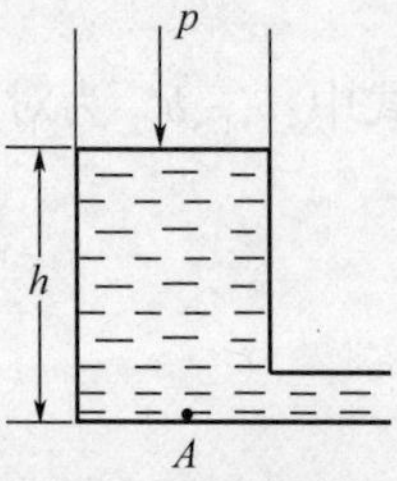

$$\frac{1}{2}v^2 + p + \rho \cdot g \cdot h = 常数 \qquad (2-23)$$

式中：$v$ 为液体流动速度；$p$ 为大气压力；$\rho$ 为液体密度；$g$ 为重力加速度。

当装置中液体静止时，$v=0$，对式（2-23）微分得

$$\mathrm{d}\rho \cdot gh + \rho g \cdot \mathrm{d}h + \mathrm{d}p = 0 \qquad (2-24)$$

图 2-14　$A$ 点受力示意图

若不计大气压误差的影响，则式（2-24）为

$$\mathrm{d}h = -\frac{\mathrm{d}p}{\rho}h \qquad (2-25)$$

而液体的密度是温度的函数，通常可表达为

$$\rho(t) = a_0 + a_1 t + a_2 t^2 + \cdots + a_k t^k \qquad (2-26)$$

由于二次项及其以上的系数较小，且水柱的高度不大，故可近似认为水的密度与温度成线性关系，则式（2-25）为

$$\mathrm{d}h = -\left(\frac{\mathrm{d}p}{\rho}h \cdot \mathrm{d}t\right)/\rho \qquad (2-27)$$

当水温分别为 10℃ 和 20℃ 时，若水温变化 1℃，对不同高度的水柱 $h$，产生的高度变化量如表 2-4 所列。

表 2-4　水温变化 1℃ 的水柱高度变化量

| $t$/℃ | $h$/mm | | | | | | |
| --- | --- | --- | --- | --- | --- | --- | --- |
| | 500 | 400 | 300 | 200 | 100 | 50 | 30 |
| 10 | 0.070 | 0.056 | 0.042 | 0.028 | 0.014 | 0.007 | 0.004 |
| 20 | 0.035 | 0.028 | 0.021 | 0.014 | 0.007 | 0.004 | 0.002 |

由表 2-4 可知，温度不均匀对误差的影响较大，且与液柱高度成正比。因此，为减小温度对测量系统的影响，应尽量降低液柱的总高度，最好不要大于 50mm。此外，连接各容器的管道应水平设置，并力求使各测点处的温度基本一致。

**3. 气压差异的影响**

对式（2-23）中的 $p$ 求微分得

$$dh = -\frac{dp}{\rho g} = -\frac{dp}{\gamma} \qquad (2-28)$$

式中:$\gamma$ 为液体容重。

由式(2-28)可知,若水温为 20℃,$dp = 0.0136 g/cm^2$ 时,则由于气压变化而产生的高差误差 $\Delta h = 0.0136 mm$,这是个较大的误差。为保证液体静力水准仪液面所受的大气压相同,在测头的上部应采用硬橡胶管相互连接,使各测头处液面所受的大气压相等,减小压力差异所产生的高差误差。

**4. 对容器的要求**

液体静力水准系统一般用玻璃容器盛放液体,由于液体(如水、酒精等)对玻璃的润湿作用,使液面中央形成向下凹曲并且液体会自己升高一个 $dh'$。

$$dh' = \frac{2\sigma}{\rho g R}\cos\theta \qquad (2-29)$$

式中:$\sigma$ 为液体表面张力值;$R$ 为容器半径;$\theta$ 为液体边缘角。

此外,润湿作用使液面中央形成向下弯的矢距 $\Delta Z$ 为

$$\Delta Z = \frac{\cos\theta}{R(1-\sin\theta)} \qquad (2-30)$$

由计算可得,当盛放纯净水的玻璃容器半径 $R = 25 mm$ 时,$\Delta h' = 0.6 mm$,$\Delta Z = 0.1 mm$。一方面,容器半径越小,$\Delta h'$ 和 $\Delta Z$ 就越大,对测量工作越不利。另一方面,容器半径越大,对加工精度的要求就越高。若设容器所盛液体的体积 $V = \pi R^2 h$,对它求微分得

$$dV = \pi R^2 \cdot dh + 2\pi Rh \cdot dR = V\left(\frac{dh}{h} + 2\frac{dR}{R}\right) \qquad (2-31)$$

如果认为容器半径相对误差产生的影响为水柱高度测量的相对误差的 1/2 才是允许的并可以忽略不计的话,那么 $dh/h = 0.01/50 = 1/5000$ 时,则要求 $dR/R = 1/20000$。若取 $R = 40 mm$,可以算得 $dR ≤ 0.002 mm$。可见,对容器的加工精度要求较高,各容器之间及同一容器的不同部位半径误差不能大于 $0.002 mm$,容器内壁应作抛光和精密处理。

**5. 对传感器的要求**

利用光电机械式探测器或线性差动位移传感器进行液面高度变化的量测,容易实现自动化观测。特别是线性差动位移传感器价格低、操作简便、精度高,避免了高精度机械加工的要求。

图 2-13 所示的线性差动位移传感器,测量时输出的电势为

$$e = k_1 x(1 - k_2 x) \qquad (2-32)$$

式中:$k_1$ 为传感器的灵敏度;$k_2$ 为非线性因子;$x$ 为铁芯离开零位的距离。

为满足测量的需要,传感器的灵敏度 $k_1$ 应达到 1~5V/mm,非线性因子 $k_2$ 要特别小,非线性误差应保证不大于1/1000。这样,当一只传感器量程为 20mm 时,非线性误差的影响可限制在 0.02mm 以下。此外,传感器必须性能稳定,在恶劣环境下能长期工作。

由差动位移传感器输出的电压,经直流放大、模数转换后可以数字显示出来,或者直接经电缆输入中心控制室,把所测信息输入计算机处理,达到自动监测的目的。

综上分析,液体静力水准测量系统的误差主要包括仪器本身的误差和外界环境影响所产生的误差。如果仪器的加工及安装精度很高,在几十米测量距离范围内的环境条件差异也不

显著,通常可以达到很高的精度。在电厂大型汽轮发电机组的安装中,如我国的北仑港电厂,采用液体静力水准测量系统测定各汽缸内转子的高程、推力轴承的高程等,达到了 ±0.01mm ~ ±0.02mm 的高精度。德国的耶拿公司采用液体静力水准测量系统检测大型平板的平整度,精度达到 ±0.01mm。

影响液体静力水准精度的最主要因素是外部环境条件,特别在恶劣的环境条件下,测量人员难以对其进行有效的控制。目前,采用双液体静力水准系统进行测量,可有效地消除由于温度不均匀和各测点的环境温度不一致产生的测量误差。双液体静力水准系统的测量原理参见相关文献。

### 2.4.3 技术要求

有关变形监测规范对各等级静力水准测量有一定的要求,《建筑变形测量规程》技术要求如表 2-5 所列。

表 2-5 静力水准观测技术要求        单位:mm

| 等级 | 特级 | 一级 | 二级 | 三级 |
|---|---|---|---|---|
| 仪器类型 | 封闭式 | 封闭式、敞口式 | 敞口式 | 敞口式 |
| 读数方式 | 接触式 | 接触式 | 目视式 | 目视式 |
| 二次观测高差较差 | ±0.1 | ±0.3 | ±1.0 | ±3.0 |
| 环线及附合路线闭合差 | $±0.1\sqrt{n}$ | $±0.3\sqrt{n}$ | $±1.0\sqrt{n}$ | $±3.0\sqrt{n}$ |

测量作业过程中应符合下列要求。

(1) 观测前向连通管充水时,不得将空气带入,可采用自然压力排气充水法或人工排气充水法进行充水。

(2) 连通管应平放在地面上,当通过障碍物时,应防止连通管在垂直方向出现 Ω 形而形成滞气"死角"。连通管任何一段的高度都应低于蓄水罐底部,但最低不宜低于 20cm。

(3) 观测时间应选在气温最稳定的时段,观测读数应在液体完全呈静态下进行。

(4) 测站上安置仪器的接触面应清洁、无灰尘杂物。仪器对中误差不应大于 2mm,倾斜度不应大于 10′。使用固定式仪器时,应有校验安装面的装置,校验误差不应大于 ±0.5mm。

(5) 宜采用两台仪器对向观测,条件不具备时可采用一台仪器往返观测。每次观测,可取 2~3 个读数的中数作为一次观测值。读数较差限值视读数设备精度而定,一般为 0.02 ~ 0.04mm。

 思考题

1. 怎样理解"垂直位移"与"沉降"的概念?建筑物沉降与哪些因素有关?
2. 水准基点标志主要有哪些形式,分别在什么情况下适用?
3. 精密水准测量的误差来源有哪些?如何减弱水准仪 i 角误差对沉降监测结果的影响?
4. 精密三角高程测量方法主要有哪几种?影响三角高程测量精度的因素有哪些,如何减弱?
5. 液体静力水准测量的误差来源有哪些?

# 第 3 章 水平位移监测

## 3.1 概 述

### 3.1.1 基本原理

建筑物的水平位移是指建筑物的整体平面移动。产生水平位移的原因主要是建筑物及其基础受到水平应力的影响(如地基处于滑坡地带等),而产生的地基的水平移动。适时监测建筑物的水平位移量,能有效地监控建筑物的安全状况,并可根据实际情况采取适当的加固措施。

设建筑物某个点在第 $k$ 次观测周期所得相应坐标为 $X_k$、$Y_k$,该点的原始坐标为 $X_0$、$Y_0$,则该点的水平位移 $\delta$ 为

$$\begin{cases} \delta_x = X_k - X_0 \\ \delta_y = Y_k - Y_0 \end{cases}$$

某一时间段 $t$ 内变形值的变化用平均变形速度来表示。例如,在第 $n$ 和第 $m$ 观测周期相隔时间内,观测点的平均变形速度为

$$v_{均} = \frac{\delta_n - \delta_m}{t}$$

若 $t$ 时间段以月份或年份数表示时,则 $v_{均}$ 为月平均变化速度或年平均变化速度。

### 3.1.2 测点布设

建筑物水平位移监测的测点宜按两个层次布设,即由控制点组成控制网、由观测点及所联测的控制点组成扩展网;对于单个建筑物上部或构件的位移监测,可将控制点连同观测点按单一层次布设。

控制网可采用测角网、测边网、边角网和导线网等形式。扩展网和单一层次布网有角度交会、边长交会、边角交会、基准线和附合导线等形式。各种布网均应考虑网形强度,长短边不宜悬殊过大。

为保证变形监测的准确可靠,每一测区的基准点不应少于2个,每一测区的工作基点也不应少于2个。基准点、工作基点应根据实际情况构成一定的网形,并按规范规定的精度定期进行检测。

平面控制点标志的形式及埋设应符合下列要求。

(1) 对特级、一级、二级及有需要的三级位移观测的控制点,应建造观测墩或埋设专门观测标石,并应根据使用仪器和照准标志的类型,顾及观测精度要求,配备强制对中装置。强制对中装置的对中误差最大不应超过±0.1mm,埋设时的整平误差应小于4′。如图3-1为F-A型强制对中基座,它主要用于大坝、水电站、隧洞、桥梁、滑坡体整治等大型工程施工控制网、变形观测监测网观测墩的建立,其独有的防盗螺栓,易于保护。

图3-1 强制对中装置

用于位移监测的基准点(控制点)应稳定可靠,能够长期保存,且建立在便于观测的稳妥的地方。在通常情况下,标墩应建立在基岩上;在地表覆盖层较厚时,可开挖或钻孔至基岩;在条件困难时,可埋设土层混凝土标,这时标墩的基础应适当加大,且需开挖至冻土层以下,最好在基础下埋设3根以上的钢管,以增加标墩的稳定性。

位移监测点(观测点)应与变形体密切结合,且能代表该部位变形体的变形特征。为便于观测和提高测量精度,观测点一般应建立混凝土标墩,并且埋设强制对中装置。图3-2为水平位移监测基准点。

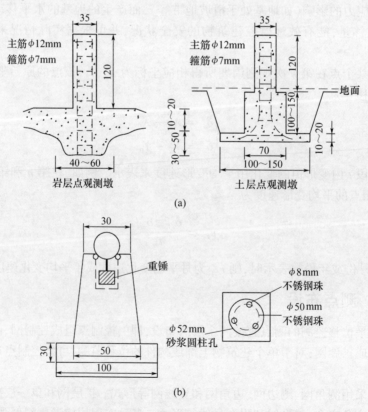

图3-2 水平位移监测基准点
(a) 观测墩(单位:cm);(b) 重力平衡球式照准标志(单位:mm)。

（2）照准标志应具有明显的几何中心或轴线，并应符合图像反差大、图案对称、相位差小和自身不变形等要求。根据点位不同情况可选用重力平衡球式标、旋入式杆状标、直插式觇牌、屋顶标和墙上标等形式的标志。

如图3-3为M-450A型照准牌。该照准牌由底座和照准牌两部分组成，主要用于精密工程测量中角度测量、滑坡观测和水平位移监测中的视准线法观测等。

对于某些直接插入式的照准杆和照准牌，由于其底部大多没有用于整平的基座，因此其照准目标的倾斜误差可能会比较大，在实际使用过程中应加以注意。

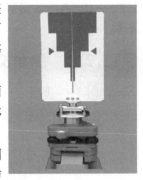

图3-3　固定式照准牌

### 3.1.3　常用方法

水平位移常用的观测方法有以下几种。

**1. 大地测量法**

大地测量法是水平位移监测的传统方法，主要包括三角网测量法、精密导线测量法、交会法等。大地测量法的基本原理是先利用三角测量、交会等方法多次测量变形监测点的平面坐标，再将坐标与起始值相比较，从而求得水平位移量。该方法通常需人工观测，劳动强度高、速度慢，特别是交会法受图形强度、观测条件等影响明显，精度较低。但利用测量机器人技术，可实现变形监测的自动化，从而有效提高变形监测的精度。

**2. 基准线法**

基准线法是变形监测的常用方法，该方法特别适用于直线形建筑物的水平位移监测（如直线形大坝等），其类型主要包括视准线法、引张线法、激光准直法和垂线法等。

**3. 专用测量法**

专用测量法，即采用专门的仪器和方法测量两点之间的水平位移，如多点位移计、光纤等。

**4. GPS测量法**

利用GPS自动化、全天候观测的特点，在工程的外部布设监测点，可实现高精度、全自动的水平位移监测，该技术已经在我国的部分水利工程中得到应用。

## 3.2　交会法观测

交会法是利用2个或3个已知坐标的工作基点，测定位移标点的坐标变化，从而确定其变形情况的一种测量方法。该方法具有观测方便、测量费用低、不需要特殊仪器等优点，特别适用于人难以到达的变形体的监测工作，如滑坡体、悬崖、坝坡、塔顶、烟囱等。该方法的主要缺点是测量的精度和可靠性较低，高精度的变形监测一般不采用此方法。该方法主要包括测角交会、测边交会和后方交会3种方法。

在进行交会法观测时，首先应设置工作基点。工作基点应尽量选在地质条件良好的基岩上，并尽可能离开承压区，且不受人为的碰撞或振动。工作基点应定期与基准点联测，校核其是否发生变动。工作基点上应设强制对中装置，以减小仪器对中误差的影响。

工作基点到位移监测点的边长不能相差太大，应大致相等，且与监测点大致同高，以免视线倾角过大而影响测量的精度。为减小大气折光的影响，交会边的视线应离地面或障碍物

1.2m 以上，并应尽量避免视线贴近水面。在利用边长交会法时，还应避免周围强磁场的干扰影响。

## 3.2.1 测角交会法

如图 3-4 所示，$A$、$B$ 为工作基点，其坐标为 $(x_A, y_A)$、$(x_B, y_B)$。两个水平角 $\alpha$、$\beta$ 是观测值，则监测点 $P$ 的平面坐标为

$$\begin{cases} x_P = \dfrac{x_A \cot\beta + x_B \cot\alpha + (y_B - y_A)}{\cot\alpha + \cot\beta} \\ y_P = \dfrac{y_A \cot\beta + y_B \cot\alpha - (x_B - x_A)}{\cot\alpha + \cot\beta} \end{cases} \quad (3-1)$$

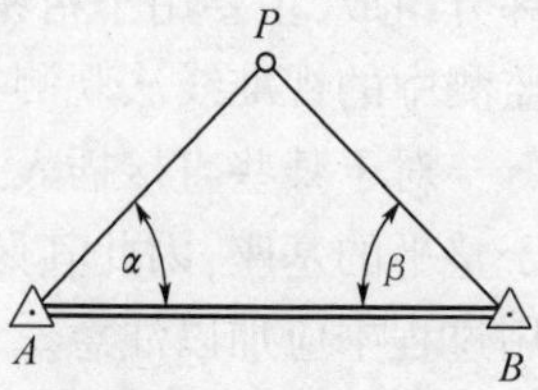

测角交会的测量中误差可按下式计算：

$$m_P = \dfrac{m_\beta}{\rho}\sqrt{\dfrac{a^2 + b^2}{\sin^2\gamma}} \quad (3-2)$$

图 3-4 测角交会法

式中：$m_\beta$ 为测角中误差；$\gamma$ 为交会角；$a$、$b$ 为交会边长。

采用测角交会法时，交会角最好接近 90°，若条件限制，也可设计在 60°~120°。工作基点到测点的距离，一般不宜大于 300m，当采用三方向交会时，可适当放宽要求。三方向交会时，其定位误差可简单地用二方向交会的 $1/\sqrt{2}$。

## 3.2.2 测边交会法

如图 3-5 所示，$A$、$B$ 为已知点，其坐标为 $(x_A, y_A)$、$(x_B, y_B)$。水平距离 $a$、$b$ 是观测值，根据 $a$、$b$ 可求出点 $P$ 的平面坐标。

根据 $a$、$b$ 和已知点 $A$、$B$ 之距 $s_{AB}$ 可由余弦公式计算出

$$\angle PAB = \arccos\dfrac{b^2 + s_{AB}^2 - a^2}{2bs_{AB}}$$

因此得

$$\alpha_{AP} = \alpha_{AB} - \angle PAB$$

故有

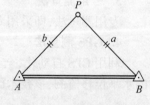

图 3-5 测边交会法

$$\begin{cases} x_P = x_A + b\cos\alpha_{AP} \\ y_P = y_A + b\sin\alpha_{AP} \end{cases} \quad (3-3)$$

边长交会法测量的中误差计算公式为

$$m_P = \dfrac{1}{\sin\gamma}\sqrt{m_a^2 + m_b^2} \quad (3-4)$$

式中：$m_a$ 和 $m_b$ 为边长 $a$ 和 $b$ 的测量中误差；$\gamma$ 为交会角。

由式(3-4)可知，$\gamma$ 角等于 90°时 $m_P$ 值最小，$m_a$ 和 $m_b$ 越小，$m_P$ 值也越小。因此，在使用该法时应注意下列几点。

(1) $\gamma$ 角通常应保持在 60°~120°；
(2) 测距要仔细，以减小测边中误差 $m_a$ 和 $m_b$；
(3) 交会边长度 $a$ 和 $b$ 应力求相等，且一般不宜大于 600m。

## 3.2.3 后方交会法

如图 3-6 所示,$A$、$B$、$C$ 为已知点,其坐标为 $(x_A, y_A)$、$(x_B, y_B)$、$(x_C, y_C)$。在监测点 $P$ 上对已知点 $A$、$B$、$C$ 分别观测了两个水平角 $\alpha$、$\beta$。由此可计算出监测点 $P$ 的平面坐标如下:

$$\begin{cases} x_P = x_B + \Delta x_{BP} \\ y_P = y_B + k \cdot \Delta x_{BP} \end{cases} \quad (3-5)$$

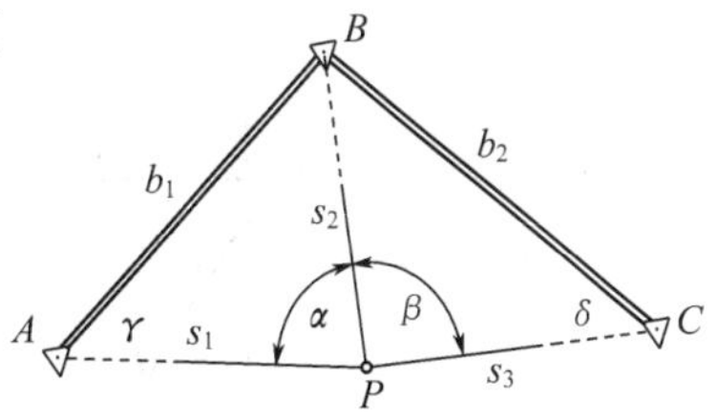

式中

$$k = \frac{a+c}{b+d}$$

$$\Delta x_{BP} = \frac{a - bk}{1 + k^2}$$

$$a = (x_A - x_B) + (y_A - y_B)\cot\alpha$$

$$b = (y_A - y_B) + (x_A - x_B)\cot\alpha$$

$$c = (x_C - x_B) + (y_C - y_B)\cot\beta$$

$$d = (y_C - y_B) + (x_C - x_B)\cot\beta$$

图 3-6 后方交会法

在实际测量过程中,还应注意工作基点和监测点不能在同一个圆周上(危险圆),应至少离开危险圆周半径的 20%。

后方交会测量的精度可用下式计算:

$$m_p = \frac{s_2 m}{\rho \cdot \sin(\gamma + \delta)} \left[ \left(\frac{s_1}{b_1}\right)^2 + \left(\frac{s_3}{b_2}\right)^2 \right] \quad (3-6)$$

## 3.3 精密导线测量

精密导线法是监测曲线形建筑物(如拱坝等)水平位移的重要方法。按照其观测原理的不同,又可分为精密边角导线法和精密弦矢导线法。弦矢导线法是根据导线边长变化和矢距变化的观测值来求得监测点的实际变形量;边角导线法是根据导线边长变化和导线的转折角观测值来计算监测点的变形量。由于导线的两个端点之间不通视,无法进行方位角联测,故一般需设计倒垂线控制和校核端点的位移。

在水工建筑物的监测中,国外大多采用边角导线法,如葡萄牙的 Alfo Rabagao 坝、Cabril 坝,莫桑比克的 Cabra–Bassa 坝。国内的一些大型拱坝,如东江、龙羊峡、紧水滩、丹江口大坝等的弯曲段,也采用了精密导线法监测。

### 3.3.1 边角导线法

边角导线的转折角测量是通过高精度经纬仪观测的,而边长大多采用特制钢钢尺进行丈量,也可利用高精度的光电测距仪进行测距。观测前,应按规范的有关规定检查仪器。在洞室和廊道中观测时,应封闭通风口以保持空气平稳,观测的照明设备应采用冷光照明(或手电筒),以减少折光误差。观测时,需分别观测导线点标志的左右侧角各一个测回,并独立进行两次观测,取两次读数中值为该方向观测值。

边角导线长一般不宜大于320m,其边数不宜多于20条,同时要求相邻两导线边的长度不宜相差过大。边角导线测量计算原理如图3-7所示。

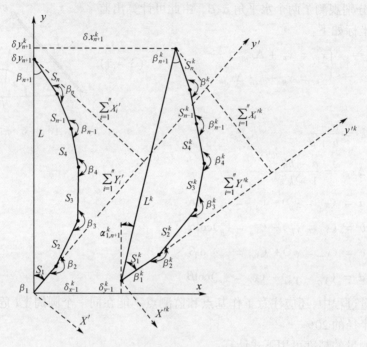

图 3-7 边角导线测量与计算

$S_i$、$S_i^k$—投影边长;$\beta_1$、$\beta_1^k$—转折角;$\beta_1$、$\beta_{n+1}$、$\beta_1^k$、$\beta_{n+1}^k$—连接角;
$X/Y$—原坐标系;$X'/Y'$—设定坐标系;$X^k/Y^k$—第 $k$ 次观测设定坐标系。

在图 3-7 中,左边折线为初次观测时各导线点的位置,右边折线代表第 $k$ 次观测时各导线点的位置。

**1. 基准值计算**

基准值的计算步骤如下:

(1) 以 $A$ 点为坐标原点,$AB$ 连线为 $Y$ 轴,建立 $X-Y$ 坐标系。同时以 $A$ 点为原点,以导线的第一边 $S_1$ 为 $Y'$ 轴,建立 $X'AY'$ 辅助坐标系。连线 $L$ 和 $S_1$ 的夹角为 $\beta_1$。

(2) 导线边长基准值计算:

$$S_i = b_i + \Delta b_i + \Delta b_t \tag{3-7}$$

式中:$b_i$ 为两导线点的微型标志中心之间的长度值;$\Delta b_i$ 为因瓦丝上的刻线与轴杆头上刻线的差值;$\Delta b_t$ 为温度改正数。

(3) 在 $X'AY'$ 辅助坐标系下,计算连接角 $\beta_1$ 和 $L$。

$$\beta_1 = \arctan \frac{\sum_{i=1}^{n} S_i \cos\alpha'_i}{\sum_{i=1}^{n} S_i \sin\alpha'_i} \tag{3-8}$$

$$L = \sqrt{\left[\sum_{i=1}^{n} S_i \sin\alpha'_i\right]^2 + \left[\sum_{i=1}^{n} S_i \cos\alpha'_i\right]^2} \tag{3-9}$$

式中：方向角 $\alpha'_i = 90° + \sum_{i=2}^{i} [\beta_i - (i-1) \cdot 180°]$。

（4）在 $X-Y$ 坐标系下，计算导线点初始坐标值 $X_i$、$Y_i$。

$$\begin{cases} X_i = \sum_{i=1}^{i} S_i \sin(\alpha'_i - \beta_1) \\ Y_i = \sum_{i=1}^{i} S_i \cos(\alpha'_i - \beta_1) \end{cases} \tag{3-10}$$

导线的基准值要求独立测定3次以上，取平均值，以保证基准坐标具有较高的精度。

**2. 复测值计算**

复测值的计算步骤如下：

（1）计算、改正两端点的坐标：

$$\begin{cases} X_i^k = X_i + (Q_{ti}^k - Q_{ti})\sin\mu + (Q_{\eta i}^k - Q_{\eta i})\cos\mu \\ Y_i^k = Y_i + (Q_{ti}^k - Q_{ti})\cos\mu - (Q_{\eta i}^k - Q_{\eta i})\sin\mu \end{cases} \tag{3-11}$$

式中：$\mu$ 为 $t$ 方向的方位角，$i = 1, n+1$。

（2）导线边长复测值计算：

$$S_i^k = b_i + (\Delta b_t^k - \Delta b_t) + (\Delta b_i^k - \Delta b_i) \tag{3-12}$$

式中：$(\Delta b_t^k - \Delta b_t)$ 为边长的温度改正数。

（3）用两端点新坐标反算边长 $L^k$ 和方位角 $\alpha_{1,n+1}^k$：

$$L^k = \sqrt{(X_{n+1}^k - X_1^k)^2 + (Y_{n+1}^k - Y_1^k)^2} \tag{3-13}$$

$$\alpha_{1,n+1}^k = \arcsin\frac{\delta y_{1,n+1}^k - \delta y_1^k}{L^k} = \arccos\frac{\delta x_{1,n+1}^k - \delta x_1^k}{L^k} \tag{3-14}$$

（4）以复测基点 $A_k$ 为原点，以导线的第一边 $S_1^k$ 为 $Y'^k$ 轴，建立 $X'^k A Y'^k$ 复测坐标系，计算各边的坐标增量，然后进行边角网的平差计算。

（5）复测连接角值 $\beta_1^k$ 的计算：

$$\beta_1^k = \arctan\frac{\sum_{1}^{n} X_i^k}{\sum_{i=1}^{n} Y_i^k} = \arctan\frac{\sum_{1}^{n} S_i^k \cos\alpha'_i}{\sum_{i=1}^{n} S_i^k \sin\alpha'_i} \tag{3-15}$$

（6）在 $X-Y$ 坐标系里根据改正后的 $S_i^k$、$\beta_1^k$ 计算导线点坐标 $X_i^k$、$Y_i^k$。

（7）计算各点径向、切向两个位移值，得出各点的实际变形量：

$$\begin{cases} \alpha_i^k = \arcsin\dfrac{\delta y_i^k - \delta y_1^k}{L^k} \\ v_i = \arcsin\dfrac{S_i}{2R} + [\alpha_i^k - \alpha_{1,n+1}^k] \\ \delta x_i^k = X_i^k - X_i \\ \delta y_i^k = Y_i^k - Y_i \end{cases}$$

式中:$R$ 为曲率半径(拱坝)。

$$\begin{cases} 径向位移:\delta\eta_i^k = \delta y_i^k \cos v_i - \delta x_i^k \sin v_i \\ 切向位移:\delta\xi_i^k = \delta y_i^k \sin v_i + \delta x_i^k \cos v_i \end{cases} \quad (3-16)$$

精密边角导线法的精度和效率主要受测角精度影响。在需要采用精密边角导线法时,为提高导线转折角观测精度,应采用冷光或手电照明,以保持气流平稳,并减弱温度梯度,以减小折光差。

## 3.3.2 弦矢导线法

弦矢导线法是根据重复进行 $k$ 次导线边长变化值 $b_i^k$ 和矢距变化值 $V_i^k$ 的观测来求得变形体的实际变形量 $\delta$。弦矢导线法矢距测量系统是以弦线在矢距尺上的投影为基准,用测微仪测量出零点差和变化值。首测矢距时需测定两组数值:读取弦线在矢距因瓦尺上的垂直投影读数 $V_i(i=1,2,\cdots,n)$,以及微型标志中点(导线点)与矢距尺零点之差值 $\delta e_0$。复测矢距时仅需读取弦线在矢距因瓦尺上的垂直投影读数 $V_i^k$。

弦矢导线的系长不宜大于 400m,边数不宜大于 25 条。若矢距量测精度不能保证转折角的中误差小于 1″时,则导线长应适当缩短,边数应适当减少。若矢距量测精度较高,系长也可适当放长。因为,此法的关键是提高三角形(矢高)的观测精度,一般需采用铟钢杆尺、读数显微镜和调平装置等设备。

弦矢导线法的布设原理如图 3-8 所示,观测计算原理如图 3-9 所示。

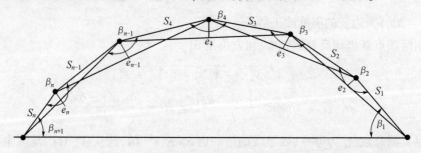

图 3-8 弦矢导线法布设原理

**1. 基准值的计算**

(1) 计算矢距基准值 $e_i$:

$$e_i = V_i + \Delta e_t + \delta e_0 + \Delta e_0 \quad (3-17)$$

式中:$\Delta e_0$ 为尺长改正数;$\Delta e_t$ 为温度改正数。

(2) 计算导线边长基准值:

$$S_i = b_i + \Delta b_i + \Delta b_t \quad (3-18)$$

式中:$\Delta b_t$ 为温度改正数。

(3) 计算导线转折角基准值 $\beta_i(i=2,3,\cdots,n)$:

$$\beta_i = \arccos\left(\frac{e_i}{S_{i-1}}\right) + \arccos\left(\frac{e_i}{S_i}\right) \quad (3-19)$$

在求得导线转折角 $\beta_i$ 后,即可按照边角导线基准值的计算公式(3-9)、式(3-10)得到

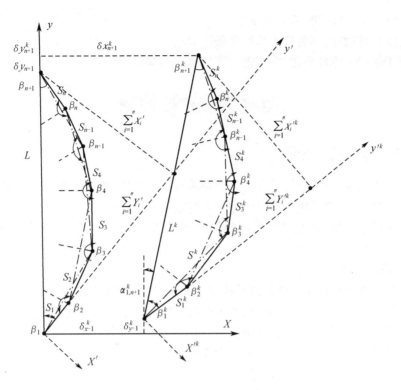

图 3-9 弦矢导线法观测与计算

$S_n$、$S_i^k$—投影边长；$\beta_n$、$\beta_i^k$—转折角；$\beta_n$、$\beta_{n+1}$、$\beta_i^k$、$\beta_{n+1}^k$—连接角；
$X/Y$—原坐标系；$X'/Y'$—基准值设定坐标系；$X'^k/Y'^k$—第 $k$ 次观测设定坐标系
------ 弦线；----- 矢线；—— 折线。

$X$-$Y$ 坐标系的各导线点基准坐标 $X_i$、$Y_i$。

**2. 复测值的计算**

(1) 按照边角导线法，建立 $X'^k A^k Y'^k$ 复测坐标系，按式(3-11)、式(3-12)计算改正后两端点的坐标和导线边长复测值 $S_i^k$。

(2) 计算复测矢距：

$$e_i^k = e_i + (V_i^k - V_i) + (\Delta e_t^k - \Delta e_t) \qquad (3-20)$$

(3) 利用矢距计算复测导线转折角 $\beta_i^k$：

$$\beta_i^k = \arccos\frac{e_i^k}{S_{i-1}^k} + \arccos\frac{e_i^k}{S_i^k} \qquad (3-21)$$

(4) 按式(3-13)用两端点新坐标反算边长 $L^k$，按式(3-14)计算方位角 $\alpha_{1,n+1}^k$。

(5) 以复测基点 $A^k$ 为原点，以导线的第一边 $S_1^k$ 为 $Y'^k$ 轴，建立 $X'^k A^k Y'^k$ 复测坐标系，计算各边设定坐标增量，然后依据角度闭合法进行平差计算。

(6) 按式(3-15)计算复测转折角 $\beta_i^k$。

(7) 在 $X$-$Y$ 坐标系里根据改正后的 $S_i^k$、$\beta_i^k$ 计算导线点坐标 $X_i^k$、$Y_i^k$。

(8) 按式(3-16)计算各点径向、切向位移值，得出各点实际变形量 ($\delta\eta_i^k$, $\delta\xi_i^k$)。

精密弦矢导线法与精密边角导线法相比，具有以下优点。

(1) 复测简单、速度快、劳动强度小。
(2) 精度高且稳定,不受折光等外界条件影响。
(3) 便于采用遥测自动化,为实现计算位移值的全自动化奠定了良好基础。

## 3.4 全站仪观测

### 3.4.1 全站仪观测

全站仪又称为全站型电子速测仪,是一种兼有电子测距、电子测角、计算和数据自动记录及传输功能的自动化、数字化的三维坐标测量与定位系统。

全站仪由电子测角、电子测距等系统组成,测量结果能自动显示、计算和存储,并能与外围设备自动交换信息。

**1. 全站仪的结构**

全站仪是集光、机、电于一体的高科技仪器设备,其中轴系机械结构和望远镜光学瞄准系统与光学经纬仪相比没有大的差异,而电子系统主要由以下三大单元构成。

(1) 电子测距单元,外部称为测距仪。
(2) 电子测角及微处理器单元,外部称为电子经纬仪。
(3) 电子记录单元或称为存储单元。

从系统功能方面来看,上述电子系统又可归纳为光电测量子系统和微处理子系统。

光电测量子系统主要由电子测距、角度传感器和倾斜传感器、马达板等部分组成,其主要功能如下:

(1) 水平角、垂直角测量。
(2) 距离测量。
(3) 仪器电子整平与轴系误差自动补偿。
(4) 轴系驱动和目标自动照准、跟踪等。

微处理子系统主要由中央处理器、内存、键盘/显示器组件等部件和有关软件组成,主要功能如下:

(1) 控制和检核各类测量程序和指令,确保全站仪各部件有序工作。
(2) 角度电子测微,距离精、粗读数等内容的逻辑判断与数据链接,全站仪轴系误差的补偿与改正。
(3) 距离测量的气象改正或其他归化改算等。
(4) 管理数据的显示、处理与存储,以及与外围设备的信息交换等。

**2. 全站仪的分类**

全站仪按测距仪测距分类,可以分为以下3类。

(1) 短程测距全站仪:测程小于 $3km$,一般匹配测距精度为 $\pm(5mm + 5 \times 10^{-6} \times D)$,主要用于普通工程测量和城市测量。
(2) 中程测距全站仪:测程为 $3 \sim 15km$,一般匹配测距精度为 $\pm(5mm + 2 \times 10^{-6} \times D) \sim \pm(2mm + 2 \times 10^{-6} \times D)$,通常用于一般等级的控制测量。
(3) 长程测距全站仪:测程大于 $15km$,一般匹配测距精度为 $\pm(5mm + 1 \times 10^{-6} \times D)$,通常用于国家三角网及特级导线的测量。

全站仪按测角、测距准确度等级划分，主要可分为4类(表3-1)。

表3-1　全站仪准确度等级分类

| 准确度等级 | 测角标准偏差/(″) | 测距标准偏差/mm |
| --- | --- | --- |
| Ⅰ | $\|m_\beta\| \leq 1$ | $\|m_D\| \leq 3$ |
| Ⅱ | $1 < \|m_\beta\| \leq 2$ | $3 \leq \|m_D\| \leq 5$ |
| Ⅲ | $2 < \|m_\beta\| \leq 6$ | $5 < \|m_D\| \leq 10$ |
| Ⅳ | $6 < \|m_\beta\| \leq 10$ | $10 < \|m_D\| \leq 20$ |

注：$m_\beta$ 为一测回水平方向标准偏差；$m_D$ 为每千米测距标准偏差。

**3. 全站仪测量**

全站仪坐标法测量充分利用了全站仪测角、测距和计算一体化的特点，只需要输入必要的已知数据，就可很快地得到待测点的三维坐标，操作十分方便。由于目前全站仪已十分普及，因此该方法的应用也已相当普遍。

全站仪架设在已知点 $A$ 上，只要输入测站点 $A$、后视点 $B$ 的坐标，瞄准后视点定向，按下反算方位角键，仪器自动将测站与后视的方位角设置在该方向上。然后，瞄准待测目标，按下测量键，仪器将很快地测量水平角、垂直角、距离，并利用这些数据计算待测点的三维坐标。

用全站仪测量点位，可事先输入气象要素(即现场的温度和气压)，仪器会自动进行气象改正。因此，用全站仪测量点位既能保证精度，同时操作十分方便，无需做任何手工计算。

如图3-10所示，$O$ 为测站点，$P$ 为待测点，$S$ 为斜距，$Z$ 为天顶距，$\alpha$ 为水平方向值(方位角)，则 $P$ 点相对于测站点的三维坐标为

$$\begin{cases} X = S\sin Z\cos\alpha \\ Y = S\sin Z\sin\alpha \\ H = S\cos Z \end{cases} \quad (3-22)$$

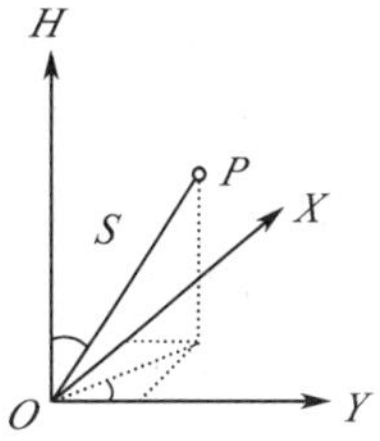

图3-10　坐标测量原理

上述计算结果立即显示在全站仪的显示屏上，并可记录在袖珍计算机中。由于计算工作由仪器的计算程序自动完成，因而减少了人工计算出错的机会，同时提高了速度。

按照测量误差理论，从上述计算式可求得三维坐标测量的精度为

$$\begin{cases} M_X^2 = m_S^2\sin^2 Z\cos^2\alpha + S^2\cos^2 Z\cos^2\alpha \cdot m_Z^2/\rho^2 + S^2\sin^2 Z\sin^2\alpha \cdot m_\alpha^2/\rho^2 \\ M_Y^2 = m_S^2\sin^2 Z\sin^2\alpha + S^2\cos^2 Z\sin^2\alpha \cdot m_Z^2/\rho^2 + S^2\sin^2 Z\cos^2\alpha \cdot m_\alpha^2/\rho^2 \quad (3-23) \\ M_H^2 = m_S^2\cos^2 Z + S^2\sin^2 Z \cdot m_Z^2/\rho^2 \end{cases}$$

式中：$\rho = 206265$。

## 3.4.2　测量机器人技术

**1. ATR原理**

瑞士徕卡公司生产的 TCA 系列自动全站仪，又称为"测量机器人"，它以其独有的智能化、自动化性能让用户轻松自如地进行建筑物外部变形的三维位移观测。TCA 自动全站仪能够电子整平、自动正倒镜观测、自动记录观测数据，而其独有的自动目标识别(automatic target recognition, ATR)模式，使全站仪能够自动识别目标。ATR 是智能型的，与望远镜同轴，性能稳定可靠。当全站仪发送的红外光被反射棱镜返回并经仪器内置的 CCD 相机判别接受后，电机

就驱动全站仪自动转向棱镜,并自动精确确定棱镜中心的位置。所以,操作人员不再需要精确照准和调焦,一旦粗略照准棱镜后,全站仪就可搜寻到目标,并自动精确照准,大大提高了工作效率。TCA 自动全站仪配以专用软件,就可以使整个观测过程在计算机的控制下实现自动进行。

ATR 部件安装在经纬仪的望远镜上,如图 3 - 11 所示。红外光束通过光学部件被同轴地投影在望远镜上,从物镜发射出去,反射回来的光束,形成光点由内置 CCD 相机接收,其位置以 CCD 相机中心作为参考点来精确地确定,假如 CCD 相机中心与望远镜光轴的调整是正确的,则可从 CCD 相机上光点的位置直接计算并输出以 ATR 方式测得的水平角度和垂直角。

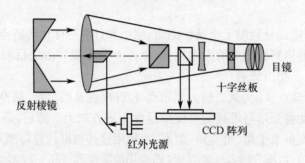

图 3 - 11  带 ATR 望远镜结构示意图

ATR 自动识别并照准目标主要有 3 个过程:目标搜索过程、目标照准过程和测量过程。

在人工粗略照准棱镜后,启动 ATR,首先进行目标搜索过程。在视场内如无发现棱镜,则望远镜在电机的驱动下按螺旋式或矩形方式连续搜索目标,ATR 一旦探测到棱镜,望远镜马上停止搜索,即刻进入目标照准过程。

ATR 的 CCD 相机接收到经棱镜反射回来的照准光点,如果该光点偏离棱镜中心,CCD 相机则计算出该偏离量,并按该偏离量驱动望远镜直接移向棱镜中心。当望远镜十字丝中心偏离棱镜中心在预定限差之内后,望远镜停止运动,ATR 测量十字丝中心和棱镜中心间的水平和垂直剩余偏差,并对水平角和垂直角进行改正。

当使用 ATR 方式进行测量时,由于其望远镜不需要对目标调焦或人工照准,因此不但加快了测量速度,而且测量精度与观测员的水平无关,测量结果更加稳定可靠。

**2. TCA2003 自动监测系统**

TCA2003 智能全站仪的外观如图 3 - 12 所示。该仪器测角精度为 $\pm 0.5''$,测距精度为 $\pm(1mm + 1 \times 10^{-6}D)$。由电机驱动,在望远镜中安装有同轴自动目标识别装置 ATR,能自动瞄准普通棱镜进行测量。该仪器采用电子气泡精确整平仪器,具有图形和数字显示垂直轴的纵、横向倾斜量,只需将仪器整平至 $10''$ 即可,具有纵、横轴自动补偿器,提高了仪器整平精度。仪器内置的 Flash 存储器可装载应用软件,并独立运行于仪器内,数据存储在 SRAM 存储卡上,外业不需要笔记本电脑即可控制仪器和存储数据。

TCA2003 自动监测系统主要由测量机器人、基点、参考点、目标点组成,图 3 - 13 是基于一台测量机器人的有合作目标(照准棱镜)的变形监测系统,可实现全天候的无人职守。

图 3-12 徕卡 TCA2003 全站仪

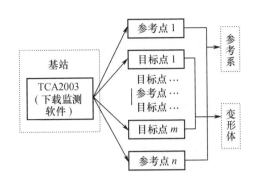

图 3-13 测量机器人变形监测系统

监测前首先依据目标点及参考点的分布情况,合理安置 TCA2003 测量机器人。要求具有良好的通视条件,一般应选择在稳定处,使所有目标点与全站仪的距离均在设置的观测范围内,且避免同一方向上有两个监测点,给全站仪的目标识别带来困难。为了仪器的防护、保温等需要,并保证通视良好,应专门设计、建造监测站房。

参考点(三维坐标已知)应位于变形区以外,选择适当的稳定的基准点,用以在监测变形点之前检测基点位置的变化,以保证监测结果的有效性。点上放置正对基站的单棱镜。参考点要求覆盖整个变形区域。参考系除了为极坐标系统提供方位外,更重要的是为系统数据处理时的距离及高差差分计算提供基准。

根据需要,在变形体上选择若干变形监测点,这些监测点均匀分布在变形体上,到基点的距离应大致相等,且互不阻挡。每个监测点上安置有对准监测站的反射单棱镜。

### 3. 数据处理

自动全站仪监测系统测量中,为进一步提高精度,减弱误差的影响,应用差分处理是一种有效的方法。自动极坐标差分处理的基本原理:每一个测量周期均按极坐标的方法测量工作基点和变形测点的斜距、水平角和垂直角,将监测站点至具有气象条件代表性参照的工作基点测量值与其初始值相比,求得差值。由于变形观测采用同样的仪器和作业方法,并且工作基点均埋设在基岩上,可以认为工作基点是稳定的,故将这一差值看作是受大气压力、温度及仪器等各种因素影响的结果。

自动化测量可以在短时间内完成一个周期的测量,因此大气因素对工作基点和变形点的影响是相同的,可把工作基点的差异加到变形点的观测值上进行差分处理,计算变形点的三维位移量。由于观测条件相同,利用工作基点所提供的改正数可以消除共同的误差,大幅度提高变形监测的精度。

1) 距离的差分改正

在极坐标变形监测系统中,必须考虑大气条件的变化对距离测量的影响。一般情况下,为了准确求得距离的大气折射率差分改正,需要测定大气中的气象元素。为了实现变形监测的自动化,利用工作基点网的测量信息,可以在无需测量气象元素、简化系统设备配置的条件下,实时进行距离的大气折射率差分改正。

由于监测站和工作基点建立在基岩上,可以认为它们之间的距离是稳定不变的。设监测站至某工作基点的已知斜距为 $d_j^0$,在变形监测过程中,某一时刻实测的斜距为 $d_j'$,两者间的差异可以认为是因气象条件变化引起的,按下式可求出气象改正比例系数 $\Delta d$:

$$\Delta d = \frac{d'_j - d_j^0}{d'_j} \tag{3-24}$$

如果同一时刻测得某变形点的斜距为 $d'_p$，那么经气象差分改正后的真实斜距为

$$d_p = d'_p - \Delta d \cdot d'_p \tag{3-25}$$

为了保证距离气象改正比例系数的可靠性和准确性，实际测量工作中，应取 2 个以上基准点测定的距离气象改正比例系数的中数，用于变形点距离测量的差分气象改正。

2）球气差的改正

为了准确测定变形点的三维坐标，在极坐标的单向测量中，必须考虑球气差对高差测量的影响。由于工作基点与监测站之间的高差 $\Delta h^0$ 是已知的，和上面的距离测量一样，如果某一时刻测得监测站与工作基点间的三角高差 $h_j$ 为

$$h_j = d_j \sin\alpha + i - v \tag{3-26}$$

式中：$\alpha$ 为垂直角；$i$ 为仪器高；$v$ 为棱镜高。

那么，根据下式可求出球气差改正系数 $c$：

$$c = \frac{\Delta h^0 - h_j}{d_j^2 \cos^2\alpha} \tag{3-27}$$

在每周期变形点的测量过程中，由于测量时间较短，可以认为 $c$ 值对工作基点与变形点的影响是相同的，故按下式可求出变形点与监测站之间经球气差改正的三角高差 $\Delta h_p$：

$$\Delta h_p = d_p \sin\alpha + c d_p^2 \cos^2\alpha + i - v \tag{3-28}$$

3）方位角的差分改正

在长期的变形监测过程中，难以保证仪器的绝对稳定，因水平度盘零方向的变化，对水平方位角的影响不可忽略。所求的变形量均是相对第一周期而言的，故可把工作基点第一次测量的方位角 $H_{zj}^0$ 作为基准方位角，其他周期对工作基点测量的方位角 $H'_{zj}$ 与基准方位角相比，有一差异 $\Delta H_z$：

$$\Delta H_z = H'_{zj} - H_{zj}^0 \tag{3-29}$$

这一差异主要是因仪器不稳定引起的水平度盘零方向的变化、大气水平折光等对方位角的影响而引起的。此差异对变形点的测量有同等的影响，故在变形点每周期的方位角测量值 $H'_{zj}$ 中，实时加入由同期基准点求得的 $\Delta H_z$ 改正值，可准确求得变形点的方位角 $H_{zp}$：

$$H_{zp} = H'_{zp} - \Delta H_z \tag{3-30}$$

综合以上各项差分改正，按极坐标计算公式可准确求出每周期各变形点的三维坐标。

## 3.5　视准线测量

### 3.5.1　基本原理

视准线法是基准线法测量的方法之一，它是利用经纬仪或视准仪的视准轴构成基准线，通过该基准线的铅垂面作为基准面，并以此铅垂面为标准，测定其他观测点相对于该铅垂面的水

平位移量的一种方法。为保证基准线的稳定,必须在视准线的两端设置基准点或工作基点。视准线法所用设备普通、操作简便、费用少,是一种应用较广的观测方法。但是,该方法同样受多种因素的影响,如照准精度、大气折光等,操作不当时误差不容易控制,精度会受到明显的影响。

用视准线法测量水平位移,关键在于提供一条方向线,故所用仪器首先应考虑望远镜放大率和旋转轴的精度。在实际工作中,一般采用 $DJ_1$ 型经纬仪或视准仪进行观测。

如图 3-14 所示,在坝端两岸设置固定工作基点 $A$ 和 $B$,在坝面沿 $AB$ 方向上设置若干位移标点 $a$、$b$、$c$、$d$ 等。由于 $A$、$B$ 埋设在山坡稳固的基岩或原状土中,其位置可认为稳定不变。因此,将经纬仪安置在基点 $A$,照准另一基点 $B$,构成视准线,作为观测坝体水平位移的基准线。以第一次测定各位移标点垂直于视准线的距离(偏离值)$l_{a0}$、$l_{b0}$、$l_{c0}$、$l_{d0}$ 作为起始数据。相隔若干时间后,又安置经纬仪于基点 $A$,照准基点 $B$,测得各位移标点对视准线的偏离值 $l_{a1}$、$l_{b1}$、$l_{c1}$、$l_{d1}$,前后两次测得的偏离值不等,$a$ 点的差值 $\delta_{a1} = l_{a1} - l_{a0}$,即第一次到第二次时间内,$a$ 点在垂直于视准线方向的水平位移值。同理可算出其他各点的水平位移值,从而了解整个坝体各部位的水平位移情况。

一般规定,水平位移值向下游为正,向上游为负。

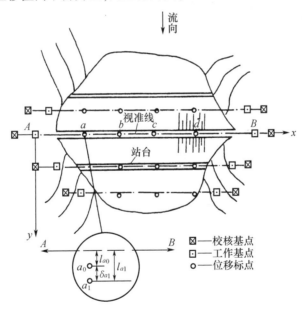

图 3-14 视准线观测原理及观测点的布设

## 3.5.2 视准线的布置

视准线一般分三级布点,即基准点、工作基点和观测点,当条件允许时,也可将基准点和工作基点合并布设。视准线的两个基点必须稳定可靠,即应选择在较稳定的区域,并具备有高一级的基准点经常检核的条件,且便于安置仪器和观测。各观测点基本位于视准基面上,且与被检核的建筑部位牢固地成为一体。整条视准线离各种障碍物需有一定距离,以减弱旁折光的影响。

工作基点(端点)和观测点应浇筑混凝土观测墩,埋设强制对中底座。墩面离地表 1.2m 以上,以减弱近地面大气湍流的影响。为减弱观测仪竖轴倾斜对观测值的影响,各观测墩面力求基本位于同一高程面内。

位移标点的标墩应与变形体连接,从表面以下 0.3~0.4m 处起浇筑。其顶部也应埋设强制对中设备。常常还在位移标点的基脚或顶部设铜质标志,兼作垂直位移的标点。

视准线的长度一般不应超过 300m,当视线超过 300m 时,应分段观测,即在中间设置工作基点,先观测工作基点的位移量,再分段观测各观测点的位移量,最后将各位移量化算到统一的基准下。

观测使用的照准标牌图案应简单、清晰、有足够的反差、成中心对称,这对提高视准线观测精度有重要影响。觇标分为固定觇标和活动觇标。前者安置在工作基点上,供经纬仪瞄准构成视准线用;后者安置在位移标点上,供经纬仪瞄准以测定位移标点的偏离值用。图 3-15 为活动觇标,其上附有微动螺旋和游标,可使觇标在基座的分划尺上左右移动,利用游标读数,一般可读至 0.1mm。

图 3-15 活动觇标

### 3.5.3 视准线的观测

**1. 小角法测量**

如图 3-16 所示的视准线,$A$、$B$ 为基点,$i$ 是观测点。为测定 $i$ 点偏离基准线的距离 $l_i$,可精密测定 $\beta_1$ 或 $\beta_2$,则偏离值为

$$l_i = \frac{1}{\rho}\beta_1 D_{Ai} \quad \text{或} \quad l_i = \frac{1}{\rho}\beta_2 D_{Bi} \tag{3-31}$$

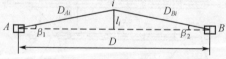

图 3-16 视准线测量

对式(3-31)微分,并转换成中误差后得

$$m_{l_i}^2 = \left(\frac{D_{Ai}}{\rho}m_{\beta_{1i}}\right)^2 + \left(\frac{\beta_1}{\rho}m_D\right)^2 \tag{3-32}$$

在式(3-32)中,由于 $\beta_1$ 是个很小的角值,而 $m_D$ 由测距仪观测,其量值也仅几毫米,所以,等式右端第二项可忽略不计。因此,视准线观测的精度主要取决于 $m_\beta$ 的量值。提高 $\beta$ 角的观测精度对视准线法在变形测量中的应用极有意义。在视准距离较短且测角精度较高的情况下,视准线观测可以达到较高的精度。但是,实际作业中,测角的精度不仅取决于所用的仪器,在很大程度上还取决于大气的状况和折光影响。

小角法测量时还可以采用在 $i$ 点上设置全站仪,观测 $\alpha$ 角而计算 $l_i$ 的形式,则

$$l_i = \frac{(180° - \alpha)}{\rho} \times \frac{D_{Ai} \cdot D_{Bi}}{D_{Ai} + D_{Bi}} \tag{3-33}$$

仅考虑测角误差,则偏距测定的中误差为

$$m_{l_i} = \frac{m_\alpha}{\rho} \cdot \frac{D_{Ai} \cdot D_{Bi}}{D_{Ai} + D_{Bi}} \qquad (3-34)$$

对式(3-34)求极值可知,当 $D_{Ai} = D_{Bi}$,即 $i$ 点位于中间部位时,误差最大,其值为

$$m_{l_i} = \frac{m_\alpha}{2\rho} \cdot D_i \qquad (3-35)$$

式(3-35)与式(3-32)相比较,第二种布置形式对提高测定偏离值 $l_i$ 的精度更为有利。

**2. 活动觇牌法测量**

活动觇牌法观测时,在 $A$ 点设置经纬仪,瞄准 $B$ 点后固定照准部不动。在欲测点 $i$ 上放置活动觇牌,由 $A$ 点观测人员指挥,$B$ 点操作员旋动活动觇牌,使觇牌标志中心严格与视准线重合。读取活动觇牌的读数,并与觇牌的零位值相减,就获得 $i$ 点偏离 $AB$ 基准线的偏移值 $l_i$。转动觇牌微动螺旋重新瞄准,再次读数,如此共进行 2~4 次,取其读数的平均值作为上半测回的成果。倒转望远镜,按上述方法测下半测回,取上下两半测回读数的平均值为一测回的成果。

活动觇牌法观测的步骤如下:

(1) 在视准线端点架设好经纬仪,在另一端点安置固定觇牌,经纬仪严格照准固定觇牌中心,并固定仪器。

(2) 在观测点 $i$ 上架好活动觇牌,经纬仪盘左位置,由观测员指挥 $i$ 点上操作员,旋动觇牌中心线严格与视准线重合,读取测微器读数。操作员反方向导入活动觇牌,使其中心线严格与视准线重合,读取测微器读数。以上是半测回工作。转动经纬仪到盘右位置,重新严格照准 $B$ 点觇牌,再重复盘左操作步骤,完成一测回的观测工作。

(3) 第二测回开始,仪器应重新整平。根据需要,每个观测点需测量 2~4 个测回。一般说来,当用 $DJ_1$ 型经纬仪观测,测距在 300m 以内时,可测 2~3 个测回,其测回差不得大于 3mm,否则应重测。

影响活动觇牌法测量精度的最主要因素是定向误差。因定向误差产生的对 $B$ 点和 $i$ 点的定位误差分别为

$$\Delta_B = \frac{D_{AB}}{\rho} \cdot \Delta_\alpha \qquad (3-36)$$

$$\Delta_i = \frac{D_i}{\rho} \cdot \Delta_\alpha \qquad (3-37)$$

式中:$\Delta_\alpha$ 为定向误差。对于半测回观测,定向误差应为

$$\Delta_{半} = \pm \sqrt{\left(\frac{D_{AB}}{\rho} \cdot \Delta_\alpha\right)^2 + \left(\frac{D_i}{\sqrt{2}\rho} \cdot \Delta_\alpha\right)^2} \qquad (3-38)$$

若测点上完成 2 个测回观测,其平均值的误差为

$$\Delta_i = \pm \frac{1}{2} \Delta_{半} \qquad (3-39)$$

活动觇牌法的定向误差 $\Delta_\alpha$,主要包括大气折光的影响及照准误差。通常照准误差可采用 $\dfrac{30''}{v}$ 来估算,$v$ 为望远镜放大倍率。在距离不太大且放大倍率大于 40 倍时,活动觇牌法测量可以达到较高精度。

# 3.6 引张线测量

所谓引张线,就是在两个工作基点间拉紧一根不锈钢丝而建立的一条基准线。以此基准线对设置在建筑上的变形监测点进行偏离量的监测,从而可求得各测点水平位移。引张线法是精密基准线测量的主要方法之一,广泛应用于各种工程测量,苏联较早将其应用于大坝水平位移观测,20 世纪 60 年代该方法引入国内,并在我国大坝安全监测领域得到了广泛的应用。

因引张线方法测量设备简单、测量方便、速度快、精度高、成本低,所以在我国得到了广泛的应用。在直线形建筑物中用引张线方法测量水平位移,特别是在大坝安全监测中起着重要作用。此外,在采用引张线自动观测设备后,可克服观测时间长、劳动强度大等不利因素,进一步发挥引张线在安全监测中的作用。早期安装在大坝上的引张线仪,由人工测读水平位移。随着自动化技术的发展,国内已有步进电机光电跟踪式引张线仪、电容感应式引张线仪、CCD 式引张线仪,以及电磁感应式引张线仪等。

## 3.6.1 有浮托引张线

引张线系统测线一般采用钢丝,测线在重力作用下所形成的悬链线垂径较大,工作现场不易布置,因此采用若干浮托装置,托起测线,使测线形成若干段较短的悬链线,以减小垂径。按照这种方法布置的引张线称为有浮托引张线。

**1. 系统构造**

引张线的设备主要包括端点装置、测点装置、测线及其保护管。

端点装置可采用一端固定、一端加力的方式,也可采用两端加力的方式。加力端装置包括定位卡、滑轮和重锤,固定端装置仅有定位卡和固定栓。定位卡的作用是保证测线在更换前后的位置保持不变,定位卡的 V 形槽槽底应水平,且方向与测线一致。滑轮的作用是使测线能平滑移动,在安装时应使滑轮槽的方向及高度与定位卡的 V 形槽一致。重锤的大小应根据测线的长度确定,引张线长度在 200~600m 时,一般采用 40~80kg 的重锤张拉。图 3-17 为引张线加力端的基本结构。

有浮托引张线的测点装置包括水箱、浮船、读数尺、底盘和测点保护箱。浮船的体积通常为其承载重量与其自重之和的排水量的 1.5 倍。水箱的长、宽、高为浮船的 1.5~2 倍,水箱水面应有足够的调节余地,以便调整测线高度满足量测工作的需要,寒冷地区水箱中应采用防冻液。读数尺的长度应大于位移量的变幅,一般不小于 50mm。同一条引张线的读数尺零方向必须一致,一般将零点安装在下游侧,尺面应保持水平,尺的分划线应平行于测线,尺的位置应根据尺的量程和位移量的变化范围而定。图 3-18 为测点装置示意图。

测线一般采用 0.8~1.2mm 的不锈钢丝,要求表面光滑,粗细均匀,抗拉强度大。为了防风及保护测线,通常用把测线套在保护管内。保护管的管径应大于位移量的 2~3 倍,并在管中呈自由状态。以前主要用钢管,现在大多用 PVC 管。保护管安装时,宜使测线位于保护管中心,至少须保证测线在管内有足够的活动范围。保护管和测点保护箱应封闭防风。

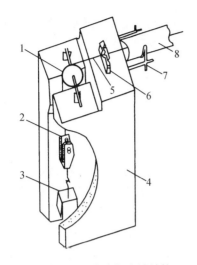

图 3-17 引张线加力端结构
1—滑轮；2—线锤连接装置；3—重锤；
4—混凝土墩座；5—测线；6—夹线装置；
7—钢筋支架；8—保护管。

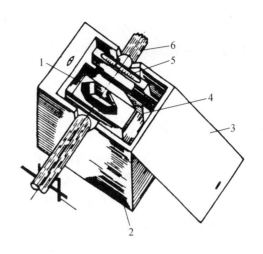

图 3-18 测点装置示意图
1—浮船；2—保护箱；3—盖子；
4—水箱；5—标尺；6—保护管。

**2. 引张线的观测**

以引张线法测定水平位移时，就是视整条引张线为固定基准线。为了测定各监测点的位移值，可在不同时间测出钢丝在各测点标尺上对应的读数，读数的变化值就是监测点相对于两端点的位移值。

引张线观测中的作业步骤如下：

(1) 检查整条引张线各处有无障碍，设备是否完好。

(2) 在两端点处同时小心地悬挂重锤，张紧钢丝，利用夹线装置将钢丝夹紧，使引张线在端点处固定。

(3) 对每个水箱加水，使钢丝离开不锈钢标尺面 0.3~0.5mm。同时检查各观测箱，不使水箱边缘或读数标尺接触钢丝。浮船应处于自由浮动状态。

(4) 采用读数显微镜观测时，先目视读取标尺上的读数，然后用显微镜读取毫米以下的小数。由于钢丝有一定的宽度，不能直接读出钢丝中心线对应的数值，所以必须读取钢丝左右两边对应于不锈钢尺上的数值，然后取平均求得钢丝中心的读数。

(5) 从引张线的一端观测到另一端为 1 个测回，每次观测应进行 3 个测回，3 个测回的互差应小于 0.2mm。测回间应轻微拨动中部测点处的浮船，并待其静止后再观测下一测回。观测工作全部结束后，先松开夹线装置再下重锤。

(6) 设引张线第 $i$ 个监测点的首次读数为 $L_0$，本次观测的读数为 $L$，若不考虑端点的位移，则观测点 $i$ 的位移值为

$$\delta_i = L - L_0 \tag{3-40}$$

当引张线的端点发生位移时，如图 3-19 所示，端点位移对测点的影响为

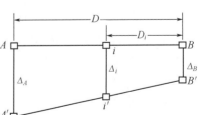

图 3-19 端点位移示意图

$$\Delta_i = \Delta_B + \frac{D_i}{D}(\Delta_A - \Delta_B) \tag{3-41}$$

式中：$\Delta_A$、$\Delta_B$ 为端点 $A$、$B$ 的位移；$D_i$ 为点 $i$ 到点 $B$ 的距离。

所以，考虑端点位移对观测值的影响，监测点 $i$ 的位移值为

$$\delta_i = L - L_0 + \Delta_i \tag{3-42}$$

## 3.6.2 无浮托引张线

随着大坝安全监测自动化程度的不断提高，引张线观测技术也由人工观测向自动化观测的方向发展。在实现引张线自动观测时，目前大多数情况是在浮托引张线法的基础上增加自动测读设备，形成引张线自动观测系统。而这种系统在全自动观测时存在一些问题：①回避了引张线观测前的检查和调整工作，在自动观测时不能确定测线是否处于正常工作状态；②忽略了测回间对测线进行拨动的程序要求，不能有效地检验和消除浮托装置所引起的测线复位误差；③浮液长期不进行更换，浮液变质或被污染，增加了对浮船的阻力，增大了测线的复位误差。因此，这种引张线观测系统的全自动观测，还需要进行人为干预，不能形成真正意义上的自动观测系统。

为了解决引张线实现自动化中的种种问题，最根本的方法就是在系统中取消浮托装置，这样不但可以减少误差的原因因素，提高引张线的综合精度，而且可以简化引张线的观测程序，便于其实现完全的自动化观测系统。无浮托引张线的结构如图 3-20 所示。

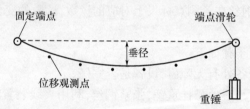

图 3-20 无浮托引张线

### 1. 观测设备

无浮托引张线的观测原理与有浮托引张线的观测原理基本相同，但无浮托引张线的设备较为简单。如图 3-20 所示，引张线的一端固定在端点上，另一端通过滑轮悬挂一重锤将引张线拉直，取消了各测点的水箱和浮船等装置，在各测点上只安装读数尺和安装引张线仪的底板，用以测定读数尺或引张线仪相对于引张线的读数变化，从而算出测点的位移值。

由于引张线有自重，如拉力不足，引张线的垂径过大，灵敏度不足，影响观测精度；拉力过大，势必将引张线拉断。按规定，所施拉力应小于引张线极限拉力的 1/2。若采用普通不锈钢丝作引张线，当不锈钢丝直径为 0.8mm，施以 400N 拉力时，引张线长为 140m 时，其垂径约为 0.26m。因此，当采用普通不锈钢丝作引张线时，无浮托引张线的长度一般不应大于 150m。近几年经过研制试验，采用密度较小、抗拉强度较大的特殊线材作引张线，其长度可达 500m，已经在国内一些大坝安装试验获得成功，这将为无浮托引张线的使用，开拓更大空间。

### 2. 观测方法

无浮托引张线的观测方法与有浮托引张线的观测方法基本相同，既可用显微镜在各测点的读数尺上读数，又可在各测点上安装光电引张线仪进行遥测。图 3-21 为遥测引张线仪的结构图。由于它不需到现场调节各测点的水位，测点的障碍物也较少，不仅节约大量时间，且其

稳定性和可靠性都高于有浮托的引张线,因此可以实现引张线观测的全自动化。

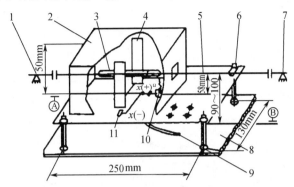

图 3-21 遥测引张线仪结构
1—固定端点;2—屏蔽罩;3—中间板;4—极板;5—仪器底板;6—调节螺杆;
7—张紧端点;8—埋设底板;9—三芯屏蔽电缆;10—接线柱;11—固线点。

### 3.6.3 误差分析

引张线测量系统的误差主要包括观测误差和外界条件的影响两个方面。

观测误差与所用的观测仪器、作业方法、观测人员的熟练程度等因素有关。根据大量重复观测资料的统计分析,对于一个熟练的观测人员,使用读数显微镜观测引张线,则 3 测回的平均值精度可达 ±0.04mm 左右。另外,由于引张线的两个端点需要在测前进行检测,因而存在一定的检测误差,但该误差一般较小。大量的研究结果表明,在通常条件下,引张线测定偏离值的精度,若取 3 测回平均值计算,可达 ±0.1mm 左右的精度。因此,引张线法是一种高精度的偏移值观测方法。

影响引张线监测精度的因素,除上述分析的测点观测误差外,还取决于它的复位误差。较长距离的引张线,为克服钢丝的下垂,在各个测点处设置漂浮于液面上的浮体,由浮体抬托引张线体,而使整个引张线基本处于同一水平面。由于液体的黏滞阻力,当测点产生微小位移时,若引张线两端拉力产生的分力不足以克服浮体的黏滞阻力,则浮体将随测点一起作微小位移,此时测点相对于固定基准的微小位移就不可能测定。这种由于黏滞阻力而引起的当测点位移变动时,引张线本身不能恢复到原有位置所产生的误差,就是引张线的复位误差。为减弱此误差,除了观测工作的仔细及采用高精度的观测仪器外,应注意采用黏滞度小的液体以及承托钢丝的浮体加工成流线形的船体型,以进一步降低浮体的黏滞阻力;或在监测距离较短时,采用无浮托装置的引张线系统,以取得更好效果。

在引张线观测时,由于风的作用,可能会使测线产生明显的偏离,从而产生明显的观测误差。因此,在观测时,应关闭廊道及通风口门,观测点保护箱应盖严。

## 3.7 垂线测量

垂线有两种形式:正垂线和倒垂线。正垂线一般用于建筑物各高程面处的水平位移监测、挠度观测和倾斜测量等。倒垂线大多用于岩层错动监测、挠度监测,或用作水平位移的基准点。

### 3.7.1 正垂线

**1. 系统结构**

正垂线装置的主要部件包括:悬线设备、固定线夹、活动线夹、观测墩、垂线、重锤及油箱等(图3-22)。正垂线是将钢丝上端悬挂于建筑物的顶部,通过竖井至建筑物的底部,在下端悬挂重锤,并放置在油桶之中,便于垂线的稳定,以此来测定建筑物顶部至底部的相对位移。

图 3-22 正垂线装置

在变形监测中,正垂线应设置保护管,其目的一方面可保护垂线不受损坏;另一方面可防止风力的影响,提高垂线观测值的精度。在条件良好的环境中,也可不加保护管,如重力拱坝的垂线可设置在专门设计的竖井内。

**2. 观测方法**

正垂线的观测方法有多点观测法和多点夹线法两种。多点观测法是利用同一垂线,在不同高程位置上安置垂线观测仪,以坐标仪或遥测装置测定各观测点与此垂线的相对位移值。多点夹线法是将垂线坐标仪设置在垂线底部的观测墩上,而在各测点处埋设活动线夹,测量时,可自上而下依次在各测点上用活动线夹夹住垂线,同时在观测墩上用垂线坐标仪读取各测点对应的垂线读数。多点夹线法适用于各观测点位移变化范围不大的情况。

在大坝变形中,采用多点夹线法观测时,一般需观测2个测回,每测回中应两次照准垂线读数,其限差为±0.3mm,两测回间的互差不得大于0.3mm。多点夹线法仅需一台坐标仪且不必搬动仪器。但由于观测点上均需多次夹住垂线,易使垂线受损,并且活动线夹质量较差时,会增加观测的误差;同时,多点夹线法每次需人工进行夹线操作,工作效率较低,不利于监测的自动化。而多点观测法可在每个测点上设置坐标仪,有利于监测的自动化,但相应的系统造价也提高了。

**3. 误差分析**

正垂线观测中的误差主要有夹线误差、照准误差、读数误差、对中误差、垂线仪的零位漂移和螺杆与滑块间的隙动误差等。由于十分精确地定量分析这些误差是十分困难的,因此有些研究人员根据大量的观测数据,按误差传播定律,进行正垂线测量精度的统计分析。分析时,按每次测量中两测回的测回差进行计算,求得一测回的中误差约为±0.084mm,则一次照准的中误差约为±0.12mm。如果考虑垂线仪的零位漂移误差,那么每次测量值(两测回平均值)的中误差将可能达到±0.2mm。

坐标仪的零位漂移误差是正垂线测量中的一项重要误差,其变化比较复杂,且变化量也比较大。因此,在每次测量前后,都应该对垂线坐标仪的零位进行检测。光学垂线坐标仪一般在专用的观测墩上进行,自动遥测垂线坐标仪一般采用仪器内部的检测装置进行检测,并自动进行改正。

## 3.7.2 倒垂线

**1. 系统构造**

倒垂线装置的主要部件包括孔底锚块、不锈钢丝、浮托设备、孔壁衬管和观测墩等。倒垂线是将钢丝的一端与锚块固定,而另一端与浮托设备相连,在浮力的作用下,钢丝被张紧,只要锚块稳定不动,钢丝将始终位于同一铅垂位置上,从而为变形监测提供一条稳定的基准线。

倒垂线钻孔的保护管(孔壁衬管)一般采用壁厚5~7mm的无缝钢管,其内径不宜小于100mm。由于倒垂的孔壁衬管为钢管,因此各段钢管间应该用管接头紧密相连,以防止孔壁上的泥石等落入井孔中,有效地阻止钻孔渗水对倒垂线的损害。孔壁衬管在放入钻孔前必须检查它的直线度,以保证倒垂线发挥最大的效用。衬管正式下管前,要将钻孔中的水抽净,并灌入0.5m深的水泥沙浆。衬管与钻孔之间的空隙也应该用水泥沙浆填满。

浮托装置是用来拉紧固定在孔底锚块上的钢丝并使钢丝位于铅垂线上的设备。浮体组一般采用恒定浮力式,浮子的浮力应根据倒垂线的测线的长度确定。浮体安装前必须进行调整实验,以保证浮体产生的拉力在钢丝允许的拉应力范围内。浮体不能产生偏心,合力点要稳定,承载浮体的油箱要有足够大小的尺寸。图3-23为浮托装置的外观图。

孔底锚块需埋设于基岩的一定深度处。目前对于倒垂锚块设置的深度尚无统一标准,有些设置于基岩下20~30m深,也有些设置于50~80m深处。在大坝变形监测中,倒垂锚块设置的一

图3-23 倒垂线浮托装置

般原则是,把锚块埋设于理论计算的坝体压应力影响线和库水的水力作用线范围以外的稳固基岩中。

测线应采用强度较高的不锈钢丝或不锈铟瓦丝,其直径的选择应保证极限拉力大于浮子浮力的3倍,通常选用直径1.0~1.2mm的钢丝。

倒垂观测墩面应埋设有强制对中底盘,供安置垂线观测仪。为了利于多种变形监测系统的联系,倒垂装置最好能设置于工作基点观测墩上。如果因条件有限,两者不能设置在一起,那么必须很好地考虑它们测量工作之间的联系,以便把不同观测系统所得的结果纳入统一的基准中,以利于资料的分析和处理。

**2. 倒垂线的观测**

倒垂线观测前,应首先检查钢丝是否有足够的张力,浮体有无与浮桶壁相接触。若浮体与浮桶相接触,则应把浮桶稍微移动直到两者脱离接触为止。待钢丝静止后,用坐标仪进行观测。

在大坝变形监测中,倒垂线一般要求精确观测3测回,每测回中,应使仪器从正、反两个方向导入而照准钢丝,两次读数差不得大于0.3mm,各测回间的互差不得大于0.3mm,并取3测回平均值作为结果。

**3. 误差分析**

倒垂线测量的误差主要来源于浮体产生的误差、垂线观测仪产生的误差、外界条件变化产生的误差。从倒垂设备本身的误差而言,主要有垂线摆动后的复位误差、浮力变化产生的误差、浮体合力点变动而带来的误差。研究表明:第一项的误差对倒垂测量精度影响较大,该项影响与垂

线长度和垂线的拉力直接相关,一般可达到 0.1~0.3mm;倒垂测量中,还会因仪器的对中、调平、读数和零位漂移等因素使测量结果产生误差。因此,倒垂观测时,应选择品质优良的仪器,并要经常对仪器进行检验。通常认为,倒垂线测量的精度可以达到 0.1~0.3mm。

坐标仪的零位漂移误差对各次观测影响是不同的,有时可达到相当大的数值,所以观测前应精确测定仪器零位值并对观测结果施加零位改正。

倒垂线观测的复位误差是影响倒垂观测精度的一个重要因素。复位误差是由倒垂本身结构、钢丝所施的拉应力大小、浮桶所受液体黏滞阻力等因素所产生的。垂线的复位误差主要与垂线长度(钢丝残余的挠曲应力)及垂线所受的拉应力有关。浮桶所受的黏滞阻力很复杂,它与浮桶的形状、浸入液体的表面积及液体黏滞系数有关,有待进一步详细研究。

由于水库的水位变化较大,特别是从空库到正常蓄水位,因此其变化是相当大的。大量的水体对库区的重力场有一定的影响,由此而引起垂线测量的误差,对此应进行一定的针对性研究。

## 3.8 激光准直测量

激光准直测量按照其测量原理可分为直接测量和衍射法准直测量两种,按照其测量环境可分为大气激光准直测量和真空激光准直测量。在大气条件下,激光准直的精度一般为 $10^{-5} \sim 10^{-6}$,影响其精度的主要原因是大气折光的影响。在真空条件下,激光准直测量的精度可达 $10^{-7} \sim 10^{-8}$,其精度较大气激光准直测量有明显的提高,但其工程的造价和系统的维护费用也相应提高。

目前,在水利工程的变形监测中,主要采用衍射法激光准直测量。本节主要介绍波带板激光准直测量的原理及方法。

### 3.8.1 光的相干性原理

由于光具有波动性,因此当两列光波频率相同、方向相同、相位相同或相位差恒定时,这两列光波将产生干涉现象。

设一对相干光源为

$$e_1 = a\cos(\omega t - \varphi_1) \tag{3-43}$$

$$e_2 = a\cos(\omega t - \varphi_2) \tag{3-44}$$

两波合成后为

$$e = A\cos(\omega t - \theta) \tag{3-45}$$

式中:$\theta = \arctan\dfrac{\sin\varphi_1 + \sin\varphi_2}{\cos\varphi_1 + \cos\varphi_2}$;$A = a\sqrt{2 + 2\cos(\varphi_2 - \varphi_1)}$。

如图 3-24 所示,设在光源 $S$ 和接收点 $K$ 之间有一光屏,直线 $SK$ 与光屏交于 $O$ 点。在 $O$ 处开个小孔,在距 $O$ 点 $r$ 的 $A$ 处也开一个小孔。自 $S$ 点发出的光线可以经过 $O$ 点而到达 $K$ 点,同时,由于衍射,光也有一部分经 $A$ 点到达 $K$ 点。二者的光程差为

$$\Delta = \sqrt{p^2 + r^2} + \sqrt{p^2 + r^2} - p - q \xrightarrow{因为 r \ll p(或 q)} \frac{r^2}{2}\left(\frac{1}{p} + \frac{1}{q}\right) \xrightarrow{记为} \frac{r^2}{2}\frac{1}{f}$$

$$\tag{3-46}$$

式中:$f$ 为焦距;$\Delta$ 为光程差。

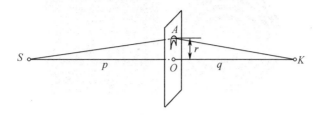

图 3-24　光的相干性

光程差 $\Delta$ 导致两列光在 $K$ 点的相位差为

$$\varphi_2 - \varphi_1 = \frac{2\pi\Delta}{\lambda} \qquad (3-47)$$

式中:$\lambda$ 为波长,对 He-Ne 激光 $\lambda = 6.328 \times 10^{-7}$ m。

所以,在 $K$ 点,两列光合成后的振幅为

$$A = a\sqrt{2\left(1 + \cos\frac{2\pi\Delta}{\lambda}\right)} \qquad (3-48)$$

由式(3-48)可以看出,不同的 $\Delta$ 将导致 $A > a$ 或 $A \leq a$,为使相干涉后的激光更明亮,希望 $A > a$。使 $\Delta$ 变化的因素有 $p$、$q$、$r$,当 $p$、$q$ 固定时,可利用 $r$ 的变化来设计制造波带板。

## 3.8.2　大气激光准直系统

**1. 系统设备**

波带板大气激光准直系统主要由激光器点光源、波带板和接收靶 3 部分组成,如图 3-25 所示。

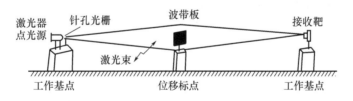

图 3-25　波带板大气激光准直系统

(1)激光器点光源。它是由氦-氖气激光管发出的激光束经聚光透镜聚焦在针孔光栅内,形成近似的点光源,照射至波带板,针孔光栅的中心即为固定工作基点的中心。

(2)波带板。波带板的形式有圆形和方形两种(图 3-26),其作用是把从激光器发出的一束单色相干光会聚成一个亮点(圆形波带板)或十字亮线(方形波带板),它相当于一个光学透镜。

(3)接收靶。接收靶可采用普通活动觇牌按目视法接收,也可用光电接收靶进行自动跟踪接收。

**2. 工作原理**

采用波带板激光准直法观测水平位移,是将激光器和接收靶分别安置在两端固定工作基点上,波带板安置在位移标点上,并要求点光源、波带板中心和接收靶中心 3 点基本上在同一高度上,在埋设工作基点和位移标点时应考虑满足此条件。

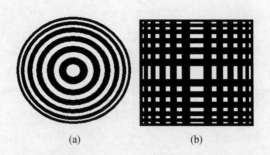

图 3-26 波带板
(a) 圆形波带板;(b) 方形波带板。

当激光器发出的激光束照准波带板后,在接收靶上形成一个亮点或"+"字亮线,按照三点准直法,在接收靶上测定亮点或"+"字亮线的中心位置,即可决定位移标点的位置,从而求出其偏离值,如图 3-27 所示。假设在 $B$ 点探测器上测得 $\Delta_i$,则根据相似三角形原理可计算出 $i$ 点的位移量 $\delta_i$ 为

$$\delta_i = \frac{s_{Ai}}{s_{AB}}\Delta_i \tag{3-49}$$

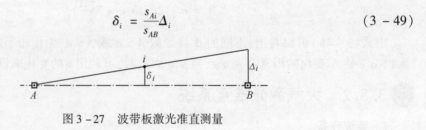

图 3-27 波带板激光准直测量

当工作基点发生位移时,可仿照引张线的改正原理,对监测数据进行改正。

### 3.8.3 真空管激光准直系统

**1. 系统结构**

真空管激光准直系统分为激光准直系统和真空管道系统两部分。其结构如图 3-28 所示。

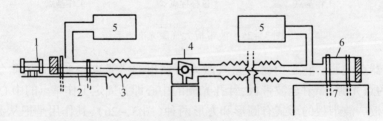

图 3-28 真空管激光准直系统示意图
1—激光点光源;2—平晶密封段;3—软连接段;4—测点箱;5—真空泵;6—接收靶;7—基点。

激光准直系统包括激光点光源、波带板及其支架和激光探测仪。激光点光源包括定位扩束小孔光栅、激光器和激光电源。小孔光栅的直径应使激光束在第一块波带板处的光斑直径大于波带板有效直径的 1.5~2 倍。测点应建立观测墩,并将波带板支架固定在观测墩上,采用微电机带动波带板起落,由接收端操作控制。激光探测仪有手动(目测)和自动探测两种,有条件时应尽量采用自动探测。激光探测仪的量程和精度必须满足位移观测的要求。

激光器、针孔光栅和接收靶分别安置于建筑物的两端,处于真空管之外,其底座与基岩相连或与倒垂线连接。

真空管道系统包括真空管道、测点箱、软连接段、两端平晶密封段、真空泵及其配件。真空管道一般采用无缝钢管,其内径应大于波带板最大通光孔径的1.5倍,或大于测点最大位移量引起像点位移量的1.5倍,且不宜小于150mm。测点箱必须与建筑物牢固结合,使之代表建筑物的位移。测点箱两侧应开孔,以便激光通过,同时应焊接带法兰的短管,与两侧的软连接段连接。每一测点箱和两侧管道间必须设软连接段,软连接段一般采用金属波纹管,其内径和管道内径一致。平晶用光学玻璃研磨制成,用以密封真空管道的进出口,并令激光束进出真空管道而不产生折射。两端平晶密封段必须具有足够的刚度,其长度应略大于高度,并应和端点观测墩牢固结合,保证在长期受力的情况下,其变形对测值的影响可忽略不计。真空泵应配有电磁阀门和真空仪表等附件。管道系统所有的接头部位均应设计密封法兰,法兰上应有橡胶密封槽,用真空橡胶密封。

**2. 观测方法**

(1) 抽真空。观测前启动真空泵,将无缝钢管内的空气抽出,使管内达到一定的真空度,一般应令真空度在15Pa以下。当真空度达到要求时,关闭真空泵,待真空度基本稳定后开始施测。

(2) 打开激光发射器。观察激光束中心是否从针孔光栅中心通过,否则应校正激光管的位置,使其达到要求为止。一般应令激光管预热30min以上才开始观测。

(3) 启动波带板遥控装置进行观测。当施测1#点时按动波带板翻转遥控装置,令1#点的波带板竖起,其余各波带板倒下。当接收靶收到1#点的观测值后,再令2#点的波带板竖起,其余各波带板倒下,依次测至最后$n^\#$测点,是为半测回。再从$n^\#$点返测至1#点,是为一测回。两个半测回测得偏离值之差不得大于0.3mm,若在允许范围内,则取往返测的平均值作为测值。一般施测一测回即可,有特殊需要再加测。

(4) 观测完毕关闭激光发射器。为保证真空管内壁及管内波带板翻转架等不被锈蚀,管内应维持20000Pa以下的压强,若大于此值,应重新启动真空泵抽气,以利于设备的维护。

### 思考题

1. 简述水平位移监测的基本原理。
2. 水平位移监测有哪些主要方法?
3. 交会法测量有哪几种方式?主要应用于什么场合?在实际应用中应注意哪些问题?
4. 精密导线用于变形监测与一般工程测量的导线测量有什么不同?
5. 在测量机器人自动变形监测系统中,距离和方向是如何进行改正的?
6. 基准线测量主要有哪些方法?各有什么特点?
7. 视准线在布设时应注意哪些问题?
8. 视准线测量有哪些方法?各有什么特点?
9. 引张线系统主要由哪些部件构成?为什么要采用无浮托引张线?
10. 垂线有哪两种形式?各适用于什么监测工作?
11. 正垂线系统由哪些构件组成?倒垂线系统由哪些构件组成?
12. 激光准直系统分哪两类?真空管激光准直系统主要由哪些部件构成的?它相对于大气激光准直有什么优点?

# 第4章

# 建筑物内部监测

建筑物的内部监测是安全监测的重要内容,其监测项目主要包括位移监测、应力/应变监测、温度监测、渗流监测和挠度监测等。内部监测一般采用传感器等自动化监测技术实施,在大多数大型工程中,内部监测已经成为必选的监测项目,其监测资料为工程建筑物的安全评判提供了可靠的依据。本章介绍的内部监测技术除了可用于人工建筑物的监测外,还可用于滑坡等非人工建筑物的监测。

## 4.1 内部位移监测

### 4.1.1 概述

内部位移观测包括分层沉降观测、分层水平位移观测和界面位移观测。在土工建筑物的施工控制和变形监测中,一般都需要进行这个项目的监测。

内部位移观测一般以观测断面的形式进行布置,观测断面应布置在最大横断面及其他特征断面上,如地质及地形复杂段、结构及施工薄弱段等。每个观测断面上可布设1~3条观测垂线,其中一条宜布设在轴线或中心线附近。观测垂线上测点的间距,应根据建筑物的高度、结构形式、材料特性及施工方法与质量等而定。一条观测垂线上的分层沉降测点,一般宜3~15个。最下一个测点应置于基础表面,以兼测基础的沉降量。

在水工建筑物中,有时还需要进行界面位移观测。界面位移测点通常布设在坝体与岸坡连接处、组合坝型不同坝斜交界及土坝与混凝土建筑物连接处,测定界面上两种介质相对的法向及切向位移。

分层沉降观测的主要方法有:电磁式沉降仪观测、干簧管式沉降仪观测、水管式沉降仪观测、横臂式沉降仪观测和深式测点组观测。分层水平位移观测的常用方法有测斜仪及引张线式位移计,有条件时也可采用正、倒垂线进行观测。界面位移可采用振弦式位移计及电位器式位移计进行观测。

## 4.1.2 测斜仪及其应用

**1. 基本原理**

测斜仪是观测分层水平位移的常用仪器。测斜仪一般由测头、导向滚轮、连接电缆及测读设备等部分组成。其工作原理是利用重力摆锤始终保持铅直方向的特性。弹簧铜片上端固定,下端靠着摆线;当测斜仪倾斜时摆线在摆锤的重力作用下保持铅直,压迫簧片下端,使簧片发生弯曲,由黏贴在簧片上的电阻应变片测出簧片的弯曲变形,即可知道测斜仪的倾角,从而推算出测斜管的位移。其测量原理如图 4-1 所示。

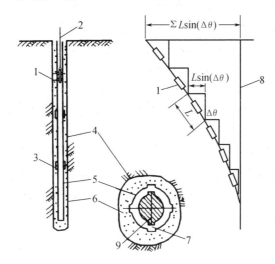

图 4-1 测斜仪工作原理示意图
1—传感器;2—电缆;3—导管接头;4—钻孔;5—导管;6—灌浆;
7—导轮;8—管初始位置线;9—传感器。

当测斜管埋设得足够深时,则可认为管底是位移不动点,管口的水平位移值 $\Delta_n$ 为各分段位移增量的总和。即

$$\Delta_n = \sum_{i=1}^{n} l_i \sin(\Delta\theta_i) \tag{4-1}$$

式中:$l_i$ 为各分段测读间距;$\Delta\theta_i$ 为各分段点上测斜管的倾角变化。

**2. 测斜仪的使用方法**

(1) 测斜仪在使用前须按规定进行严格标定。

(2) 测斜管用钢材、铝合金和塑料等制作,每节长度 2~4m,管接头有固定式或伸缩式两种,管内壁设有两对互相垂直的纵向导槽。

(3) 测斜管宜埋设在孔径等于或大于 89mm 的钻孔中,也可直接浇注在挡土结构内(此前测斜管应与钢筋笼扎牢),通常管底应埋置在预计发生倾斜部位的深度之下。

(4) 测斜管应竖向埋设,管内导槽位置应与量测位移的方向一致。

(5) 测斜管顶部高出基准面 150~200mm,顶部和底部用盖子封牢,并在埋入前灌满清水,以防污水、泥浆或砂浆从管接头处漏入。

(6) 测斜管应在正式测读前 5 天安装完毕,并在 3~5 天重复测量 3 次以上,判明测斜管已处于稳定状态后方可开始正式测量工作。

(7) 测量时,先将测斜仪与标有刻度(通常每500mm一个标记)的电缆线(信号传输线)连接,电缆线的另一端与测读设备连接;然后将测斜仪沿测斜管的导槽放入管中,直滑到管底,每隔一定距离(500mm或1000mm)向上拉线读数,测出测斜仪与竖直线之间的倾角变化,即可得出不同深度部位的水平位移。

### 4.1.3 分层沉降观测

分层沉降观测一般和分层水平位移观测联合布设,即在测斜管的外部再加设沉降环,这时,要求测斜管的刚度与周围介质相当,且沉降环与周围介质密切结合,如图4-2所示。沉降管(或测斜管)一般应随建筑物的填筑埋设。

利用电磁式沉降仪观测分层沉降时,首先应测定孔口的高程,再用电磁式测头自下而上测定每个沉降环的位置(孔口到沉降环的距离),每个测点应平行测定两次,读数差不得大于2mm。利用孔口高程和孔口到沉降环的距离可以计算出每个沉降环的高程,从而可以计算出每个沉降环的沉降量,以及每个沉降环之间的相对沉降量。

分层沉降观测也可采用深式测点组的方式进行观测,即在需要观测的位置预埋测点标志,并将标志接伸到建筑物的表面。这样,多个标点就形成了一个标点组,每次观测各个标头高程,即可知道各测点的沉降情况。

水管式沉降仪也是用于测量建筑物内部沉降的一种常用测量仪器,该仪器由沉降测头、连通水管、排水管、通气管、保护管、观测台、充水排气设备等构成(图4-3),常用于土石坝、河堤等土工建筑物的沉降监测。

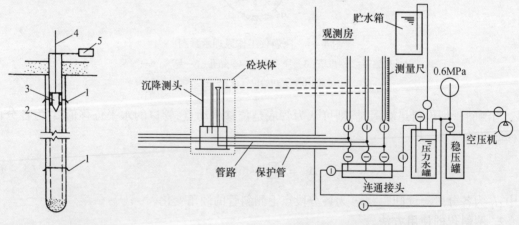

图4-2 分层沉降观测  
1—磁铁环;2—沉降管;  
3—探测头;4—钢尺;  
5—指示器。

图4-3 水管式沉降仪结构示意图

## 4.2 应力/应变监测

在所考察的截面某一点单位面积上的内力称为应力,应力是反映物体一点处受力程度的力学量,同截面垂直的称为正应力或法向应力,同截面相切的称为剪应力或切应力。物体由于外因(受力、温度变化等)而变形时,在物体内各部分之间产生相互作用的内力,以抵抗这种外因的作用,并力图使物体从变形后的位置回复到变形前的位置。

应力会随着外力的增加而增长,对于某一种材料,应力的增长是有限度的,超过这一定限度,材料就要被破坏。对某种材料来说,应力可能达到的这个限度称为该种材料的极限应力。极限应力值要通过材料的力学试验来测定。将测定的极限应力作适当降低,规定出材料能安全工作的应力最大值,这就是许用应力。材料要想安全使用,在使用时其内的应力应低于它的极限应力,否则材料就会在使用时发生破坏。

## 4.2.1 传感器工作原理

在土木工程中,所需测量的物理量大多数为非电量,如位移、压力、应力、应变等。为使非电量能用电测方法来测定和记录,必须设法将它们转换为电量,这种将被测物理量直接转换为相应的容易检测、传输或处理的信号的元件称为传感器,也称为换能器、变换器或探头。

传感器一般可按被测量的物理量、变换原理和能量转换方式分类。按变换原理分类:电阻式、电容式、差动变压器式、光电式等,这种分类易于从原理上识别传感器的变换特性,对每一类传感器应配用的测量电路也基本相同。按被测量的物理量分类:位移传感器、压力传感器、速度传感器等。

应力计和应变计是土木工程测试中常用的两类传感器,其主要区别是测试敏感元件与被测物体的相对刚度的差异,具体如下。

如图4-4所示的系统,系由两根相同的弹簧将一块无重量的平板与地面相连接所组成,弹簧常数均为$k$,长度为$l_0$,设有力$P$作用在板上,将弹簧压缩至$l_1$,如图4-4(b)所示,变形量$\Delta u_1$为

$$\Delta u_1 = \frac{P}{2k} \quad (4-2)$$

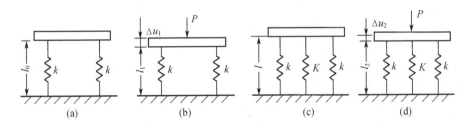

图4-4 应力计和应变计工作原理

(a) 初始状态;(b) 受力$P$作用后;(c) 初始状态下放置测试元件;(d) 放置测试元件后受力$P$的作用。

如果想用一个测量元件来测量未知力$P$和压缩变形$\Delta u_1$,在两根弹簧之间放入弹簧常数为$K$的元件弹簧,则其变形和压力为

$$\Delta u_2 = \frac{P}{2k + K} \quad (4-3)$$

$$P_2 = K\Delta u_2 \quad (4-4)$$

式中:$P_2$、$\Delta u_2$为元件弹簧所受的力和位移。

将式(4-2)代入式(4-3)有

$$\Delta u_2 = \frac{2k\Delta u_1}{2k + K} = \Delta u_1 \frac{1}{1 + \frac{K}{2k}} \quad (4-5)$$

将式(4-3)代入式(4-4)有

$$P_2 = K\frac{P}{2k+K} = P\frac{1}{1+\frac{2k}{K}} \qquad (4-6)$$

在式(4-5)中,若 $K$ 远小于 $k$,则 $\Delta u_1 = \Delta u_2$,说明弹簧元件加进前后,系统的变形几乎不变,弹簧元件的变形能反映系统的变形,因而可看作一个测长计,把它测出来的值乘以一个标定常数,可以指示应变值,所以它是一个应变计。

在式(4-6)中,若 $k$ 远小于 $K$,则 $P_2 = P$,说明弹簧元件加进前后,系统的受力与弹簧元件的受力几乎一致,弹簧元件的受力能反映系统的受力,因而可看作一个测力计,把它测出来的值乘以一个标定常数,可以指示应力值,所以它是一个应力计。

在式(4-5)和式(4-6)中,若 $K \approx 2k$,即弹簧元件与原系统的刚度相近,加入弹簧元件后,系统的受力和变形都有很大的变化,则既不能做应力计,也不能做应变计。

上述结果,也很容易从直观的力学知识来解释。一方面,如果弹簧元件比系统刚硬很多,则力 $P$ 的绝大部分就由元件来承担。因此,元件弹簧所受的压力与力 $P$ 近乎相等,在这种情况下,该弹簧元件适合做应力计。另一方面,如果弹簧元件比系统柔软很多,则它将顺着系统的变形而变形,对变形的阻抗作用很小。因此,元件弹簧的变形与系统的变形近乎相等,在这种情况下,该弹簧元件适合于做应变计。

### 4.2.2 监测方法

应力/应变的监测分为施工期监测和运营期监测。应力/应变监测在施工期有两个重要作用:①通过应力/应变监测,了解建筑物应力的实际分布,寻求最大应力(拉、压应力和剪应力)的位置、大小和方向,真正掌握建筑物的实际强度安全程度;②利用应力/应变的监测成果,可以改进设计,验证新的设计方法和建筑物的设计形态。

为了获得观测数据,必须在事先选择好的观测截面上的测点处埋设应变计组和无应力计。应变计组主要监测混凝土在平面方向上的应力状态。应变计组的各向应变计的测值反映的是测点的各向应变。无应力计用来测量除外力以外的由于混凝土物理、化学因素及温度、湿度变化引起的变形。这部分非应力变形也就是自由体积变形。

埋设应变计组时,先将支座固定于埋设仪器处的预埋钢筋上,然后插上支杆并准确校正支杆方向,最后将应变计装于支杆上,5支仪器的方位误差不超过 ±1°,方向布置在观测断面上,但至少有一个方向与观测断面垂直。仪器周围填筑混凝土时,首先一定要剔除大于 8cm 的大骨料,防止大骨料造成混凝土不均匀,影响观测精度。然后用人工方法振捣仪器周围的混凝土,使混凝土慢慢围住并逐渐覆盖仪器,这样可以有效地保护仪器和电缆不被巨大的外力破坏。

埋设无应力计时,先要用细铁丝将应变计固定在无应力计内筒的中心位置上,将没有大骨料的混凝土填充到内筒内,使混凝土均匀地分布在应变计周围。然后用人工振捣密实,否则将影响仪器信号的输出。最后用螺栓把筒盖密封埋入混凝土中。无应力计筒的埋设位置应距应变计组 1m 左右。特别注意:在埋设时要不断测量应变计组的电阻和电阻比,以便发现有异常情况的仪器及时更换。

由于应变计本身具有一定的刚度,在混凝土尚未硬化前,应变计不能完全反映出混凝土的变形。一般应变计在埋设后 12h,才能达到平衡状态。因此,必须在埋设后每 4h 对应变计组和无应力计测一次数据,持续 1 天。这样,一方面可以检查仪器是否正常工作,另一方面通过数据的变化观察混凝土的应变变化情况。待仪器工作稳定后，每天观测2次，持续一个月，然后10天观测一次，直到建筑物建成。

### 4.2.3 数据处理和分析

观测数据的分析处理是一件十分重要的工作。首先要认真核查每一个观测数据，其次通常取12~14h内的一个观测数值作为计算混凝土应力状态和自身体积变形的基准值，因为基准值是计算监测物理量的相对零点。把观测数据输入已经编好的数据库中，计算机按照程序设计好的计算公式换算为监测物理量，即应变计组和无应力计的应力/应变情况。

采用回归分析方法直接对无应力计的实际应变进行计算，无应力计应变回归结果中的复相关系数较高测点的回归标准差为2~6个微应变。

应变计组应力计算采用公式计算混凝土弹模及徐变，根据实际情况对实测数据进行检查和处理，主要进行粗差检查及处理、温度条件检查、点应力条件检查及平差、对测值平滑处理等。

（1）粗差检查及处理。首先对实测值中存在的粗差进行必要的处理，粗差的判断采用差分或人工经验分析等方法，修改采用插值或屏幕图形修改的方法，后者适用于连续粗差的修改。程序对修改情况作了相应的记录，并可恢复到初始数据状态，供以后分析工作了解粗差修改情况。

（2）点温度条件检查。对测点温度是否满足点温度条件可采用多种统计方法检查。对全部测点进行检查后发现多数测点不满足这一条件，从这些测点的温度过程线可以看到无应力计温度与工作应变计的温度有一定的偏离，最大差值在5℃左右，初步分析此种现象是由观测范围内存在一定温度梯度引起的。对这种情况的处理方法：利用无应力计本身的温度及自由变形进行回归计算之后，采用工作应变计的平均温度利用无应力计的回归方程重新构造一无应力计过程。这种处理一方面考虑了测点实际温度过程，另一方面利用了无应力计反映的测点自由变形信息。经过处理后的计算结果更合理一些。

（3）数据可靠性检查。一般应变计组资料计算分析要通过"点应力"条件检查以了解测点质量。

施工期的温度为主要影响因素，测点的温度变化比较缓慢且有一定的变化规律，而各支仪器的频率模数基本与温度负相关变化，从过程线中可以明显看出这种对应关系，而违反这种对应关系的测值很可能存在问题。

## 4.3 地下水位及渗流监测

### 4.3.1 地下水位观测

地下水位观测是水利、采矿、能源、交通以及高层建筑等工程中进行安全监测的主要项目之一。目前，国内地下水位观测一般采取在透水层埋设测压管，可以通过人工或利用水位传感器进行观测，也可以通过专门的观测井进行观测。

**1. 水位观测井**

利用水位观测井观测地下水位的动态变化是一种传统的测量方法。该系统主要由钻孔埋入地下的水位管和测头、钢尺电缆、接收系统及绕线盘等部分组成，测头内部安装了水阻接触点,当触点接触到水面时,便会接通接收系统,蜂鸣器发出响声。此时,读取测量钢尺读数,即可获取地下水位相对于管口的深度,并可进一步转换成绝对水位。

水位观测井应设置在具有代表性的位置上,井位的布设以能全面反映工程环境地下水位分布面为准。

**2. 压阻式液位传感器**

该系统采用中美合资麦克传感器有限公司生产的压阻式液位传感器,这种传感器体积小,安装维护较方便,其抗振动冲击性能也相当好。它采用高稳定性的 OEM 表压传感器,将其装入一个不锈钢壳体内,钢体顶部有一钢帽能起到保护传感器膜片的作用,同时又能使水通畅地接触到膜片,输出信号通过防水电缆与传感器外壳密封连接。

该传感器是为连续投入水中使用而设计的,工作温度范围宽,稳定性良好。对水而言其量程为 1~200m,精度(非线性+迟滞+重复性)为 0.3%FS,可以满足测井的要求。

采用液位传感器测量井口地面到井下水面高度的方法如图 4-5 所示。图中传感器头到井口地面的高度 $H$ 为已知(安装传感器时应准确测量),传感器头到水面的高度 $h$ 从传感器的输出直流电压中测得,那么从井口地面到井下水面的高度就是 $X = H - h$。

液位传感器在深井中安装时,一般用插钢管的方法,钢管内径在 45mm 左右,钢管的不同高度打上若干个小孔,以便水通畅进入管内。

**3. 感应式数字液位传感器**

感应式数字液位传感器是一种用于液位测量的器件,采用神经网络电路的棒式传感器,利用机械方法定位感应装置感应液位变化,经机械编码处理,实现数字化分度(等精度测量的关键)、数字化采样、数字化传输的全新新型液位传感器(图 4-6)。

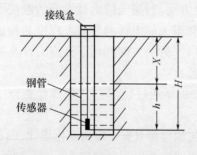

图 4-5 测量方法示意图

图 4-6 感应式数字液位传感器

感应式数字液位传感器具有测量精度高、稳定可靠、抗干扰等优点。通过与二次仪表(RTU)连接可组成液位自动测报系统,可用于有悬浮物,有杂质,含弱酸碱的污水、泥浆、水渠、河流、市政积水(立交桥下、低洼处)等环境。

### 4.3.2 渗流量观测

渗流量观测包括渗漏水的流量及其水质观测。水质观测包括渗漏水的温度、透明度观测和化学成分分析。

渗流量观测系统的布置,应根据工程的地质条件、渗漏水的出流和汇集条件以及所采用的测量方法等确定。对于大型工程应分区、分段进行测量,所有集水和量水设施均应避免客水干扰。渗漏水的温度观测以及用于透明度观测和化学分析水样的采集,均应在相对固定的渗流出口或堰口进行。

根据渗流量的大小和汇集条件,可选用以下几种方法进行观测。

(1) 当流量小于 1L/s 时宜采用容积法。

(2) 当流量在 1~30L/s 之间时宜采用量水堰法。

(3) 当流量大于 300L/s 或受落差限制不能设置水堰时,应将渗漏水引入排水沟中,采用测流速法。

**1. 量水堰法观测**

量水堰的结构有三角堰、梯形堰和矩形堰三种。目前,量水堰一般选用三角堰,三角堰缺口为等腰三角形,底角为直角,堰口下游边缘呈 45°。矩形堰堰板应严格保持堰口水平,水舌两侧的堰墙上应留通气孔。量水堰的结构如图 4-7 和图 4-8 所示。

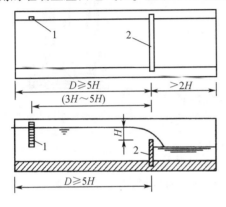

图 4-7 量水堰结构示意图
1—水尺;2—堰板。

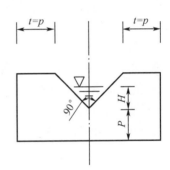

图 4-8 直角三角形量水堰板示意图

量水堰的设置和安装应符合以下要求。

(1) 量水堰应设在排水沟直线段的堰槽段。该段应采用矩形断面,两侧墙应平行和铅直。槽底和侧墙应加砌护,不漏水,不受其他干扰。

(2) 堰板应与堰槽两侧墙和来水流向垂直。堰板应平正和水平,高度应大于 5 倍的堰上水头。

(3) 堰口水流形态必须为自由式。

(4) 测读堰上水头的水尺或测针,应设在堰口上游 3~5 倍堰上水头处。尺身应铅直,其零点高程与堰口高程之差不得大于 1mm。水尺刻度分辨率应为 1mm;测针刻度分辨率应为 0.1mm。必要时可在水尺或测针上游设栏栅稳流。

(5) 量水堰安装完毕,应详细填写考证表,存档备查。

用量水堰观测渗流量时,水尺的水位读数应精确至 1mm,测针的水位读数应精确至 0.1mm。堰上水头两次观测值之差不得大于 1mm。在观测渗流量的同时,必须测记相应渗漏水的温度、透明度和气温。温度须精确到 0.1℃。透明度观测的两次测值之差不得大于 1cm。当为浑水时,应测出相应的含沙量。

**2. 测流速法观测**

测流速法的流速测量,可采用流速仪法或浮标法,两次流量测值之差不得大于均值的 10%。

测流速法观测参流量的测速沟槽应符合以下要求。

(1) 长度不小于 15m 的直线段。

(2) 断面一致,并保持一定纵坡。

(3) 不受其他水干扰。

### 4.3.3 孔隙水压力观测

国内外所使用的孔隙水压力计的种类较多,有振弦式、电阻片式、差动式、双管液压式、电感调频式及水管式等。以振弦式孔隙水压力计为例,其构造和工作原理与土压力计相似(图4-9),仅多了一块透水石,土体中的土压力和孔隙水压力作用于接触面上,经过透水石后,只有孔隙水压力作用在变形膜上,膜片发生挠曲变形,引起钢弦张力的变化,从而根据钢弦频率的变化可测得孔隙水压力值。

孔隙水压力计可量测土体中任意位置的孔隙水压力大小,在基坑监测等许多领域有广泛的应用。

该仪器的使用方法如下:

(1) 每个孔隙水压力传感器在埋设之前均应进行传感器的标定,以求得其标定系数 $k$ 及零点压力下的频率值 $f_0$。即使出厂时已提供传感器的 $k$ 和 $f_0$ 值,也应在埋设之前重新标定。

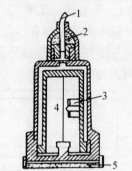

图4-9 孔隙水压力计的结构
1—导线;2—防水材料;
3—线圈;4—钢弦;5—透水石。

(2) 根据传感器的埋设深度、孔隙水压力的变化幅度以及大气降水可能会对孔隙水压力造成的影响等因素,确定传感器的量程,以免造成孔隙水压力超出量程范围,或是量程选用过大,影响测量精度。

(3) 安装传感器前,先在选定的位置钻孔至所需测量深度;再将用砂网、中砂裹好的传感器放到测点位置;然后向孔中注入中砂(作为传感器周围的过滤层),以高出传感器位置0.2~0.5m 为宜;最后向孔中埋入黏土(一般为直径约等于1~2cm 的干燥粘土球,其塑性指数 $I_p$ 不得小于17,最好采用膨润土),即可将孔封堵好。

(4) 当在同一钻孔中埋设多个传感器时,则传感器的间距不得小于1m,且一定要保证封孔质量,避免水压力的贯通;在地层的分界处亦应注意封孔质量,以免上下层水压力贯通。

## 4.4 挠度监测

### 4.4.1 基本概念

测定建筑物受力后挠曲程度的工作称为挠度观测。建筑物在应力的作用下产生弯曲和扭曲,弯曲变形时横截面形心沿与轴线垂直方向的线位移称为挠度。如图4-10所示,对于平置的构件,在两端及中间设置3个沉降点进行沉降监测,可以测得在某时间段内3个点的沉降量,分别为 $h_a$、$h_b$ 和 $h_c$,则该构件的挠度值为

$$\tau = \frac{1}{2}(h_a + h_c - 2h_b)\frac{1}{S_{ac}} \tag{4-7}$$

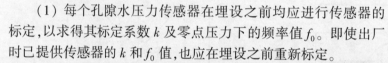

图4-10 平置构件挠度示意图

式中：$h_a$、$h_c$ 为构件两端点的沉降量；$h_b$ 为构件中间点的沉降量；$S_{ac}$ 为两端点间的平距。

对于直立的构件，要设置上、中、下 3 个位移监测点进行位移监测，利用 3 点的位移量求出挠度的大小。在这种情况下，我们把在建筑物垂直面内各不同高程点相对于底点的水平位移称为挠度。

### 4.4.2 观测方法

对于直立高大型建筑物，其挠度的观测方法是测定建筑物在铅垂面内各不同高程点相对于底部的水平位移值。高层建筑物通常采用前方交会法测定。对内部有竖直通道的建筑物，挠度观测多采用垂线观测，即从建筑物顶部附近悬挂一根不锈钢丝，下挂重锤，直到建筑物底部。在建筑物不同高程上设置观测点，以坐标仪定期测出各点相对于垂线最低点的位移。比较不同周期的观测成果，即可求得建筑物的挠度值。如果采用电子传感设备，可将观测点相对于垂线的微小位移变换成电感输出，经放大后由电桥测定并显示各点的挠度值。图 4-11 为利用正垂线装置测量大坝的挠度，图 4-12 为利用倒垂线装置测量大坝的挠度。

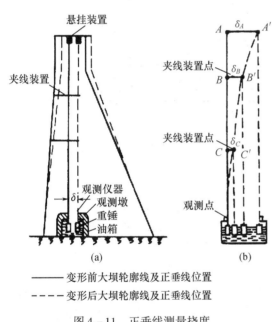

图 4-11 正垂线测量挠度

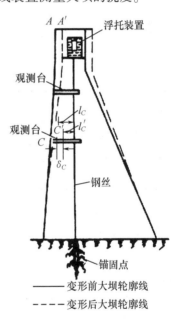

图 4-12 倒垂线测量挠度

## 4.5 裂 缝 监 测

建筑物裂缝比较常见，成因不一（如倾斜和不均匀沉降等），危害程度不同。有些裂缝（如滑坡裂缝等）已是破坏的开始，多数裂缝会影响建筑物的整体性，严重的能引起建筑物的破坏。为了保证建筑物的安全，应对裂缝的现状和变化进行监测。

对建筑物产生的裂缝应进行位置、长度、宽度、深度和错距等的定期观测，对建筑物内部及表面可能产生裂缝的部位，应预埋仪器设备，进行定期观测或临时采用适宜方法进行探测。裂缝观测的主要目的是查明裂缝情况，掌握变化规律，分析成因和危害，以便采取对策，保证建筑物安全运行。

## 4.5.1 常用测量方法

**1. 测微器法**

测微器法主要包括单向测缝标点和三向测缝标点,主要用于测量表面裂缝的宽度和错距。

单向测缝标点一般用于测量裂缝的宽度。在实际应用中,可根据裂缝分布情况,对重要的裂缝,选择有代表性的位置,在裂缝两侧各埋设一个标点(图4-13),标点采用直径为20mm、长约80mm的金属棒,埋入混凝土内60mm,外露部分为标点,标点上各有一个保护盖。两标点的距离不得少于150mm,用游标卡尺定期地测定两个标点之间距离变化值,以此来掌握裂缝的发展情况,其测量精度一般可达到0.1mm。

三向测缝标点有板式和杆式两种,目前大多采用板式三向测缝标点。板式三向测缝标点是将两块宽为30mm、厚5~7mm的金属板,作成相互垂直的3个方向的拐角,并在型板上焊3对不锈钢的三棱柱条,用以观测裂缝3个方向的变化,用螺栓将型板锚固在混凝土上,其结构形式如图4-14所示。用外径游标卡尺测量每对三棱柱条之间的距离变化,即可得三维相对位移。

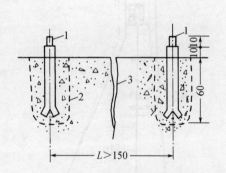

图4-13 单向测缝标点安装(单位:mm)
1—标点;2—钻孔线;3—裂缝。

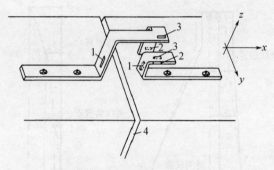

图4-14 板式三向测缝标点结构
1—观测 $x$ 方向的标点;2—观测 $y$ 方向的标点;
3—观测 $z$ 方向的标点;4—伸缩缝。

**2. 测缝计**

测缝计可分为电阻式、电感式、电位式、钢弦式等,是由波纹管、上接座、接线座及接座套筒组成仪器外壳。差动电阻式的内部构造是由两根方铁杆、导向板、弹簧及两根电阻钢丝组成,两根方铁杆分别固定在上接座和接线座上,形成一个整体,如图4-15所示。

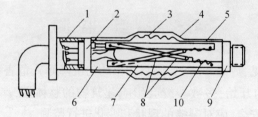

图4-15 测缝计结构示意图
1—接座套管;2—接线座;3—波纹管;4—塑料套;5—钢管;6—中性油;
7—方铁杆;8—电阻钢丝;9—上接座;10—弹簧。

两根电阻钢丝分别绕过高频瓷绝缘子,交错地固定在两根方铁杆上,高频瓷绝缘子又经过吊拉弹簧和另一个方铁杆固定。仪器的大部分变形由吊拉弹簧所承受,只有很小一部分变形使钢丝产生电阻比变化。同时温度变化又使钢丝产生电阻变化,因而电阻式测缝计除测量缝隙外,还可兼测温度。测缝计的波纹管和弹簧构件的性能都是和仪器测量大变形的特点相适应的。波纹管外面用塑料套包裹,以防水泥浆等影响变形。在观测表面缝时可采用夹具定位,在观测内部缝时则采用套筒定位。

利用这种单向测缝计进行进一步的组合和改装,可实现两向和三向测缝。

**3. 超声波检测**

超声波用于非破损检测,是以超声波为媒介,获得物体内部信息的一种方法。目前,超声法已应用于医疗诊断、钢材探伤、鱼群探测等领域。掌握混凝土表面裂缝的深度,对混凝土的耐久性诊断和研究修补、加固对策有重要意义。

当声波通过混凝土的裂缝时,绕过裂缝的顶端而改变方向,使传播路程增加,即通过的时间加长,由此可通过对裂缝绕射声波在最短路程上通过的时间与良好混凝土在水平距离上声波通过的时间进行比较来确定裂缝的深度,如图 4 – 16 所示。

由于裂缝两侧的探头是对称布置的,当按平面问题分析时可得

$$H = \frac{v}{2}\sqrt{t^2 - t_0^2} = L\sqrt{\left(\frac{t}{t_0}\right)^2 - 1} \qquad (4-8)$$

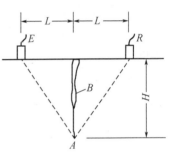

图 4 – 16 超声波观测裂缝深度
$E$—发射探头;$R$—接收探头;
$B$—裂缝;$A$—裂缝终点;
$H$—裂缝深度。

式中:$H$ 为裂缝深度(cm);$L$ 为探头距离之半(cm);$t$ 为超声波通过有裂缝混凝土的时间(s);$t_0$ 为超声波通过良好混凝土的时间(s);$v$ 为超声波在混凝土中的传播速度(cm/s)。

当裂缝倾斜时,可采用在平面上移动探头与裂缝相对位置的方法确定裂缝的倾斜方向,以及采用在钻孔中改变两探头相对位置的方法确定裂缝深度。

## 4.5.2 土工建筑物裂缝观测

**1. 表面裂缝**

对全部裂缝或若干主要裂缝区的裂缝进行观测。主要裂缝包括缝宽显著或长度较长的裂缝、垂直于轴线的裂缝、明显的垂直错缝(裂缝两侧的表面一高一低不在一个平面上)、弧形缝、地形陡变部位的裂缝等。

在观测范围内,以土坝、土堤等建筑物的轴线为基准线,可按堤坝桩号和距轴线的距离,画出坐标方格,逐格量测缝的分布位置和沿走向的长度。

裂缝宽度可在两侧设带钉头的小木桩作标点进行量测。裂缝错距可作刻度尺直接量测。裂缝深度,可选定若干适当位置,进行坑探、槽探或井探。探测前,最好从缝口灌入石灰水,以便观察缝迹。探测中,应测出土壁上的裂缝分布和宽度,必要时应取土样作干容重、含水量和其他物理力学指标试验。

**2. 内部裂缝**

对于土工建筑物内部或表面可能发生裂缝的部位,可在施工时埋设土应变计或改装的测缝计进行定期观测。在已成土工建筑物上,除可利用上述探测缝深的各种方法外,也可使用对堤坝隐患进行探测的有关方法进行探测,还可利用变形观测资料进行初步分析判断,从而有目

的地进行探测。

### 4.5.3 混凝土建筑物裂缝观测

**1. 表面裂缝**

对于混凝土建筑物,首先应根据情况,确定观测范围。裂缝分布位置和长度可仿照土工建筑物的量测办法进行量测。裂缝深度,除可用细铁丝等简易办法探测外,常采用超声波探伤仪进行探测,也可采取逐步钻孔进行压气或压水试验办法探测。裂缝宽度,除可用读数放大镜直接观测外,常在缝两侧设金属标点,用游标卡尺量测,或将差动式电阻测缝计(变化极微的裂缝,也可用应变计)的两端分别固定在缝的两侧,用电阻比电桥或其他检测仪器观测或自动遥测。对于贯穿性裂缝的错距,可在裂缝的两侧设三向测缝标点进行3个方向的量测。

**2. 内部裂缝**

对于大体积混凝土内部或表面预计可能发生裂缝的部位,可在施工时埋设裂缝计(差动式电阻测缝计连接加长杆而成)定期进行观测。在已竣工工程上,可采用上述探测缝深的办法进行探测。

## 4.6 光纤监测技术

光纤传感技术是20世纪70年代中期发展起来的一门新技术,它是伴随着光纤及光纤通信技术的发展而逐步形成的。光纤传感器是把光纤传感技术应用于测量领域的一种传感器件,它与传统的传感器相比具有许多优点:灵敏度高、耐腐蚀、电绝缘、防爆性好、抗电磁干扰,光路可扰曲,易于与计算机连接,便于遥测等;而且结构简单、尺寸小、质量轻、频带宽,可进行温度、应变、压力等参数的分布式测量。近年来,光纤传感器以其独特的优点,在土木工程领域得到了广泛的应用,成为建筑物结构监测的首选传感器形式。

### 4.6.1 研究进展

美国是最早研制光纤传感器且投资最大的国家,并且取得了很大成就。从1977开始由美国海军研究所主持的光纤传感器系统共有5个公司参加,主要研究方向是水声器、磁强计和其他水下检测有关设备。1980年开始研究,1984年进行飞行实验的现代数字光纤控制系统(ADOSS),采用光纤译码的光纤传感器系统代替直升机驾驶员的控制,最终将实现用光纤液压传动系统代替电源。另外,光纤陀螺(FOG)计划、核辐射监控(NRM)计划、飞机发动机监控(AEM)计划、民用研究计划(CRP)使光纤传感器技术迅猛发展,在军事、民用、电力、监控、桥梁、医学生物检测等方面得到广泛应用。

1983年,英国曼彻斯特举行的欧洲传感器展览会上展出了用于压力、温度、速度测量的传感器,全光纤干涉仪以及适用于危险地区、电磁噪声恶劣的环境过程控制用的高分辨率长冲位移传感器。德国光纤陀螺的研究规模和水平仅次于美国,西门子公司早在1980年就制成了高压光纤电流互感器的实验机样。

日本在20世纪80年代便制定了"光应用计划控制系统"的规划,该计划投资70亿美元,旨在将光纤传感器应用于大型工厂,以解决强电磁干扰以及易燃、易爆等恶劣环境中信息测量传输和生产过程的过程控制问题。20世纪90年代,由东芝、日本电器等15家公司和研究机构研究开发出12种具有一流水平的民用光纤传感器。

我国在20世纪70年代末就开始了光纤传感器的研究,其起步时间与国际相差不远。目前,我国的光纤传感器研究大多数集中于大专院校和科研单位,仍然未完成由实验室向产品化的过渡。由于光纤传感器未能跨越产品化的门槛,并未像光纤通信产业那样成指数型增长,许多与日常生活密切相关的传感器产品和大量的测试仪器依然依赖于进口,亟待发展的空间非常广阔。

目前,世界上光纤传感领域的发展可分为两大方向:原理性研究与应用开发。随着光纤技术的日趋成熟,对光纤传感器实用化的开发成为整个领域发展的热点和关键。

### 4.6.2 光纤的结构与分类

光纤的主要成分是二氧化硅,由纤芯、包层、涂覆层组成,其基本结构如图4-17所示。纤芯折射率较高,其主要成分为掺杂的二氧化硅,含量达99.999%。其余成分为极少量的掺杂剂,如二氧化锗等,以提高纤芯的折射率。纤芯直径一般在5~50μm之间。包层材料一般为纯二氧化硅,外径为125μm,作用是把光限制在纤芯中。涂覆层为环氧树脂、硅橡胶等高分子材料,外径约250μm,用于增强光纤的柔韧性、机械强度和耐老化特性。

光纤传感器的种类很多,按光纤传感器中光纤的作用可分为传感型和传光型两大类。图4-18为光纤传感器的结构框图。传感型主要使用单模光纤,既起传光作用又是敏感元件,利用外界因素改变光纤本身的传输特性,使光波导的属性(光强、相位、偏振态、波长等)被调制,从而对外界因素进行计算和数据传输的传感器称为传感型光纤传感器,又称为功能型光纤传感器,所以此类光纤传感器又可分为光强调制型、相位调制型、偏振态调制型和波长调制型等几种。对于传感型光纤传感器,由于光纤本身是敏感元件,因此加长光纤的长度可以得到很高的灵敏度。传光型传感器又称为非功能型光纤传感器,是指利用其他敏感元件测得的特征量,由光纤进行数据传输,光纤仅作为传光元件,必须附加相应的敏感元件才能组成传感元件。

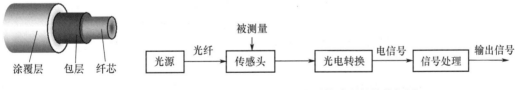

图4-17 光纤基本结构　　　　图4-18 光纤传感器的结构框图

光纤传感器按被测对象的不同,又可分为光纤温度传感器、光纤位移传感器、光纤浓度传感器、光纤电流传感器、光纤流速传感器等。按测量范围还可分为点式光纤传感器、积分式光纤传感器、分布式光纤传感器等。其中,分布式光纤传感器是理想的结构应变分布的监测器,它能在对结构无损伤的情况下,迅速测定物理量的大小、挠动及其位置。一般地,分布式光纤传感器是靠检测散射回来的能量来提供沿光纤分布的参数的变化量,这样就需要利用光纤的时域反射技术(OTDR)、相干光频域反射技术(COFDR)及非相干光频域反射技术(IOFDR)等。

目前市场上出现了许多不同的光纤传感器,在土木工程中的应用类型主要有以下几种:SOFO系统、微弯传感器(microbending)、法布里-珀罗(Fabry-Perot)传感器、光纤布拉格光栅(Bragg gratings)传感器、布里渊光纤传感器(Brillouin)、喇曼(Raman)光纤传感器等。

## 4.6.3 光纤传感技术原理与应用

**1. 光纤光栅传感器**

光纤布拉格光栅传感器的基本原理:当光栅周围的温度、应变、应力或其他待测物理量发生变化时,将导致光栅周期或纤芯折射率的变化,从而产生光栅布拉格信号的波长位移,通过监测布拉格波长位移情况,即可获得待测物理量的变化情况。

光栅的布拉格波长 $\lambda_B$ 由下式决定:

$$\lambda_B = 2n\Lambda \tag{4-9}$$

式中:$\Lambda$ 为光栅间隔或周期;$n$ 为芯模有效折射率。

当宽光谱光源照射光纤时,由于光栅的作用,在布拉格波长处的一个窄带光谱部分将被反射回来。反射信号的带宽与几个参数有关,特别与光栅长度有关,在多参数传感器应用中,典型的光栅反射带宽是 0.05~0.3nm。

由于应变、温度变化对光栅产生的扰动将导致器件布拉格波长的位移,因此通过波长位移测量即可获得应变和温度的变化数据。布拉格波长随应变和温度的位移为

$$\Delta\lambda_B = 2n\Lambda\{\{1-(n^2/2)[P_{12}-\nu(P_{11}+P_{12})]\}\varepsilon + [\alpha+(dn/dt)/n]\Delta T\} \tag{4-10}$$

式中:$\varepsilon$ 为外加应变;$P_{i,j}$ 为光弹性张量的普克尔压电系数;$\nu$ 为泊松比;$\alpha$ 为光纤材料的热膨胀系数;$\Delta T$ 为温度变化量。

作为一种新型光纤传感器,光纤光栅传感器对多个物理量敏感,可以用来测量多个物理量,包括应变、应力、温度、位移、振动、压力等。在水库、大坝等的温度及应变监测中,传感器的精度可达到几个微应变级,具有很好的可靠性,可实现动态测量。

**2. 光纤微弯传感器**

微弯型光纤传感器属于光强调制型传感器,基于光纤微弯损耗原理,是由 J. N. Fields 和 J. H. Cole 于 1980 年首次提出的,最早用于美国海军研究所研制的光纤水听器系统。这种传感器具有较高的灵敏度,可重复性好、迟滞小。其主要应用于对应变、声等物理场的检测或桥梁的支承系统(LCPC)。其检测分辨率可达到 0.1nm 级位移水平,检测动态范围达到 100dB 以上。

微弯光纤传感器的结构如图 4-19 所示,光纤被放在上下都带有均匀锯齿槽的夹板中间,并且两个锯齿槽能够很好地相互吻合,当外力对夹板作用荷载发生变化时,光纤的微弯变形幅度将随之变化,并进一步引起光纤中耦合到包层中的辐射模也发生相应的变化,从而导致输出光功率的变化,于是可通过测输出光功率变化来间接地测量外部扰动的大小来实现微弯传感器功能。

光纤微弯传感器通过光纤微弯曲导致传输光强度的损耗变化,来测量压力、温度、加速度、应变、流量、速度等环境参量。但在实际操作中也存在一些问题需要解决:①这种传感器尽管排除了干涉测量方法中的复杂相位问题,但同时也产生了接受光能的变化问题。干涉型传感器不会因为输出能量临时下降了5%而给出错误的数据,但强度调制型传感器会读成5%的变化值,除非有参考系统校正测量。这种能量差别可能来自光源温度变化、驱动电流变化、设备老化、接头松动、传输两端区域对光纤引线的影响,以及与微弯调制器相连的其他的光纤部件的传输与耦合等因素。②环境温度的变化对微弯传感器也有一定的影响。当环境温度变化时,在光纤中传输的光功率变化很少,但当光纤处于一定曲率的弯曲状态时,温度变化将会导

致光纤包层折射率变化,从而造成弯曲损耗的改变。

**3. 光纤法布里－珀罗干涉仪**

法布里－珀罗干涉仪的原理如图 4 – 20 所示,它是由两块平行的部分透射平面镜组成。两块平面镜的反射系数很大,一般大于或等于 95%。假定反射率为 95%,那么在任何情况下,光源输出光的 95% 将朝着光源反射回去,余下 5% 的光将透过平面镜而进入干涉仪的谐振腔内。当这部分透射光到达右面的平面镜时,它的 95% 将朝着左面的平面镜反射回来,而余下 5% 的光将透过右面的平面镜入射到光检测器。这部分光将与在两块平面镜之间接连多次往返反射的光合并。如忽略其他损耗,则下一个输出光束的强度都是上一个输出光束强度的 0.9025 倍。假设相干长度是两块平面镜间距的若干倍,那么采用把各种透射光束电场向量求和,就可求出入射在光检测器上光信号的强度。

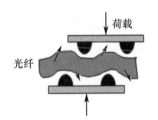

图 4 – 19　微弯光纤传感器

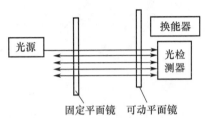

图 4 – 20　法布里－珀罗干涉仪原理

法布里－珀罗干涉仪是多光束干涉,根据多光束干涉的原理,探测器上探测到的干涉光强的变化为

$$I = I_0 \bigg/ \left[ 1 + \frac{4R}{(1-R)^2} \cdot \sin^2\left(\frac{\varphi}{2}\right) \right] \qquad (4-11)$$

式中:$R$ 为反射镜的反射率;$\varphi$ 为相邻光束间的相位差。

由式(4 – 11)可知,当反射镜的反射率 $R$ 值一定时,透射的干涉光强随 $\varphi$ 变化。当 $\varphi = 2n\pi$($n$ 为整数)时,干涉光强有最大值 $I_0$;当 $\varphi = (2n+1)\pi$($n$ 为整数)时,干涉光强有最小值 $\left(\frac{1-R}{1+R}\right)^2 I_0$。这样,透射的干涉光强的最大值与最小值之比为 $\left(\frac{1+R}{1-R}\right)^2$。可见,反射率 $R$ 越大,干涉光强变化越显著,即有高的分辨率,这是此种干涉仪的最突出特点。因此,可通过提高反射镜的反射率来提高干涉仪的分辨率,从而使干涉测量有极高的灵敏度。F – P 光纤干涉传感器主要用于检测应变、温度等。

**4. SOFO 系统**

光纤结构监测(surveillance d'ouvrages par fibres optiques,SOFO)系统由传感器、读数仪、数据分析软件和附属设备(转换箱、连接盒、光缆和连接器等)组成。读数仪是便携式的,由电池供电并且防水,适合在多尘和潮湿的建筑场地使用。一次测量只需几秒钟,结果可以自动进行分析,并可通过外接计算机存储数据用作进一步分析。SOFO 系统基于低相干干涉测量原理,其传感器为长标距光纤变形传感器,典型传感器长度范围为 250mm ~ 10m。其主要应用为测量位移参量。如图 4 – 21 所示为其系统组成图。

**5. 分布式光纤传感器**

分布式光纤传感器可以测量呈一定空间分布的场,如温度场、应力场等。分布式光纤传感技术是光纤传感技术中最具前途的技术之一,是适应大型工程安全监测而发展起来的一项传

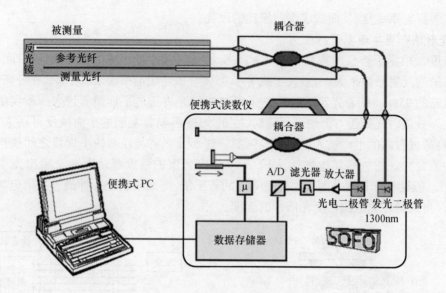

图 4-21 SOFO 系统组成

感技术,它应用光纤几何上的一维特性进行测量,把被测参量作为光纤位置长度的函数,可以在整个光纤长度上对沿光纤几何路径分布的外部物理参量变化进行连续的测量,同时获取被测物理参量的空间分布状态和随时间变化的信息。目前,发展较快的分布式方式有两类:①以光纤的后向散射光或前向散射光损耗时域检测技术为基础的光时域分布式;②以光波长检测为基础的波域分布式。时域分布式的典型代表为分布式光纤温度传感系统,其技术已趋于成熟。

 **思考题**

1. 建筑物的内部监测主要包括哪些内容?
2. 分层沉降观测主要有哪些方法?
3. 测斜仪主要由哪些部件构成?
4. 地下水位监测的主要方法有哪些?
5. 量水堰的设置和安装应符合哪些要求?
6. 简述挠度的基本概念。对于直立高大型建筑物一般可采用哪些方法监测其挠度?
7. 对于已产生的裂缝应进行哪些内容的监测工作?
8. 测微器法监测裂缝有哪些主要方法?
9. 在裂缝监测中,超声波无损探测的主要作用是什么?
10. 混凝土内部裂缝应如何监测?
11. 目前,光纤技术可用于安全监测的哪几个方面?有哪些特点?
12. 光纤传感器主要有哪几种?

# 第 5 章

# GPS 在变形监测中的应用

## 5.1 概　述

全球定位系统(GPS)作为 20 世纪一项高新技术,具有速度快、全天候、自动化、测站间无需通视、可同时测定点的三维坐标及精度高等优点,因而获得了广泛应用。目前,GPS 精密定位技术已经广泛地渗透到经济建设和科学技术的许多领域,对经典大地测量学的各个方面产生了极其深刻的影响。它在大地测量学及其相关学科领域,如地球动力学、海洋大地测量、地球物理探测、资源勘探、航空与卫星遥感、工程变形监测、运动目标的测速以及精密时间传递等方面的广泛应用,充分显示了卫星定位技术的高精度与高效益。随着社会和生产的飞速发展,各种大型的工程建筑物越来越多,所以其变形监测的工作也变得越来越重要。但是若用传统的测量方法不仅工作量大,而且其精度也很难达到,而 GPS 定位技术此时在变形监测中显示出传统监测技术所无法取代的重要作用。

### 5.1.1　GPS 定位系统的组成

GPS 定位系统实现了全球覆盖、全天候、高精度、实时连续定位。它由 GPS 卫星组成的空间部分、若干个地面监控站组成的地面监控系统和以接收机为主体的用户定位设备 3 部分组成。三者既有各自独立的功能和作用,又有机地配合成缺一不可的整体系统。图 5 – 1 显示了 GPS 定位系统的 3 个组成部分及其相互关系。下面分别介绍 GPS 定位系统的 3 个组成部分。

**1. 空间部分**

1) GPS 卫星星座

GPS 卫星星座由 21 颗工作卫星和 3 颗在轨备用卫星组成。24 颗卫星基本上均匀分布在 6 个等间隔的轨道平面内,每个轨道平面分布 4 颗卫星,卫星高度约为 2 万 km,卫星轨道平面倾角为 55°,运行周期约为 11h58min(图 5 – 2)。位于地平线上的卫星数随着时间和地点的不同而异,最少可以见到 4 颗卫星,最多可以见到 11 颗卫星,因此保证了在地球上和近地空间任一点,任何时刻均可至少同时观测 4 颗 GPS 卫星。全球绝大多数地方是能够实现全天候、高精度、连续实时导航定位测量的。但应指出,在个别地区可能在某一段时间内,所观测到的 4 颗卫星几何图形结构较差,不能达到定位精度要求。

图 5-1　GPS 定位系统的组成

2) GPS 卫星及其功能

GPS 卫星的主体呈圆柱形（图 5-3），卫星入轨后，星体两侧各伸展出一块太阳能电池翼板，对日定向系统控制两块翼板旋转，使翼板始终对准太阳，以便能够接受太阳能充电。在 GPS 定位系统中，GPS 卫星的作用：向广大用户连续不断地发送导航定位信号，并用导航电文报告自己的现时位置以及其他在轨卫星的概略位置；在飞越注入站上空时，接收地面注入站发送到卫星的导航电文和其他有关信息，并通过 GPS 信号形成电文，适时地发送给广大用户；接收地面主控站发送到卫星的调度命令。

图 5-2　GPS 卫星星座

图 5-3　GPS 工作卫星

**2. 地面监控系统**

地面监控系统是 GPS 定位系统的神经中枢，保证整个系统的协调运行。其内部设有一组标准原子时钟。该系统是由 1 个主控站、3 个注入站和 5 个监测站组成（图 5-4）。主控站位于美国科罗拉多州斯普林斯（Colorado Springs）的联合航天操作中心 CSOC（Consolidated Space Operation Center），3 个注入站分别位于大西洋、印度洋和太平洋的 3 个美军基地上，即大西洋的阿森松（Ascension）群岛、印度洋的狄戈加西亚（DiegoGarcia）和太平洋的卡瓦加兰（Kwajalein），除了 1 个主控站和 3 个注入站有 4 个监测站的功能外，还在夏威夷设立了 1 个监测站。

系统的主要功能是各个监测站 GPS 接收机对卫星进行连续观测，同时收集当地的气象数据。主控站收集各个监测站所测得的观测值、气象要素、卫星时钟和工作状态的数据、监测站

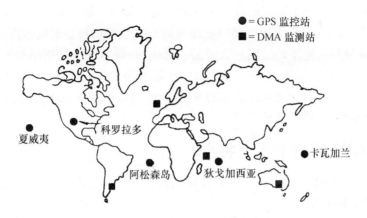

图 5-4　GPS 地面监控系统分布图

自身状态的数据以及海军水面兵器中心发来的参考星历。根据所收集的数据,计算每颗 GPS 卫星的星历、时钟改正、状态数据和信号的电离层延迟改正等参数,并按一定格式编制成导航电文,传送到注入站。主控站还肩负监测整个地面监控系统是否正常工作、检验注入给卫星的导航电文是否正确、监测卫星是否将导航电文发送给用户等任务。注入站在主控站的控制下,将卫星星历、卫星时钟钟差等参数和其他控制指令注入给各 GPS 卫星。主控站能够对 GPS 卫星轨道进行改变和修正,还能进行卫星调度,让备用卫星去取代失效的卫星。

在地面监控系统的监测站上配置有 GPS 双频接收机,其作用:对全部 GPS 卫星进行连续观测。先将观测数据传送到主控站,在主控站上,根据已有的观测数据计算出各个卫星的轨道参数、钟差和大气改正等,连同其他信息编制成导航电文,然后传送到注入站,定时由注入站发送到相应的卫星存储,形成卫星导航电文中的广播星历。由此地面接收机收到的广播星历而计算卫星的位置。

**3. 用户接收机**

由于 GPS 应用广泛,经济效益好,因而各国均在研制和生产各种类型的 GPS 接收机。GPS 接收机类型很多,按其用途来分,有导航型、测地型和授时型(图 5-5)。导航型接收机精度不高,但是具有价格便宜、操作方便和体积小等优点;测地型接收机结构复杂,价格昂贵,但其定位精度高,主要用于精密大地测量与变形监测。

 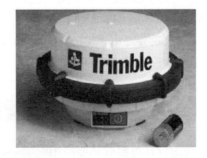

图 5-5　GPS 接收机

GPS 卫星发送的导航定位信号,是一种可供无数用户共享的信息资源。GPS 接收机是一种能接收、跟踪和测量 GPS 信号的卫星信号接收设备。随着使用目的不同,用户要求的 GPS

接收机也各有差异,主要分为静态定位和动态定位两大类型。静态定位指的是用户天线在跟踪 GPS 卫星过程中固定不变,接收机高精度地测量 GPS 信号的传播时间,连同 GPS 卫星在轨的已知位置,从而算得固定不动的用户天线的三维坐标;动态定位是指用 GPS 接收机测定一个运动物体的运动轨迹。目前,GPS 设备发展的主要趋势是向集成化、小型化、高动态和多通道方面发展,随着电子技术和微处理技术的发展,GPS 接收机的集成化程度越来越高,使整机尺寸和质量大大减少,价格也迅速下降。

## 5.1.2　GPS 系统的应用特点

自从 GPS 投入到实践应用,各种 GPS 接收机及应用软件迅速发展,GPS 定位技术的应用特点可归纳为以下几个方面。

(1) 用途广泛。用 GPS 信号可以进行海空导航、车辆引行、导弹制导、精确定位、动态观测、设备安装、传递时间、速度测量等,并将在测绘工程中应用于地籍测量、控制测量、变形监测等。

(2) 自动化程度高。GPS 定位技术可以大量减少野外作业的观测时间和劳动强度。用 GPS 接收机进行测量时,只要将天线准确安置在测站上,主机可放在测站附近或者放在室内,通过专用通信线与天线相连,接通电源,启动接收机,仪器就开始自动采集数据。观测工作结束时,仅需关闭电源,取下接收机,便完成野外数据采集任务。将 GPS 接收机内部观测数据传输到计算机,采用其自带的软件,实现全自动化的 GPS 数据处理与计算。

(3) 测量速度快。用 GPS 接收机作静态相对定位(边长小于 15km)时,采集数据的时间可缩短到 1h 左右,即可获得基线向量,精度为 $\pm(5mm + 1 \times 10^{-6} \times D)$。如果采用快速定位软件,对于双频接收机,仅需采集 5min 左右时间;对于单频接收机,只要能观测到 5 颗卫星,也仅需 15min 左右时间,便可达到上述同样的精度。作业速度快,一般能比常规手段建立控制网(包括造标)快 2～5 倍。

(4) 定位精度高。大量实践和试验表明,GPS 卫星相对定位测量精度高,定位计算的内符合与外符合精度均符合 $\pm(5mm + 1 \times 10^{-6} \times D)$ 的标称精度,二维平面位置都相当好,仅高差方面稍逊一些。据多年来国内外众多试验与研究表明:GPS 相对定位,若方法合适,软件精良,则短距离(15km 以内)精度可达厘米级或以上,中、长距离(几十千米至几千千米)相对精度可达到 $10^{-7} \sim 10^{-8}$,表明定位精度很高。

(5) 经济效益高。用 GPS 定位技术建立大地控制网,要比常规大地测量技术节省 70%～80% 的外业费用,这主要是由于 GPS 卫星定位不要求测站间相互通视,不用造标,节省大量经费。同时,由于作业速度快,使工期大大缩短,所以经济效益显著。

## 5.2　GPS 定位基本原理

GPS 所体现的设计思想就是要应用处于空间中的人造卫星作为参考点,确定一个物体处在地球上的某个位置。根据几何学原理可以证明,通过精确地测定地球上某个点到多个人造卫星之间的距离,就能对此地点的位置进行三角形的测定,这就是 GPS 最基本的设计思路和定位原理。GPS 定位中常用的定位方法有:伪距法、载波相位测量法和射电干涉测量法。其中载波相位测量法是目前 GPS 测量中精度最高的测量方法。

## 5.2.1 测距码伪距单点定位原理

测距码伪距就是由卫星发射的测距码到观测站的传播时间(时间延迟)乘以光速所得出的量测距离,习惯上简称为伪距。在建立伪距观测值的方程时,需要顾及卫星钟差、接收机钟差和大气层折射延迟。为了表达方便,本章所有公式中均以 $k$ 表示测站编号,$j$ 表示卫星编号,$i$ 表示观测历元编号。在忽略大气折射影响的情况下,将卫星信号的发射时刻和接收时刻均化算到 GPS 标准时刻,则在第 $i$ 个观测历元,由第 $j$ 颗卫星至测站 $k$ 的几何传播距离 $\rho(k,j,i)$ 可表示为

$$\rho(k,j,i) = c(T_k^i - T_j^i) = c \cdot \tau_{kj}^i \tag{5-1}$$

式中:$\tau_{kj}^i$ 为相应的时间延迟。

当顾及到对流层、电离层、卫星钟和接收机钟的影响时,伪距观测值可以表示为

$$\rho'(k,j,i) = \rho(k,j,i) + c \cdot \delta t_k^i - c \cdot \delta t_j^i + \delta\rho_{\text{trop}}^i(k,j) + \delta\rho_{\text{ion}}^i(k,j) \tag{5-2}$$

式中:$\delta t_k^i$ 为接收机钟差;$\delta t_j^i$ 为卫星钟差;$\delta\rho_{\text{trop}}^i(k,j)$ 为对流层折射影响,包括干分量和湿分量两部分,可按测站上实测的气象参数及至卫星的高度角,采用霍普菲尔德对流层改正模型进行计算改正;$\delta\rho_{\text{ion}}^i(k,j)$ 为电离层折射的影响,也可以采用改正模型进行改正;$\rho(k,j,i)$ 为正确的伪地距,其计算公式为

$$\rho(k,j,i) = \sqrt{(x_j - x_k)^2 + (y_j - y_k)^2 + (z_j - z_k)^2} \tag{5-3}$$

卫星坐标可以通过星历文件解算出来,因此,卫星坐标可做为已知量来看待。顾及式(5-3),在式(5-2)中只有 4 个未知数:测站 3 个坐标未知数$(x_k,y_k,z_k)$,另一个未知数是接收机钟差 $\delta t_k^i$。因此,在同一个观测历元,只需同时观测 4 颗卫星,即可以获得 4 个观测方程式,求解出这 4 个未知数。若同时观测的卫星数多于 4 个,则存在多余观测,此时,需将式(5-2)线性化,再按照最小二乘法进行平差计算。若一开始所给出的测站在 WGS-84 坐标系中的近似值$(x_k^0,y_k^0,z_k^0)$偏差过大,则因线性化后的观测方程式仅取了一次项,为了避免略去的高次项对解算结果的影响,可利用解算出的测站坐标重新作为近似值,迭代求解。

## 5.2.2 载波相位测量原理

载波相位测量是测定 GPS 载波信号在传播路程上的相位变化值,以确定信号传播的距离。如图 5-6 所示,卫星 S 发出一个载波信号,在任一时刻 $t$ 其在卫星 S 处的相位为 $\varphi_S$,而此

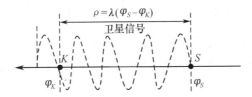

图 5-6 载波相位测量示意图

时经距离 $\rho$ 传播到接收机 K 处的信号,其相位为 $\varphi_K$,则由 S 到 K 的相位变化为$(\varphi_S - \varphi_K)$,在$(\varphi_S - \varphi_K)$中包含了整周数和不足一周的小数部分。为了方便计算,载波相位均以周数为单位。如果能测定$(\varphi_S - \varphi_K)$,则卫星 S 到接收机 K 的距离 $\rho$ 为

$$\rho = \lambda(\varphi_S - \varphi_K) = \lambda(N_0 + \Delta\varphi) \tag{5-4}$$

式中：$N_0$ 为载波相位($\varphi_S - \varphi_K$)的整周数部分；$\Delta\varphi$ 为不足一周的小数部分；$\lambda$ 为载波的波长，为已知值。

在实际中测量 $\varphi_S$ 的方法是使接收机的振荡器能产生一个频率和初相与卫星处载波信号完全相同的基准信号，则在任一时刻 $t_i$ 在接收机的基准信号的相位 $\varphi_K$ 就等于卫星处载波信号的相位 $\varphi_S$，载波相位测量需要连续跟踪卫星，通过中频信号测定接收机 $k_i$ 在 $t_i$ 时刻的基准信号与接收到的载波信号的相位差。设在 $T_1$ 时刻进行首次载波相位测量，此时接收机基准信号相位为 $\varphi_i(T_1)$，接收到来自卫星的载波信号的相位为 $\varphi_0^j(T_1)$，因此要测定相位差为 $\Phi_i^j(T_1)$，其中包括整周数 $N_i^j$ 和不足一周的小数部分 $\delta\varphi_i^j(T_1)$。

$$\Phi_i^j(T_1) = \varphi_i(T_1) - \varphi_0^j(T_1) = N_i^j + \delta\varphi_i^j(T_1) \tag{5-5}$$

在首次测量以后连续跟踪卫星的情况下，可连续测量相同卫星发送的载波信号的相位变化。因此，可以测定 $T_1$ 到 $T_i$ 的整周数 $\Delta N$ 和不足一周的小数部分，所以有

$$\Phi_i^j(T_i) = \varphi_i(T_i) - \varphi_i^j(T_i) = N_i^j + \Delta N_i^j(T_i) + \delta\varphi_i^j(T_i) = N_i^j + \Delta\Phi_i^j(T_i) \tag{5-6}$$

式中：$\varphi_i(T_i)$ 为 $T_i$ 时刻接收机基准信号的相位，等于 $T_i$ 时刻在卫星 $S^j$ 处的载波相位 $\varphi^j(T_i)$；$\varphi_i^j(T_i)$ 为 $T_i$ 时刻接收机接收到的来自卫星的载波信号的相位，它是发生在载波信号发射时刻 $T_j$ 的事件，即 $\varphi_i^j(T_i)$ 是 $T_j$ 时刻载波信号在卫星 $S^j$ 处的相位。

所以

$$\Phi_i^j(T_i) = \varphi_i(T_i) - \varphi^j(T_i) = f\tau_i^j \tag{5-7}$$

式中：$f$ 为卫星载波信号频率；$\tau_i^j$ 为 $T_j$ 时刻发射的 GPS 信号于 $T_i$ 时刻到达接收机所经历的时间，$\tau_i^j = T_i - T_j$。

由于接收机钟和卫星钟都含有钟差 $\delta t_k$ 和 $\delta t^j$，所以

$$t_i = T_i + \delta t_k(t_i) \tag{5-8}$$

$$t_j = T_j + \delta t^j(t_i) = T_i - \tau_i^j + \delta t^j(t_i) \tag{5-9}$$

用接收机观测历元 $t$ 表示的信号传播时间 $\tau_i^j$ 可以用卫星至测站的几何距离 $\rho_i^j$ 表示，并按泰勒级数展开取至一阶项，有

$$\tau_i^j = \frac{1}{c}\rho_i^j(t)\left[1 - \frac{1}{c}\dot{\rho}_i^j(t)\right] - \frac{1}{c}\dot{\rho}_i^j(t)\delta t_k(t) \tag{5-10}$$

如果顾及大气折射的影响，则卫星信号的传播时间最终可表示为

$$\tau_i^j = \frac{1}{c}\rho_i^j(t)\left[1 - \frac{1}{c}\dot{\rho}_i^j(t)\right] - \frac{1}{c}\dot{\rho}_i^j(t)\delta t_k(t) + \frac{1}{c}(\delta\rho_k^j + \delta\rho_{k_n}^j) \tag{5-11}$$

式中：$\delta\rho_k^j$ 为电离层延迟；$\delta\rho_{k_n}^j$ 为对流层延迟。

在实际测量中采用的是接收机钟面时刻 $t_i$，根据式(5-6)并顾及式(5-11)，则载波相位的基本观测方程可表示为

$$\Phi_i^j(t) = \frac{f}{c}\rho_i^j(t)\left[1 - \frac{1}{c}\dot{\rho}_i^j(t)\right] + f\left[1 - \frac{1}{c}\dot{\rho}_i^j(t)\right]\delta t_k(t)$$

$$- f\delta t^j(t) + \frac{f}{c}(\delta\rho_k^j + \delta\rho_{k_n}^j) \tag{5-12}$$

因为通过测量接收机振荡器所产生的参考载波信号，与接收到的卫星载波信号之间的相位差，只能测定其不足一周的小数部分，所以如果假设 $\delta\varphi_i^j(t_0)$ 为相应某一起始观测历元 $t_0$ 相

位差的小数部分，$N_i^j(t_0)$ 为相应起始观测历元 $t_0$ 载波相位差的整周数，则于历元 $t_0$ 的总相位差可写为

$$\Phi_i^j(t_0) = \delta\varphi_i^j(t_0) + N_i^j(t_0) \qquad (5-13)$$

当卫星于历元 $t_0$ 被跟踪（锁定）后，载波相位变化的整周数便被自动计数，因此对其后任一观测历元 $t$ 的总相位差可写为

$$\Phi_i^j(t) = \delta\varphi_i^j(t) + N_i^j(t-t_0) + N_i^j(t_0) \qquad (5-14)$$

式中：$N_i^j(t-t_0)$ 表示从某一起始观测历元 $t_0$ 到历元 $t$ 之间载波相位的整周数，可由接收机自动连续地计数来确定，是已知量。如果取符号：

$$\varphi_i^j(t) = \delta\varphi_i^j(t) + N_i^j(t-t_0) \qquad (5-15)$$

则式(5-14)可写为

$$\varphi_i^j(t) = \Phi_i^j(t) - N_i^j(t_0) \qquad (5-16)$$

将式(5-12)代入式(5-16)，则可以得到载波相位的观测方程为

$$\varphi_i^j(t) = \frac{f}{c}\rho_i^j(t)\left[1 - \frac{1}{c}\dot{\rho}_i^j(t)\right] + f\left[1 - \frac{1}{c}\dot{\rho}_i^j(t)\right]\delta t_i(t)$$

$$- f\delta t^j(t) - N_i^j(t_0) + \frac{f}{c}(\delta\rho_k^j + \delta\rho_{k_n}^j) \qquad (5-17)$$

由于考虑到关系式 $\lambda = c/f$，因此可以得到测相伪距的观测方程为

$$\lambda\varphi_i^j(t) = \rho_i^j(t)\left[1 - \frac{1}{c}\dot{\rho}_i^j(t)\right] + c\left[1 - \frac{1}{c}\dot{\rho}_i^j(t)\right]\delta t_i(t)$$

$$- c\delta t^j(t) - \lambda N_i^j(t_0) + \delta\rho_k^j + \delta\rho_{k_n}^j \qquad (5-18)$$

如果基线较短时，则有关的项可以忽略，所以式(5-17)和式(5-18)可以简化为

$$\varphi_i^j(t) = \frac{f}{c}\rho_i^j(t) + f[\delta t_i(t) - \delta t^j(t)] - N_i^j(t_0) + \frac{f}{c}(\delta\rho_k^j + \delta\rho_{k_n}^j) \qquad (5-19)$$

$$\lambda\varphi_i^j(t) = \rho_i^j(t) + c[\delta t_i(t) - \delta t^j(t)] - \lambda N_i^j(t_0) + \delta\rho_k^j + \delta\rho_{k_n}^j \qquad (5-20)$$

### 5.2.3 观测方程的线性化

为了实际的应用，需要将 GPS 测相伪距的基本观测方程进行线性化，由于卫星坐标可以由精密星历和广播星历解算出来，所以 GPS 测相伪距的基本观测方程式(5-19)和式(5-20)线性化的基本形式为

$$\varphi_i^j(t) = \frac{f}{c}\rho_{i0}^j(t) - \frac{f}{c}[l_i^j(t), m_i^j(t), n_i^j(t)]\begin{bmatrix}\delta X_i \\ \delta Y_i \\ \delta Z_i\end{bmatrix} - N_i^j(t_0)$$

$$+ f[\delta t_i(t) - \delta t^j(t)] + \frac{f}{c}(\delta\rho_k^j + \delta\rho_{k_n}^j) \qquad (5-21)$$

$$\varphi_i^j(t)\lambda = \rho_{i0}^j(t) - [l_i^j(t) \quad m_i^j(t) \quad n_i^j(t)]\begin{bmatrix}\delta X_i \\ \delta Y_i \\ \delta Z_i\end{bmatrix} - \lambda N_i^j(t_0)$$

$$+ c[\delta t_i(t) - \delta t^j(t)] + \delta\rho_k^j + \delta\rho_{k_n}^j \qquad (5-22)$$

式中 $l_i^j(t) = \dfrac{1}{\rho_{i0}^j(t)}[X_0^j(t) - X_{i0}]$

$m_i^j(t) = \dfrac{1}{\rho_{i0}^j(t)}[Y_0^j(t) - Y_{i0}]$

$n_i^j(t) = \dfrac{1}{\rho_{i0}^j(t)}[Z_0^j(t) - Z_{i0}]$

$\rho_{i0}^j(t) = \sqrt{[X_0^j(t) - X_{i0}]^2 + [Y_0^j(t) - Y_{i0}]^2 + [Z_0^j(t) - Z_{i0}]^2}$

### 5.2.4　差分 GPS 观测技术及其数学模型

差分 GPS 定位也称为 GPS 相对定位,是目前 GPS 定位中精度最高的一种定位方法,在 GPS 变形监测中多用该方法进行定位。相对定位的最基本情况是用两台接收机分别安置在基线的两端,并同步观测相同的 GPS 卫星,以确定基线端点坐标。这种方法,可以推广到多台接收机安置在若干条基线的端点,通过同步观测 GPS 卫星,从而可以确定多条基线向量。

在静态相对定位中,一般均采用载波相位观测值为基本观测量,载波相位可以是原始的非差相位观测值,也可以是在测站、卫星或历元之间组合的差分观测值。用原始非差相位进行相对定位称为非差模式,用差分相位进行相对定位称为差分模式。在 GPS 相对定位中,依所用差分观测量的不同又可以分为 3 种形式,即单差、双差和三差。

**1. 相位观测量及其线性组合**

假设基线两端的接收机为 $T_1$ 和 $T_2$,对 GPS 卫星 $s^j$ 和 $s^k$,在历元 $t_1$ 和 $t_2$ 进行了同步观测可以得到载波相位观测量:$\varphi_1^j(t_1), \varphi_1^j(t_2), \varphi_1^k(t_1), \varphi_1^k(t_2), \varphi_2^j(t_1), \varphi_2^j(t_2), \varphi_2^k(t_1), \varphi_2^k(t_2)$。在静态相对定位中普遍采用的是这些独立观测量的多种差分形式,它们的主要优点:①可消除或减弱一些系统误差的影响;②可以减少平差计算中未知数的数量。

如果取符号 $\Delta\varphi^j(t)$、$\nabla\varphi_i(t)$ 和 $\delta\varphi_i^j(t)$,分别表示不同接收机之间、卫星之间和不同历元之间的观测量之差,则

$$\begin{cases} \Delta\varphi^j(t) = \varphi_2^j(t) - \varphi_1^j(t) \\ \nabla\varphi_i(t) = \varphi_i^k(t) - \varphi_i^j(t) \\ \delta\varphi_i^j(t) = \varphi_i^j(t_2) - \varphi_i^j(t_1) \end{cases} \qquad (5-23)$$

在式(5-23)线性组合的基础上,还可以进一步导出其他线性组合形式。在 GPS 相对定位中,目前普遍采用的重要形式有 3 种,即单差、双差和三差。

(1) 单差。不同观测站同步观测相同卫星所得观测量之差,它是观测量的最基本线性组合形式,其表达式为

$$\Delta\varphi^j(t) = \varphi_2^j(t) - \varphi_1^j(t) \qquad (5-24)$$

(2) 双差。不同观测站同步观测同一组卫星,所得单差之差,其表达式为

$$\nabla\Delta\varphi^k(t) = \Delta\varphi^k(t) - \Delta\varphi^j(t) = [\varphi_2^k(t) - \varphi_1^k(t) - \varphi_2^j(t) + \varphi_1^j(t)] \qquad (5-25)$$

(3) 三差。不同历元同步观测同一组卫星,所得观测量之双差之差,其表达式为

$$\delta\nabla\Delta\varphi^k(t) = \nabla\Delta\varphi^k(t_2) - \nabla\Delta\varphi^k(t_1) =$$
$$[\varphi_2^k(t_2) - \varphi_1^k(t_2) - \varphi_2^j(t_2) + \varphi_1^j(t_2)] -$$

$$[\varphi_2^k(t_1) - \varphi_1^k(t_1) - \varphi_2^j(t_1) + \varphi_1^j(t_1)] \quad (5-26)$$

**2. 相位差分 GPS 的观测方程**

1）单差观测方程

$$\Delta\varphi^j(t) = \frac{f}{c}[\rho_2^j(t) - \rho_1^j(t)] + f[\delta t_2(t) - \delta t_1(t)] - [N_2^j(t_0) - N_1^j(t_0)] +$$

$$\frac{f}{c}[\delta\rho_{2,k}^j - \delta\rho_{1,k}^j] + \frac{f}{c}[\delta\rho_{2,k_n}^j - \delta\rho_{1,k_n}^j] \quad (5-27)$$

2）双差观测方程

$$\nabla\Delta\varphi^k(t) = \frac{f}{c}[\rho_2^k(t) - \rho_2^j(t) - \rho_1^k(t) + \rho_1^j(t)] -$$

$$[N_2^k(t_0) - N_2^j(t_0) - N_1^k(t_0) + N_1^j(t_0)] + \frac{f}{c}[\delta\rho_{2,k}^k - \delta\rho_{2,k}^j - \delta\rho_{1,k}^k + \delta\rho_{1,k}^j] +$$

$$\frac{f}{c}[\delta\rho_{2,k_n}^k - \delta\rho_{2,k_n}^j - \delta\rho_{1,k_n}^k + \delta\rho_{1,k_n}^j] \quad (5-28)$$

3）三差观测方程

如果分别以 $t_1$、$t_2$ 表示两个不同的观测历元,并忽略大气折射残差的影响,则三差观测方程可以表示为

$$\delta\nabla\Delta\varphi^k(t) = \frac{f}{c}[\rho_2^k(t_2) - \rho_2^j(t_2) - \rho_1^k(t_2) + \rho_1^j(t_2)] -$$

$$\frac{f}{c}[\rho_2^k(t_1) - \rho_2^j(t_1) - \rho_1^k(t_1) + \rho_1^j(t_1)] \quad (5-29)$$

### 5.2.5 GPS 基线向量的解算及其平差模型

基线向量平差计算采用单基线求解时,无论在一测段中同步联测多少测站,每次都仅取两个测站所含有的线性独立的双差观测值进行解算。通过平差计算求解观测站之间的基线向量,若两观测站,同步观测的卫星为 $s^j$ 和 $s^k$,并以 $s^j$ 为参考卫星,则双差观测方程式（5-28）的线性化形式为

$$\nabla\Delta\varphi^k(t) = -\frac{1}{\lambda}[\nabla l_2^k, \nabla m_2^k, \nabla n_2^k]\begin{bmatrix}\delta X_2\\ \delta Y_2\\ \delta Z_2\end{bmatrix} - \nabla\Delta N^k +$$

$$\frac{1}{\lambda}[\rho_{20}^k(t) - \rho_1^k(t)] - \rho_{20}^j(t) + \rho_1^j(t)] \quad (5-30)$$

式中 $\nabla\Delta\varphi^k(t) = \Delta\varphi^k(t) - \Delta\varphi^j(t)$

$$\begin{bmatrix}\nabla l_2^k(t)\\ \nabla m_2^k(t)\\ \nabla n_2^k(t)\end{bmatrix} = \begin{bmatrix}l_2^k(t) - l_2^j(t)\\ m_2^k(t) - m_2^j(t)\\ n_2^k(t) - n_2^j(t)\end{bmatrix}$$

$\nabla\Delta N^k = \Delta N^k - \Delta N^j$

如果假设 $\nabla\Delta l^k(t) = \nabla\Delta\varphi^k(t) - \frac{1}{\lambda}[\rho_{20}^k(t) - \rho_1^k(t)] - \rho_{20}^j(t) + \rho_1^j(t)$,则式（5-30）可以

改写成误差方程式为

$$v^k(t) = \frac{1}{\lambda}[\nabla l_2^k(t) \quad \nabla m_2^k(t) \quad \nabla n_2^k(t)]\begin{bmatrix}\delta X_2 \\ \delta Y_2 \\ \delta Z_2\end{bmatrix} + \nabla \Delta N^k + \nabla \Delta l^k(t) \quad (5-31)$$

当两观测站同步观测的卫星数为 $n^j$ 时,可以得到的误差方程组为

$$V(t) = a(t)\delta W_2 + b(t)\nabla \Delta N + \nabla \Delta L(t) \quad (5-32)$$

式中　$V(t) = [v^1(t), v^2(t), \cdots, v^{n^j-1}(t)]^T$

$$a(t) = \frac{1}{\lambda}\begin{bmatrix} \nabla l_2^1(t) & \nabla m_2^1(t) & \nabla n_2^1(t) \\ \nabla l_2^2(t) & \nabla m_2^2(t) & \nabla n_2^2(t) \\ \vdots & \vdots & \vdots \\ \nabla l_2^{n^j-1} & \nabla m_2^{n^j-1} & \nabla n_2^{n^j-1} \end{bmatrix}$$

$$\underset{(n^j-1)\times(n^j-1)}{b(t)} = \begin{bmatrix} 1 & 0 & \cdots & 0 \\ 0 & 1 & \cdots & 0 \\ \vdots & \vdots & & \vdots \\ 0 & 0 & 0 & 1 \end{bmatrix}$$

$$\underset{(n^j-1)\times 1}{\nabla \Delta N} = [\nabla \Delta N^1, \nabla \Delta N^2, \cdots, \nabla \Delta N^3]^T$$

$$\underset{(n^j-1)\times 1}{\nabla \Delta L(t)} = [\nabla \Delta l^1(t), \nabla \Delta l^2(t), \cdots, \nabla \Delta l^{n^j-1}(t)]^T$$

$$\delta W_2 = [\delta X_2, \delta Y_2, \delta Z_2]^T$$

如果在基线的两端对同一组卫星观测的历元数为 $n_t$,那么相应的误差方程组可由上式表示为

$$V = (A \quad B)\begin{bmatrix}\delta W_2 \\ \nabla \Delta N\end{bmatrix} + L \quad (5-33)$$

式中

$$\underset{(n^j-1)n_t \times 3}{A} = [a(t_1), a(t_2), \cdots, a(t_{n_t})]^T$$

$$\underset{(n^j-1)n_t \times (n^j-1)}{B} = [b(t_1), b(t_2), \cdots, b(t_{n_t})]^T$$

$$\underset{(n^j-1)n_t \times 1}{L} = [\nabla \Delta l(t_1), \nabla \Delta l(t_2), \cdots, \nabla \Delta l(t_{n_t})]^T$$

$$\underset{(n^j-1)n_t \times 1}{V} = [v(t_1), v(t_2), \cdots, v(t_{n_t})]^T$$

因此,相应的法方程式及其解可表示为

$$N\Delta Y + U = 0 \quad (5-34)$$

$$\Delta Y = -N^{-1}U \quad (5-35)$$

式中:$\Delta Y = [\delta W_2, \nabla \Delta N]^T$;$N = (A \quad B)^T P(A \quad B)$;$U = (A \quad B)^T PL$。$P$ 为双差观测量的权阵。

单基线平差解算后得出待定参数估值(如测站坐标、双差整周待定值等)及其方差协方差阵,可以用来进行初步评定双差观测值的质量优劣。当然,更进一步的质量评定还需要利用由不同测段基线所组成的异步环闭合差或两测段以上重复测量基线的不符值来进行评判。

## 5.3 GPS 实时监测技术

随着科学技术的进步和对变形监测要求的不断提高,变形监测技术也在不断地向前发展。GPS 作为 20 世纪的一项高新技术,由于具有定位速度快、全天候、自动化、测站之间无需通视、可同时测定点的三维坐标及精度高等特点,对经典大地测量以及地球动力学研究的诸多方面产生了极其深刻的影响,在工程及灾害监测中的应用也越来越广泛。但是,由于监测对象变形具有不同的特点,GPS 在变形监测中的数据处理方法也有所不同,因此根据被监测对象的变形情况,存在周期性重复测量、固定连续 GPS 测站阵列和实时动态监测等 3 种监测模式。前两种模式适用于缓慢变形,一般采用静态相对定位方式进行数据处理。实时动态监测多适用于快速变形或在缓慢变形中存在突变的变形。例如,大坝在超水位蓄洪时,必须时刻监视其变形状况,要求监测系统具有实时的数据传输和数据处理与分析能力。对于桥梁的静动载试验和高层建筑物的振动测量等,其监测的主要目的在于获取变形信息及其特性,数据处理与分析可以在事后进行。对于建在活动的滑坡体上的城区、厂房,需要实时了解其变化状态,以便及时采取措施,保证人民生命财产的安全,要求采用全天候实时监测方法。随着 GPS 接收机技术和软件处理技术,尤其是 GPS 卫星信号解算精度的提高,以及整周模糊度解算新方法的提出,可以实现实时、高动态、高精度位移测量,为大型结构物实时安全性监测提供了条件。现在 GPS RTK 技术测量采样率可达 10Hz,精度为平面 ±1cm,高程 ±2cm。因此,采用 GPS RTK 技术可以使实时监测成为现实。

### 5.3.1 GPS RTK 技术的基本原理

实时动态(RTK)测量系统,是 GPS 测量技术与数据传输技术相结合而构成的组合系统。它是 GPS 测量技术发展中一个新的突破。RTK 测量技术,是以载波相位为根据的实时差分 GPS(RTD GPS)测量技术。实时动态测量的基本思想:在基准站上安置一台 GPS 接收机,先对所有可见 GPS 卫星进行连续观测,并将其观测数据通过无线电传输设备发送给流动站,流动站接收基准站传输的观测数据,然后根据相对定位的原理,实时地计算并显示用户站的三维坐标及其精度。

### 5.3.2 GPS RTK 实时监测系统的构成

清华大学已成功地将 GPS RTK 技术应用于虎门大桥的实时安全监测。GPS RTK 实时监测系统主要由 GPS 基准站、GPS 监测站、光纤通信链路和数据处理与监测中心等部分组成,数据处理与监测中心主要由工作站、服务器和局域网组成,如图 5-7 所示。

基准站将接收到的卫星差分信息经过光纤实时传递到监测站,监测站接收卫星信号及 GPS 基准站信息,进行实时差分后,可实时测得站点的三维空间坐标。该系统各个部分功能如下:

(1) GPS 基准站。输出差分信号和原始数据。基准站应设在测区内地势较高、视野开阔,且坐标已知的点上。

(2) GPS 监测站。输出 RTK 差分结果和原始数据。

(3) 工控机。采集 GPS 流动站的原始数据和 RTK 差分结果,向 GPS 流动站发送控制命令。通过切换开关控制共享、分配器的工作。

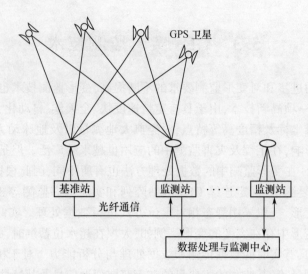

图 5-7　GPS RTK 实时监测系统的构成

（4）服务器。运行数据库，处理工控机发送来的数据供工作站显示和分析。

（5）远程控制器。远程启动和复位 GPS 监测站。

（6）共享、分配器。把差分信号由一路分成多路，每路差分信号和对应的控制命令通过切换开关共享一路。

（7）局域网。网络包括调制解调器、光纤、集线器和网线等，提供数据库存取和文件操作的通道。

### 5.3.3　GPS(RTK)实时位移监测系统信号流程

**1. 差分信号的传送**

由于大桥实时监测系统的精度要求较高，水平 $X,Y$ 的误差为 $\pm 1cm$，高程误差为 $\pm 2cm$，所以采用了 RTK 差分方式，差分信号传递的实时性比较强。为减少信号延迟，在系统的设计时差分信号回路基本很少控制。差分信号的传递路径如图 5-8 所示。

图 5-8　GPS 差分信号流程

**2. 控制命令的传递**

根据数据的分析要求和监测系统的实际情况，GPS 接收机应能单独输出 0~5Hz 采样频率的 RTK 数据，能同时输出 RTK 结果和原始数据，这样系统就能根据实际的需求远距离设置桥上 GPS 接收机的参数。该系统的实现是先由工作站的设置程序通过网络通信去控制工控机上的数据采集程序，再由采集程序根据工作站的命令控制切换开关，向各个 GPS 接收机发送指令。控制命令的具体流程如图 5-9 所示。

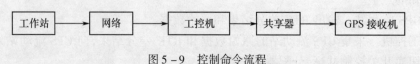

图 5-9　控制命令流程

**3. RTK 数据和原始数据传递**

RTK 数据、原始数据的采集是系统工作的核心，通信回路上的数据量也是最大的。系统能处理两种数据任意频率的组合，通过工控机的处理，RTK 结果以数据库方式存入服务器，原始数据则以文件形式写入，具体流程如图 5-10 所示。

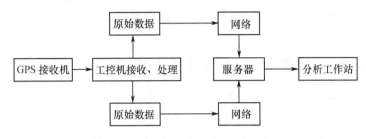

图 5-10 RTK 数据与原始数据流程

### 5.3.4 GPS 实时监测的特点

近年来由于 GPS 硬件和软件的发展，因此提供了一种实时监测的新手段。利用 GPS 进行实时监测具有如下特点。

（1）由于 GPS 是接收卫星信号来进行定位，所以各监测点只要能接收 5 颗以上 GPS 卫星及基准站传来的 GPS 差分信号，即可进行 GPS RTK 差分定位。各监测站之间无需通视，是相互独立的观测值。

（2）GPS 可以实现全天候定位，可以在暴风雨中进行监测。

（3）GPS 测定位移自动化程度高。从接收信号、捕捉卫星，到完成 RTK 差分位移都可由仪器自动完成。所测三维坐标可直接存入监控中心服务器，并进行安全性分析。

（4）GPS 定位速度快，精度高。GPS RTK 最快可达 10~20Hz 速率输出定位结果，定位精度平面为 ±10mm，高程为 ±20mm。

## 5.4 GPS 一机多天线监测技术

GPS 定位技术目前已在各种灾害监测中发挥着越来越重要的作用。虽然 GPS 用于变形监测具有突出的优点，但由于每个监测点上都需要安装 GPS 接收机，尤其是当监测点很多时，造价十分昂贵。针对这个问题，许多专家提出了"GPS 一机多天线监测系统"的思想，并开发了 GPS 一机多天线控制器，使一台 GPS 接收机能连接多个天线，每个监测点上只安装 GPS 天线而不安装接收机，10 个乃至 20 个监测点共用一台接收机，这样可使 GPS 变形监测系统的成本大幅度降低。该系统已经成功应用于实际工程，并取得了良好的效果。

### 5.4.1 系统设计原则

GPS 多天线监测系统设计原则如下：

（1）先进性。选用的仪器设备性能应是当今世界上最先进的。系统结构先进，反应速度快，监测精度必须达到相应的国家规范要求。

（2）可靠性。系统采集的 GPS 原始数据必须完善、正确，数据传输网络结构可靠、传输误码率低,数据处理、分析结果必须准确,整个系统故障率低。

（3）自动化。数据采集、传输到分析、显示、打印、报警等实现全自动化。

（4）易维护。系统中各监测单元互相独立,并行工作。系统采取开放式模块结构,便于增加、更新、扩充、维护。

（5）经济性。在保证先进、可靠、自动化程度高的前提下,采取各种有效方法,力求功效高、成本低。

### 5.4.2　GPS 一机多天线监测系统的组成

GPS 一机多天线监测系统是在不改变已有 GPS 接收机结构的基础上,通过一个附加的 GPS 信号分时器连接开关将多个天线阵列与同一台接收机连接;通过这样一个 GPS 多天线转换开关可以实现一台接收机与多个天线相连,通过 GPS 数据处理后同样可以获得变形体的形变规律,其设计思路如图 5-11 所示。该系统包括控制中心、数据通信、多天线控制器和野外供电系统等 4 部分。

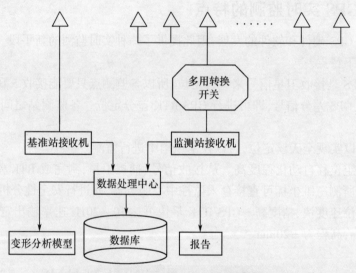

图 5-11　GPS 一机多天线监测系统的构成

**1. 控制中心**

控制中心可以对 GPS 多天线控制器微波开关各信号通道进行参数设定,包括各通道开关的选择、各通道的时间参数设定等,还可以设定系统的工作方式。例如,对采集数据的传送方式(实时或事后)进行控制,并将由现场传来的 GPS 原始数据,通过相关的数据处理,实现精确定位。

**2. 数据通信**

根据实际使用情况的不同,可以有以下几种数据通信传送方式。

（1）利用电话线进行数据通信,由于有现成的电话线,因此只需购置相关的调制解调器即可。该通信方式成本较低,传输距离不受限制,实时性可以保证。工作时,由于占用电话网费用较高,有些场合可以考虑使用内部小总机分机方式进行通信。

（2）利用无线方式进行数据通信,如利用现有的 GSM 信道。

（3）组网方式。构成局域网,从而可以利用网上的相关资源进行数据通信。以这种方式进行数据通信时,方便、可靠、通用性强,不需购置专用设备。但组网成本较高,如果不具备现成的网络条件,不太适宜采用;数据传送时,实时性可能难以保证。

**3. GPS 多天线控制器**

多天线控制器包括计算机系统、天线开关阵列和控制电路,其主要由硬件和软件两部分组成。它是无线电通信中的微波开关技术、计算机实时控制技术和大地测量数据处理理论及算法的有机结合,仅用 1 台 GPS 接收机互不干扰地接收多个 GPS 天线传输来的信号,通过软件处理实现精确定位。

系统硬件部分由若干 GPS 天线和具有若干通道的微波开关、相应的微波开关控制电路及 1 台 GPS 接收机组成。微波开关中若干信号通道的断通状态受开关控制电路实时控制,硬件部分要解决的关键技术问题是微波开关中各通道 GPS 信号的高隔离度问题。系统软件分为两部分:实时控制微波开关中各通道的断通软件,GPS 实时精确定位和变形分析与预报软件。软件部分要解决的关键技术问题是要实现实时精确定位并使定位精度达到毫米级。

**4. 野外供电系统**

由于 GPS 多天线监测系统工作在野外,需要长时间工作并且不能间断,因此在实际系统中,为防备电源断电而引起数据丢失,在电路控制板上设计有电源供电检测系统,当检测到电源电压不足时,给 CPU 发出警告,CPU 会立即进行相关的数据保存处理。

## 5.4.3 GPS 一机多天线监测信息管理系统

GPS 一机多天线监测信息管理系统是对变形体的数据管理、数据分析和变形预报的软件。该系统由数据管理子系统、数据分析子系统、图形管理子系统、报表输出子系统、在线帮助及系统退出六大模块组成,整个系统的结构如图 5-12 所示。

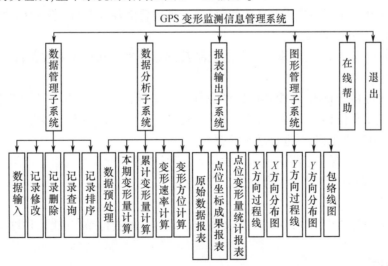

图 5-12 GPS 变形监测信息管理系统结构图

**1. 数据管理子系统的主要功能**

(1) 数据输入功能:可以通过 GPS 软件处理后的数据可以手工通过键盘输入计算机,也可以将处理后的数据先存储在一数据文件中,然后通过文件读取方式输入到计算机中。

(2) 记录修改功能:可以动态地修改数据库中某条记录中的数据。

(3) 记录删除功能:删除数据库中不符合条件的某条记录。

(4) 记录查询功能:用户可以按测点名或日期方便地进行数据库中记录的查询。

(5) 记录排序功能:用户可以按日期先后或某一测值的大小对记录进行排序。

**2. 数据分析子系统的主要功能**

(1) 数据预处理功能:包括观测数据中粗差的探测和系统误差的检验。

(2) 本期变形量计算功能:可以实现本期各测点的平面和垂直变形量的计算。

(3) 累计变形量计算功能:计算各测点在当前观测日期以前的平均变形量。

(4) 变形速率计算功能:计算本期变形速率和在当前观测日期之前的平均变形速率(累计变形速率)。

(5) 变形方位计算功能:计算各测点的变形方位,根据各测点的当前坐标观测值和原始坐标值计算变形方位角。

**3. 报表输出子系统的主要功能**

(1) 原始数据报表功能:将原始观测数据按日期或测点名形成报表。

(2) 点位坐标成果报表功能:通过所建立的成果数据库,直接按约定限制条件筛选数据库中的记录,生成报表。

(3) 点位变形量报表功能:利用已建立起来的数据库动态提取数据,将每一测点的变形值形成报表,包括各周期成果相对某一周期成果的变形量、变形速率、变形方位、间隔时间等。

**4. 图形管理子系统的主要功能**

(1) $X$ 方向过程线图:在窗体中显示某一测点在某一时段内的沉降过程线。

(2) $X$ 方向分布图形:在窗体内以测点作为横坐标,沉降量作为纵坐标,将某同一周期各测点及其沉降量作为坐标点连成一条曲线,可以直观地看出各测点的沉降大小,并且随着时间的改变,图形也会动态的改变。

(3) $Y$ 方向过程线图:在窗体中动态地绘制某测点横坐标和纵坐标在某段时间内的变化过程线图。

(4) $Y$ 方向位移分布图:在窗体内以测点作为横坐标,水平位移量作为纵坐标,将某同一周期各测点及其水平位移量作为坐标点连成一条曲线,可以直观地看出各测点的水平位移量大小,并随着时间的改变,图形也会动态的改变。

(5) 包络线图:主要用于测值可靠性的检查,通过查看最近观测数据是否落在由以往测值形成的包络域内,以确定测值是否合理或含有粗差。

**5. 在线帮助功能**

用于系统运行过程中的在线帮助,以文本的形式对系统进行操作说明,并对常见问题作详细解答。

**6. 退出功能**

退出 GPS 变形监测信息管理系统。

 **思考题**

1. GPS 系统由哪几部分构成的?

2. 在 GPS 相对定位中组成差分方程时,有哪几种差分方式?
3. 简述 GPS RTK 实时监测的原理及其构成。
4. 简述 GPS 一机多天线监测原理及其构成。
5. 设计 GPS 一机多天线监测系统应具备哪些原则?

# 第6章 自动化监测技术

随着传感器、计算机和软件技术的发展，特别是网络、通信和数据库技术的飞速发展，安全监测自动化技术得到了空前的发展。高精度的自动化监测仪器、海量数据管理和先进实用的数据分析处理理论为自动化技术提供了有力的技术支撑。同时，为适应信息化和自动化管理发展的要求，安全监测自动化正成为安全监测的一个重要发展方向。自动化监测技术在许多领域得到了成功的应用，并具有各自的要求和特点，本章就其基本原理和内容作简要介绍。

## 6.1 概　述

自动化监测技术是20世纪60年代发展起来的一种全新的监测技术，它是随着计算机技术、网络通信技术的发展而发展起来的。由于监测系统的各个环节都可以实现自动化，因此，自动化监测就有多种含义。国外区分为3种含义或3种形式：第一种是数据处理自动化，俗称"后自动化"；第二种是实现数据采集自动化，俗称"前自动化"；第三种是实现在线自动采集数据、离线资料分析，俗称为"全自动化"。我国的自动化监测经过多年的发展，在理论上、产品质量上都已达到相当水平。

自动化监测主要包括数据采集的自动化、数据传输的自动化、数据管理的自动化和数据分析的自动化等内容。本节主要介绍水工建筑物自动化监测技术的研究进展。

### 6.1.1 一般规定

安全监测的自动化系统应具有以下功能。

（1）数据采集功能。能自动采集各类传感器的输出信号，并把模拟量转换为数字量；数据采集能适应应答式和自报式两种方式，能按设计的方式自动进行定时测量，能接收命令进行选点、巡回检测和定时检测。

（2）掉电保护功能。现场的数据采集装置应有储存器和掉电保护模块，能暂存已经采集的数据，并在掉电情况下不丢失数据。系统应设有备用电源，在断电情况下，系统应能自动切换，并继续工作一段时间。具体持续工作时间应根据工程的具体要求确定，一般应在3天以上。

（3）自检、自诊断功能。对仪器自身的工作性态进行检查，对发生故障的仪器应自动报警。

（4）现场网络数据通信和远程通信功能。现场数据通信一般采用电缆、光纤和无线传输等形式，对于远程通信一般采用因特网和微波方式。

（5）防雷和抗干扰功能。为保证系统的安全和正常运行，防止遭受雷击和外界因素的干扰，系统应具备本功能。系统的防雷一般应进行专门的设计。

（6）数据管理功能。对监测数据应采用数据库技术进行有效的管理，并编制相应的管理系统软件，对监测数据实行查询、修改、统计等操作，对数据异常及故障能进行显示和报警。另外，为保证数据的安全，系统应具有数据备份功能。

（7）数据分析功能。对监测数据进行及时的分析处理是自动化监测的一个重要特征，是及时发现工程隐患的重要手段。一般的数据分析主要是判断数据的正常或异常特征，并根据其异常特性作进一步的分析。

自动化监测系统在性能上应满足以下要求。

（1）采样时间应有一定的限制，具体时间可根据工程实际情况确定。通常对某个项目的巡测时间应小于30min，对单个测点的采样时间应小于3min。

（2）测量的周期可根据工程的实际需要调整，在特殊情况下，可实现加测、补测等。

（3）自动化监测系统应建立监控室，用于对整个系统的控制和数据管理。监控室的温度一般应保持在20℃~30℃，湿度保持不大于85%。

（4）系统可采用交流电作为工作电源，其工作电压为220V。

（5）系统应有较高的可靠性，系统的故障率应低于5%，并能稳定可靠地工作。

（6）数据采集装置的测量精度应满足有关规范和工程实际需要的要求，因此应在精度、量程、稳定性、可靠性等方面选择合适的数据采集装置。

## 6.1.2 水工建筑物自动化监测发展进展

**1. 发展历史**

我国的水工建筑物安全监测工作是从20世纪50年代开始的，20世纪60年代已有国产的弦式仪器和差动电阻式仪器产品，20世纪70年代末研制成功遥测垂线坐标仪和引张线仪，80年代初研制了用五芯测法实现差动电阻式仪器监测自动化的集中式测量装置，80年代中期研制成功差动电容式和步进式的遥测坐标仪、引张线仪和静力水准仪。

为了解决视准线测量旁折光影响，提高坝顶水平位移的测量精度，20世纪80年代初我国自行研制了大气激光和真空管道激光的准直系统，真空管道激光准直系统可用于长度达1000m以上的水工建筑物的水平（垂直于轴线方向）和竖直方向变形监测自动化，其监测精度比大气激光精度高一个档次。

由于高混凝土坝和高土石坝的监测需要，因此国家先后组织了"六五"和"七五"期间两次科技攻关，到20世纪90年代初，研制成功一批新型监测仪器和设备，同时研制成功能够接入变形、渗流和应力/应变等多种监测项目的集中式数据采集系统以及在线或离线处理的监测数据管理系统和分析计算软件。

20世纪90年代初期我国已有20多座大坝安装了遥测仪器，实现了单项或多项监测项目的自动化。20世纪90年代中期以后，随着科技的进步，安全监测自动化系统逐步向分布式方向发展。到目前为止，许多水库大坝都已经实现了大坝安全监测自动化，同时一些水闸、堤防、供(输)水建筑物和沉降地面也开始安装自动监测系统。据不完全统计,到目前为止,国内水工建筑物实现安全监测自动化的工程多达300多个。

**2. 监测仪器的研究**

目前国内各大坝监测现场投入运行的,以及国内外各有关厂家已研制成功的各种大坝安全自动监测系统中,各种监测设备之间连接所采用的几乎都是基于RS-485的传统总线型结构(国内也有基于CANbus的系统产品),这些系统在作为系统设备主要功能之一的监测性能等指标上已有了比较成熟的提高。但是所有这些系统在系统产品的开放性、兼容性,以及设备对大规模复杂现场组网能力、远程控制等重要性能指标方面的水平仍有待提高。系统设备的开放性、可兼容性,现场设备监测网络的广泛易组性(适应多种介质)、可远程监控性等将会是这类系统产品的一个重要发展方向。

近年来,武汉地震科学仪器研究院、北京地壳研究所等单位将激光技术与CCD技术进行结合,开发了新型CCD系列仪器。CCD仪器由于良好的非接触性、快速测量能力和高线性度,相对一般仪器而言,具有明显优势,特别是应用图像处理技术后,可以对水闸等振动进行快速监测。

1) 光纤传感器的研究

光纤传感器的特点在于尺寸小、响应快速、不受雷电和电磁波的干扰。实现光纤传感器测量技术原理的方法有多种,如法布里-珀罗特干涉测量法、布拉格光栅测量法、偏振测定法,以及利用喇曼反射效应通过反射光强时域分析法等。目前,利用上述原理制成了应变计、温度计、位移计、压力传感器等仪器。经试验比较分析,光纤传感器的精度要高于传统的机械式传感器,如光纤渗压计的最大非线性误差约为满量程的0.06%,位移传感器的最大非线性误差约为满量程的0.15%,应变计的平均非线性误差约为满量程的0.23%等。这些指标均高于同类钢弦式仪器的技术指标。但目前光纤传感器的定位精度不高,据测定,测量仪表(采用时域反射法)对扰动点的定位误差一般为1m左右。据报道,采用光栅测定法的定位误差约为0.5m,这一指标有待今后研究提高。

2) 智能传感器

智能传感器是一种将传感器与微型计算机集成在一起的装置。它的主要特征是将敏感技术和信息处理技术相结合,使其除了具有感知的本能外,还具有认知的能力。智能传感器的功能是通过模拟人的感官和大脑的协调动作,结合长期以来测试技术的研究和实际经验而提出来的,是一个相对独立的智能单元。它的出现对原来硬件性能的苛刻要求有所减轻,而靠软件帮助可以使传感器的性能大幅度提高。一般认为,智能传感器应具备以下功能:①复合敏感功能;②自补偿和计算功能;③自检、自校、自诊断功能;④信息存储和传输功能。

## 6.2 自动化监测系统设计

### 6.2.1 设计原则

**1. 适应性**

根据建筑物所处的环境条件、建筑结构和运行工况的不同,在设计监测自动化系统时应有较强的针对性。对于重点监测项目和重要测点应优先纳入自动化监测系统中,技术成熟的项目优先实现自动化。

**2. 经济性**

系统建设的造价应经济、合理,采用性价比高的仪器设备;同时,应尽可能考虑整套系统采用同一厂家的产品,以提高系统的兼容性、完整性,便于管理、维护和节约经费。

**3. 准确性**

系统的测量数据应准确,精度满足相关规范的要求,在更换零部件时不影响数据的连续性。

**4. 可靠性**

监测设备选型应优先考虑选用技术先进、成熟,通过多个现场环境长期考核、质量合格的产品,设备的故障率应很低,长期使用稳定性好、可靠性高,具有在雷电、高温、高湿等恶劣环境下正常工作的长期可靠性,有良好的防雷、防湿、耐高温等抗干扰能力。发生故障时能及时判断、报警,并迅速排除。为保证数据的连续可靠,系统应具有备用的人工观测手段。

**5. 开放性和通用性**

系统应具有良好的开放性和兼容性。开放性是针对用户开放系统总线标准、系统数据采集单元的程控命令和数据格式,以及接入的任何种类标准信号传感器。系统应易于操作,人机界面友好。

**6. 统一性**

数据采集系统和信息管理系统应相互兼容,即使采用不同的数据采集子系统,也应能实现监测信息的统一管理。

## 6.2.2 设计方案

监测系统的布置设计是安全监测设计的主要内容。由于自动化监测系统不仅测读快,测读及时,还能够做到相关量同步测读,胜任多测点、密测次的要求,提供在时间上和空间上更为连续的信息,而且测读准确性和可靠性高,因此应普遍使用监测自动化系统。但是,监测自动化系统较为昂贵,对环境条件要求也比较高,因此自动化系统的测点设置应以满足监测工程安全运行需要为主,纯粹为施工服务及为科学研究而设置的测点,原则上不纳入自动化系统。

经多年的研制和开发,自动化监测系统的布置形成三大基本形式:集中式监测系统、分布式监测系统和混合式监测系统。

**1. 集中式监测系统**

集中式监测系统是将传感器通过集线箱或直接连接到采集器的一端进行集中观测。在这种系统中,不同类型的传感器要用不同的采集器控制测量,由一条总线连接,形成一个独立的子系统。系统中有几种传感器,就有几个子系统和几条总线。该系统结构如图6-1所示。

所有采集器都集中在主机附近,由主机存储和管理各个采集器数据。采集器通过集线箱实现选点,如直接选点则可靠性较差。

集中式监测系统的高技术部件均集中在机房,工作环境好,便于管理,系统重复部件少,相对投资也较少。但该系统传输的是模拟量,易受外界干扰,系统风险集中,可靠性不高,技术复杂,电缆用量大,维护不便。

**2. 分布式监测系统**

分布式监测系统通常由监测计算机、测控单元和传感器组成,根据不同监测任务需要而埋设的各类传感器通过一定的通信介质(一般为屏蔽电缆)接入布置在其附近的测控单元,由测

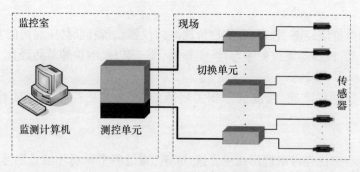

图 6-1　集中式监测系统结构示意图

控单元按照采集程序的控制将监测数据转换、存储并通过数据通信网络发送至远方的监测计算机做深入分析和处理,其结构如图 6-2 所示。另外,测控单元还可以接收来自监测计算机的控制命令,将本身的工作状况以及传感器的工作状况发送给监测计算机,由操作员做出分析判断以及时排除系统中硬件设备的故障。因此,虽然分布式监测系统设备的类型与集中式监测系统无大的差别,但是由于分布式监测系统中的测控单元与集中式结构中的测控单元相比有了本质的变化,且分布式监测系统中数据传输多为数字量信号,使分布式系统在测量精度、速度、可靠性和可扩展性等方面比集中式监测系统有了显著提高。

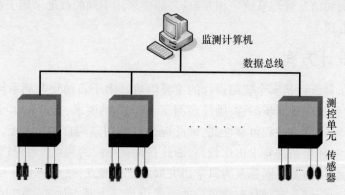

图 6-2　分布式监测系统结构示意图

分布式监测系统是先把数据采集工作分散到靠近较多传感器的采集站(测控单元)来完成,然后将所测数据传送到主机。这种系统要求每个观测现场的测控单元应是多功能智能型仪器,能对各种类型的传感器进行控制测量。

在分布式监测系统中,采集站(测控单元)一般布置在较集中的测点附近,不仅起开关切换作用,而且将传感器输出的模拟信号转换成抗干扰性能好、便于传送的数字信号。

分布式监测系统传输的是数字量,传输距离长、精度高、风险分散、可靠性高、技术简单、电缆用量小、布置灵活、观测速度快,但该系统重复部件多,投资相对较大。

**3. 混合式监测系统**

混合式监测系统是介于集中式和分布式之间的一种采集方式。它具有分布式布置的外形,而采用集中方式进行采集。设置在仪器附近的遥控转换箱类似于 MCU,汇集其周围的仪器信号,但不具有 MCU 的 A/D 转换和数据暂存功能,故其结构比 MCU 简单。可以说,转换箱仅是将仪器的模拟信号汇集于一条总线之中,然后传到监控室进行集中测量和 A/D 转换,再将数字量送入计算机进行存储处理。

混合式监测系统中转换箱只能起汇集周围仪器信号的作用,此种方式既经济又可靠地解决了模拟量长距离传输技术。目前,国内传输距离一般在 1000~2000m,模拟量传输距离一般不能大于 2000m,与分布式监测系统比较,混合式监测系统造价可省约 1/3。由于转换箱结构简单,维修方便,在恶劣气候条件下,比 MCU 产生的故障率低,所以此种方式适应于大规模、测点数量多、相对集中的监控系统。

**4. 网络集成式监测系统**

网络集成式监测系统是对分布式监测系统在开放性和标准化的方向上做出本质改变的系统结构,它在现今的企业管理控制一体化的应用需求中已经发挥了巨大的作用。

在现场控制层,它将当今自动化领域的热点技术——现场总线应用于生产现场的数据通信核心,并且随着现场总线技术的不断发展和其内容的不断丰富,各种控制、应用功能与功能块、控制网络的网络管理、系统管理等内容的不断扩充,现场总线超出了原有的定位范围——一种应用于生产现场,在现场设备之间、现场设备与控制装置之间实现双向、串行、多节点数字通信的技术,而成为网络系统与控制系统。

网络集成式监测系统突破了分布式结构中因专用网络的封闭造成的缺陷,改变了分布式监测系统中模拟、数字信号混合,一个简单控制系统的信号传递需历经从现场到控制室,再从控制室到现场的往返专线传递过程。近年来在大坝安全监测系统中,具有智能化结构的监测传感器种类日益增多,使现场传感器具备了自主测量、A/D 转换、数字滤波、温度补偿等各种功能,可以直接挂接在总线网络上依照现场总线的协议标准工作,无需通过测控单元获取监测数据。这种将完整的监测功能彻底分散到现场的做法,从根本上提高了监测系统运行的可靠性。

随着网络信息化和安全性的提高,接入 Internet 的管理层可以为远方的专家和上级管理部门提供远程监测分析建筑物安全状况的手段,提高安全状况分析的效率。网络集成式监测系统结构示意图如图 6-3 所示。

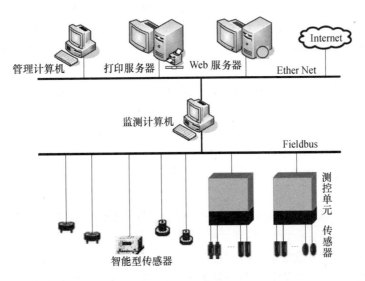

图 6-3 网络集成式监测系统结构示意图

### 6.2.3　监测系统组成

**1. 电缆**

监测系统的不同部位和不同仪器需要连接不同规格的电缆。电缆选型和敷设是确保监测仪器和系统正常运行的基础，因此，必须予以足够的重视。电缆选型要充分了解电缆结构及信号传输和工作环境对电缆的要求，并根据实际情况进行试验分析。电缆敷设要注意对每一个环节进行严格的质量控制，避开不利的区域。

**2. 传感器**

传感器是感应建筑物变形、渗流、应力、温度等各种物理量的仪器设备，它将测量到的模拟量、数字量、脉冲量、状态量等信号输送到采集站。传感器种类可分为电阻式、电感式、电容式、振弦式、调频式、压阻式、变压器式、电位器式等。

土木工程监测中常用的传感器包括渗压计、渗流量计、垂线仪、倾斜仪、测缝计、锚杆应力计、钢筋计、应变计、温度计等仪器。应选择其中对监控工程安全起重要作用且人工观测又不能满足要求的关键测点纳入自动化观测系统。同时，所有纳入自动化系统的仪器，都应预先经过现场观测值可靠性鉴定，证明其工作性态正常。

**3. 采集站**

采集站由测控单元组成，并根据仪器分布情况决定其布置，一般设在较集中的仪器测点附近。采集站根据确定的观测参数、计划和顺序进行实际测量、计算和存储，并有自检、自动诊断功能和人工观测接口。

采集站除与主机通信外，还可定期用便携式计算机读取数据。根据确定的记录条件，将观测结果及出错信息与指定监测分站或其他测控单元进行通信。能选配不同的测量模块或板卡，以实现对各种类型传感器的信号采集。检测指定的报警条件，一旦报警状态或条件改变则通知指定的监测分站。将所有观测结果保存在缓冲区中，直到这些信息被所有指定监测分站明确无误地接收完为止。管理电能消耗，在断电、过电流引起重启动或正常关机时，保留所有配置设定的信息。并具有防雷、抗干扰、防尘、防腐功能，适用于恶劣温湿度环境。采集系统的运行方式主要分中央控制式（应答式）及自动控制式（自报式），必要时也可采用任意控制式。

**4. 监测分站**

一般根据建筑物规模及布置情况决定，应避免强电磁干扰。如系统规模较小，也可以不设分站。监测分站的主要功能是启动测量系统，自动采集数据，实现数据的通信和传输，可对监测数据检查校核，包括软硬件系统自身检查、数据可靠性和准确度检查及数学模型检查。另外，可进行测量数据的存储、删除、插入、记录、显示、换算、打印、查询及仪器位置、参数工作状态显示等操作，对建筑物的安全状况实行监控、预报及报警。

**5. 监测总站**

一个工程设一个总站，即现场安全监控中心。应有足够的设备和工作空间，具备良好的照明、通风和温控条件。

监测总站除监测分站功能外，还应具有图像显示、工程数据库及其数据管理功能。能将各监测分站数据和人工监测数据汇集到总站数据库内，建立安全监控数学模型，并进行影响因素分解及综合性的分析、预报和安全评价。

**6. 管理中心**

管理中心，即需要远传观测数据的上级领导单位。

## 6.3 通用分布式测量控制单元(MCU)原理及应用

通用分布式 MCU 在充分吸收国外先进技术的基础上,应用计算机、通信及量测等高新技术,经过多年的反复试验,成功开发出具有先进水平的、适合我国国情的安全监测自动化数据测控装置。

### 6.3.1 工作原理

MCU 是分布式数据采集网络的节点装置,由密封机箱、智能控制模块 CPU 电路板、电源模块电路板、各测量模块电路板和加热模块电路板等构成。其原理如图 6－4 所示。

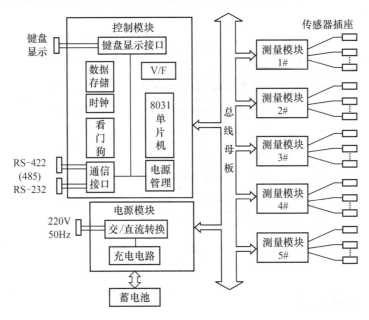

图 6－4　MCU 测量原理图

电源模块由隔离变压器、电源板、蓄电池组、电源开关组等组成。它将交流电变换成直流电并进行稳压,其中的两组充电电路,分别给 12V/7.2A·h 和 24V/7.2A·h 两组蓄电池充电。在无交流电源或线路发生故障的情况下,蓄电池组将自动地投入工作。模块设有休眠功能,故能降低功耗。

控制模块 CPU 电路板由单片微处理器 8031、时钟电路、程序存储器(ROM)、数据存储器(RAM)、看门狗电路、通信接口电路、V/F 转换电路、电源控制电路以及键盘显示接口电路等组成,是 MCU 的核心部分,主要完成对仪器的供电控制、数据测量、转换、预处理、存储和传输等功能。

测量模块板的功能,就是把监测仪器(传感器)所感受到的非电量值,转换成符合一定标准的电压、电流、频率或 TTL 电平信号,然后经总线母板传送给控制模块 CPU 板。每一类型的测量模块电路板连接一定数量的相应类型的监测仪器。在每个测量模块上,通过 DIP 开关可选择该模块的仪器类型和接入监测仪器的数量,控制模块能够自动识别,并生成监测仪器类型编码和测点编码,以便监测数据的入库。

该装置采用冗余、并联、减额等措施,使用先进的测量技术,实现差阻式、钢弦式仪器远距离高精度测量,能消除4/5芯差阻式仪器的芯线电阻和长电缆电阻对测量的影响。其中红外脉冲、双照准和双基准技术实现了步进式仪器的高精度、高可靠测量,交流桥路不平衡测量技术实现了差动电容式仪器的测量。

### 6.3.2 基本结构

由于采用了集散结构,因此配置灵活,扩展方便。若要增加其他参数的测量,只需在 MCU 内插入相应的测量电路板即可。MCU 中各测量模块板独立运行,安装维护方便,故障信息可以在显示终端上显示,便于检查维护,其结构示意图如图 6-5 所示。图 6-5 中,箱体左边内部有 2 组蓄电池(12V/7.2A·h 和 24V/7.2A·h)和电源隔离变压器,右边可插入各种功能的印制测量电路板。

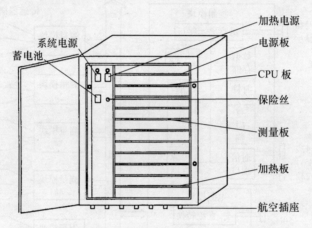

图 6-5 通用分布式 MCU 结构示意图

### 6.3.3 主要功能

**1. 控制功能**

MCU 可接受 CCU(中央控制装置)或笔记本电脑的命令,实现以下功能:中央控制方式的巡测或选测;自动控制方式的巡测;在 CCU 出现故障、线路故障或断电情况下,自动利用自备电源继续实现定时测量等功能。

**2. 测量功能**

根据控制程序自动对所接入的传感器进行巡测(逐点依次自动测量并存储数据)或选测(对选定的某一测点进行测量)。

**3. 计时和定时功能**

设置的实时时钟电路,可供用户查询和修改时间,或设定起始测量时间和测量时间间隔。

**4. 通信功能**

可与 CCU 或笔记本电脑实现双向通信。

**5. 供电功能**

MCU 的备用电源,能在外部电源中断的情况下自动投入工作,平时则处于浮充状态。电源电路设有过压和欠压保护措施,以防止电池组过充电或过放电,提高了电池组的使用寿命。

**6. 雷电保护**

在电源、通信和传感器接口的入口处均设有防雷保护电路,以防止感应雷电流对内部电路造成损坏,保证 MCU 长期可靠地工作。

另外,该装置还具有差阻式、步进式、差动电容式和差动电磁式仪器的自校功能,可输出自校基准测值,用以检验这类仪器测值的可靠性。

### 6.3.4 应用实例

飞来峡水利枢纽大坝安全监测自动化系统,是目前国内已建成的水利枢纽安全监测项目齐全、仪器种类多、自动化程度很高的大坝安全监测自动化系统。32 台 MCU 就地接入了 400 余台(支)国内外优秀厂家生产的最先进的传感器。高度的自动化使观测班的 4 名工作人员,完成了几十个人难以完成的工作量。

通用分布式 MCU 是飞来峡大坝安全监测自动化系统中的关键设备,其最重要的特点是各设备之间互不牵连、互不干扰,若某台或一些设备出现故障,不会影响到其他或另一些设备的正常运行,更不会导致整个系统的瘫痪。

通用化控制测量软件与模块化设计,使 MCU 具有高度的兼容性和通用性。该系统首次在我国成功地实现了能够将国内外各种类型、各种输出信号的监测仪器就地接入一个数据采集单元。这种 MCU 可接入各种差阻式内观仪器、进口或国产弦式仪器、差动电容式仪器、差动电感式仪器、差动电磁式仪器、差动变压器式仪器、压阻式仪器、步进式仪器、浮子式水位计、翻斗式雨量计、大气温度计等。该系统还为枢纽的防洪调度提供上下游水位、雨量、气温等重要参数。MCU 在飞来峡大坝安全监测自动化系统中的应用如图 6-6 所示。

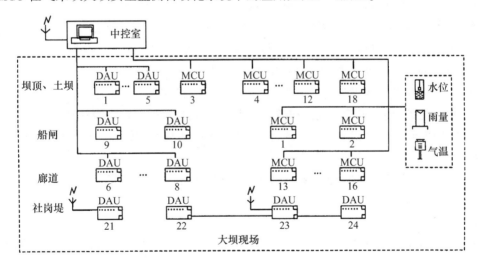

图 6-6 飞来峡大坝安全监测自动化系统示意图

数据采集的实时性,是它的另一个特点。各 MCU 接收到 CCU 的命令后,可同时进行各自的数据采集、转换和预处理,然后将数据暂存于各自的数据存储器中或按中断次序,排队申请将数据送回 CCU 的数据库中。这相当于串联通信并联采集数据,既提高了测量的速度,又分散了风险。

自 1999 年 3 月 30 日蓄水并正式投入运行以来,该系统为管理单位取得了大量的安全监测数据。这些数据,对于掌握大坝的运行状况、了解建筑物的安全性态起到了非常重要的作用;在防洪调度中,为领导决策提供了有力的科学依据。

## 6.4 安全监测自动化系统设计示例

本节以彭水水电站大坝安全监测自动化系统为例,详细介绍系统的设计目的和方法。

### 6.4.1 工程概况

彭水水电站最大坝高116.5m,总装机1750MW,具有工程规模大、综合效益显著、技术复杂、自动化要求高等特点。鉴于彭水水电站的重要性,因此在施工期、蓄水期和运行期都应确保工程的高度安全。安全监测系统的设计,不仅要结合彭水水电站的工程特点,还要充分考虑当前工程安全监测技术的发展现状,力求采用先进的监测手段,以便及时、准确地掌握建筑物及其基础从建设到运行全过程的性状演变,并能向业主迅速反馈有关信息,为业主分析、评价工程安全和决策提供可靠依据。

监测设计力求做到施工期监测与永久监测相结合,仪表量测与人工巡查相结合,人工采集与自动化半自动化采集相结合。监测系统的重点为变形和渗流。

### 6.4.2 设计目的与原则

**1. 设计目的**

彭水水电站工程安全监测以确保各类建筑物在施工期、蓄水期和运行期的安全为主要目的,同时兼顾验证设计、指导施工等需要。

(1) 通过对各类建筑物整体状态全过程持续的监测,采集建筑物的变形、渗流、应力、应变、温度的初始值、基准值和各阶段变化过程的数据,及时进行分析与评价。对危及建筑物的不安全因素及时提出处理措施,为有关部门决策提供依据。

(2) 通过安全监测提供的有效数据,检验设计方案的正确性、施工质量是否满足设计要求。施工期的监测,还可以检验施工和措施是否符合设计意图,也可以检验某些设计是否符合实际,从而为改进、完善施工方法和措施,优化和完善设计服务,以达到设计、施工动态结合及不断优化的目的。

此外,多项目多功能的长期监测实践,可以为我国水利水电工程设计标准的改进和监测水平的提高提供依据。

**2. 设计原则**

根据该工程结构特点和地质条件,确定安全监测的总原则为"突出重点,兼顾全面,统一规划,逐步实施"。

选取工程中有代表性的部位作为重要部位(断面),其他部位为一般部位(断面)。重要部位(断面)观测项目齐全,仪器布置相对集中,对重要的效应量采取多种方法平行进行观测。一般部位(断面)以重要物理量为主,仅布置少量仪器和测点,以掌握工程的整体工作状态或施工过程中出现的新情况。该工程建设期长达4年,监测系统不可能一次建成,特别是施工期必须采集的初始资料,不可能等待监测系统完成后进行,因而必须根据施工计划和监测规划逐步实施。但监测系统作为一个有机整体,必须在工程开始施工前进行统一规划。

## 6.4.3 监测系统总体结构设计

**1. 监测系统总体组成**

该工程安全监测系统是一个由多类建筑物、多种监测项目和数以千计的监测仪器、设备和计算机软、硬件组成的复杂而庞大的信息采集、管理、分析、评价和反馈系统。总体结构可以概括为：一个整体系统，三个子系统；三大环节，三级监控；设计单位提供技术支持，业主单位决策。该监测系统总体结构如图6-7所示。

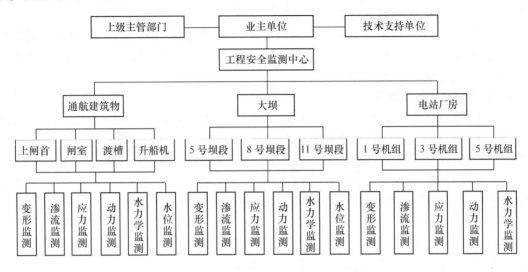

图6-7 彭水水电站工程安全监测系统结构

针对该工程规模较大、建设期较长、各建筑物布置和运用相对独立的特点，要求各建筑物分别形成安全监测子系统，分别由建筑物监测站管理（通称为第二级监控，第一级监控为MCU层），以满足施工期安全监测要求。工程完工后，安全监测子系统将成为整个工程安全监测系统的有机组成部分，由工程安全监控中心统一管理（通称为第三级监控）。整个工程安全监控系统共3个子系统，通航建筑物子系统、大坝子系统、地下厂房子系统分别由各自的监测站管理。

安全监测系统的运行可分为3个环节：数据采集、数据管理、资料分析及建筑物安全度评价。数据采集包括MCU自动采集、半自动采集、人工采集和巡视检查。数据管理包括对原始数据的可靠性检验和必要的处理及存储管理。资料分析及建筑物安全度评价包括初步分析其规律性和合理性，并对建筑物安全度作出初步评价。使用数学模型，运用多种分析理论，采用定性分析与定量分析相结合的方法，对建筑物的工作性态和安全度作出综合判断和评价。3个运行环节依次进行，相互衔接。一般来说，前2个环节及资料初步分析是由监测站完成；数据的统一管理和资料综合分析及建筑物安全度的综合评价是由监测中心完成。

工程正常运行的情况下，安全监测系统将定期报告各建筑物运行情况；对危及工程安全的非正常工作状态及时发出预警。业主将根据问题的性质和严重程度，会商设计单位，决定采取的对策和具体措施。

施工过程中，安全监测系统还将监测成果和分析报告送交设计和施工单位，以便及时优化设计或采取必要的措施，确保建筑物的施工与运行安全。

## 2. 监测断面的拟定

为做好该工程安全监控工作,既要快速地、量化地了解其敏感部位的工作状态,又要宏观地、全面地掌握整个工程的运行状况。为此,将监测部位划分为2个层次:重要部位(断面),一般部位(断面)。

重要部位是建筑物结构具有较强代表性或基础条件复杂、对于建筑物安全起决定性作用的敏感部位。经研究比较,下列部位(断面)选定为重点监测部位(断面):5号、8号、11号溢流坝段及基础;船闸上闸首、闸室段、渡槽段、升船机及其对应左侧高边坡;1号、3号、5号发电机组引水洞、主厂房、尾水洞及尾水洞出口边坡。

一般部位是指为了宏观上全面掌握各建筑物的工作状态,或根据施工过程中出现的新情况,或为核实验证设计中的重点研究项目,而设置监测项目和测点的部位。一般部位主要设置渗流和变形测点,测点应尽量精简。

## 3. 主要监测项目和设施

(1) 变形监测。监测内容包括水平位移、垂直位移、坝基倾斜、洞室收敛、基岩变形和坝体挠度等。主要监测设施包括外观变形测点、正垂线、倒垂线、静力水准、基岩变形计、多点位移计、测斜管、倾斜仪等。

(2) 渗流监测。监测内容包括渗流量、扬压力、坝体渗压、绕坝渗流和水质分析等。主要监测设施包括测压管、渗压计、量水堰、水质分析设备等。

(3) 应力/应变监测。监测内容包括坝踵、坝址应力、混凝土自身体积变化、钢筋应力、预应力、接合缝开度、裂缝发展及温度分布等。主要监测设施包括应变计、无应力计、钢筋计、温度计、测缝计、位错计、裂缝计、锚杆应力计、锚索测力计等。

(4) 水力学监测。监测内容包括水位、流态、动水压力、流速、泄流量、空蚀空化、水面线、水舌、冲坑及下游冲刷情况、下游雾化等。主要监测设施包括水尺、压力传感器、流速仪、水听器等。

(5) 动力监测。监测内容包括动荷载作用下建筑物的动力反应及动态特性的时空变化。主要监测仪器为强震仪及配套设施。

(6) 其他监测项目。监测内容包括上下游水位、气温、变形监测网、岩体爆破振动高边坡等监测项目。主要监测设施包括遥测水位计、气温计、变形监测网点、声波监测设备等。

### 6.4.4 监测系统自动化设计

#### 1. 功能要求

1) 传感器功能要求

系统接入的传感器各项技术指标应满足国家标准的规定,具有生产计量器具许可证,并按计量法的有关要求经计量检定部门检定合格,有相应有效期内的检定合格证书;埋设的传感器要有相应的比对标准,依据标准每年进行比对,以确定传感器是否有效;要能连续、准确、可靠地监测数据,在使用寿命期能适应工作环境,精度满足技术规范要求,能够长期稳定运行,受温度或其他因素影响的数据年漂移量满足产品标准的规定。

2) 数据采集、传输与处理功能要求

系统的数据采集装置能够接入大坝变形、渗流、应力/应变及温度、环境量等各类监测仪器,对接入的仪器进行精确测量,其综合准确度能满足大坝安全监测技术规范的要求。能够以中央控制方式(应答式),按照监控主机指令进行选点、巡回及定时检测,或以自动控制方式

(自报式)按设定的时间和方式进行自动数据采集;能够按要求将传感器采集的各种输出信号转换为监测量数据并将所测数据传送到系统的中央控制装置或其他微机。系统中央控制装置能够自动地对接收到的监测数据进行分类管理,存入各数据库;具有监测数据自动检验和报警功能,能对监测数据进行自动检验、判识,监测量超限、显示异常时能检错、纠错处理,并能自动报警;具有设备故障监测、报警功能,能对系统设备、电源、通信状态自动进行监测、检验,具有自诊断功能。

3) 数据管理与分析软件功能要求

能够方便地输入未实现自动化监测的测点或因系统故障而用人工补测的数据;能够自动对原始数据进行检验、计算、异常值判识和初步分析等;能够方便地制作或自动生成日常管理报表、图形;能够通过人机对话的方式对数据进行查询、检索及编辑,能灵活显示、绘制和打印各种监测数据、图表、文档;能够对大坝安全的各类信息文件进行有效管理,可以方便、快捷地查询、检索、输出各种安全管理档案等。

**2. 系统的组成与结构**

该工程自动化监测系统是一个很大的信息网络系统,采用三级监控、一级决策和技术支持的分级结构模式,系统层次分明,各级任务明确,便于进行操作、管理和统一调控。整个系统由大坝监测子系统、地下电站监测子系统、通航建筑物子系统和强震监测子系统组成,采用开放型分层分布式智能化网络结构。整个系统分为3个监控层次:第一层监控是将分布于大坝、地下电站和通航建筑物的各类传感器就近引入相应的MCU(测量控制单元),由测量控制单元进行第一级监控;第二层监控是将分布于各部位的MCU及强震监测子系统接入建筑物监控站,由建筑物监控站进行第二级监控;第三层监控是将各建筑物监控站接入彭水水电站办公大楼内的安全监控中心,由安全监控中心进行第三级监控,见图6-8。

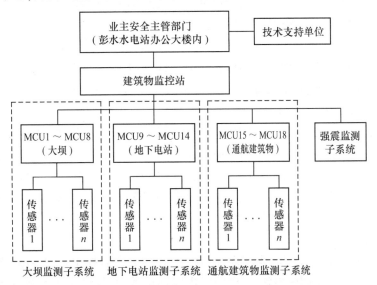

图6-8 彭水水电站安全监测自动化系统结构

**3. 系统运行方式**

该工程安全监测自动化采集系统可有以下几种运行方式。

(1) 中央控制方式(应答式)。按建筑物监控站或安全监控中心监控主机命令,所有MCU同时巡测或指定单台单点测量(选测),测量完毕将数据存于MCU或计算机中。

(2) 自动控制方式(自报式)。由各台 MCU 按设定时间自动进行巡测、存储,并将所测数据送到监控主机。

(3) 特殊控制方式。出现特殊情况时,安全监控中心可以根据某个 MCU 的测值状态,决定对系统中的任意节点进行通信和控制。例如,某 MCU 监测到某支渗压计的测值快速增长,该 MCU 即可通知监控室,监控中心命令其他 MCU 加密测次,并报告监控主机。监测数据的采集方式可为常规巡测、检查巡测、定时巡测、常规选测、检查选测、人工测量等。

**4. 监测项目选择**

该工程安全监测系统覆盖了各建筑物及其基础,项目多而杂。接入自动化系统的监测仪器首先应力求少而精,突出重点断面(部位)的监测项目和测点,并确保这些项目和测点能实时监测,长期可靠运行。其次要求在关键断面(部位)能够采集到足够的重要信息,以便建立安全监控模型。本工程安全监测系统设有变形监测、渗流监测、结构应力/应变监测、水力学监测、强震监测、环境量监测(上下游水位、气温等)。对这些监测项目应区别对待,一类属于持续量监测,如部分变形监测、渗流监测、部分结构应力/应变监测和部分环境量监测,这些项目需接入自动化系统,实现联机实时采集;另一类属于非持续量监测,如水力学监测、外部变形监测(几何水准、三角测量等),不直接接入自动化采集系统,监测数据与初步处理后的资料人工送入监测系统数据库。

**5. 系统的监测设施**

1) 第一层监控设施

第一层监控设施由分布于大坝、地下电站和通航建筑物的各个 MCU 和接入 MCU 的传感器组成。大坝部位配置 8 台 MCU,接入的仪器包括垂线坐标仪、静力水准仪、渗压计、基岩变形计、测缝计、位错计、钢筋计、裂缝计、温度计、应变计、无应力计等。

地下电站部位配置 6 台 MCU,接入的仪器包括多点位移计、锚杆应力计、锚索测力计、渗压计、测缝计、位错计、钢筋计等。通航建筑物部位配置 6 台 MCU,接入的仪器包括垂线坐标仪、静力水准仪、多点位移计、渗压计、基岩变形计、锚杆应力计、锚索测力计、钢筋计、裂缝计、温度计、应变计、无应力计、倾斜仪等。

2) 第二层监控设施

第二层监控由建筑物监控站对各 MCU 和传感器进行监控。建筑物监控站由监控主机、便携机、激光打印机、UPS 电源、防雷击隔离电源各 1 台及 2 台通信接口、1 套采集软件等组成。建筑物监控站承担整个辖区范围内安全监测自动数据采集系统的管理,它可以直接对接入系统的所有仪器、MCU 测量控制单元等进行实时监测、报警、数据记录到磁盘、数据和图形打印、系统编程、数据库管理、遥控和文件远程传输等。

3) 第三层监控设施

第三层监控由安全监控中心来实现。监控中心由 2 台监控主机、1 台激光打印机、1 台复印机、2 台刻录机、2 台 UPS 电源、2 台防雷击隔离电源、1 台网络适配器、1 套监控管理软件组成。监控中心主要功能包括管理整个安全监测系统的设计图纸与文件、竣工图纸与文件,以及所有的仪器、仪表资料;控制和接收建筑物监控站或各 MCU 传送来的信息,并且还要按照不同的监测项目进行分类管理;根据资料绘制各种图形,编制表格,并进行管理;对工程性状进行分析,提供整个工程定期的安全监测月报、年报,以及汛期及异常情况下的日报或紧急报告等。

思考题

1. 安全监测的自动化系统应具有哪些基本功能?
2. 自动化监测系统在性能上应满足哪些要求?
3. 自动化监测系统应遵循哪些设计原则?
4. 自动化监测系统的布置有哪几种基本形式?各自的特点是什么?适用于什么场合?
5. 自动化监测系统主要由哪些要素构成?
6. MCU 的主要功能有哪些?

# 第7章 监测资料的整编与分析

## 7.1 监测资料的整编

### 7.1.1 概述

欲使变形观测起到监视建筑物安全运营和充分发挥工程效益的作用，除了进行现场观测取得第一手资料外，还必须对监测资料进行整理分析，即对变形监测资料作出正确的分析处理。变形监测资料处理工作的主要内容包括两个方面：资料整编和资料分析。

对监测资料进行汇集、审核、整理、编排，使之集中化、系统化、规格化和图表化，并刊印成册，称为监测资料的整编。其目的是便于应用分析，向需用单位提供资料和归档保存。监测资料整编，通常是在平时对资料已有计算、校核甚至分析的基础上，按规定及时对整编年份内的所有监测资料进行整编。

对工程及有关的各项监测资料进行综合性的定性和定量分析，找出变化规律及发展趋势，称为监测资料分析。其目的是对工程建筑物的工作状态做出评估、判断和预测，达到有效地监视建筑物安全运行的目的。监测资料应随观测、随分析，以便发现问题，及时处理。监测资料分析是根据建筑物设计理论、施工经验和有关的基本理论和专业知识进行的。监测资料分析成果可指导施工和运行，同时也是进行科学研究、验证和提高建筑物设计理论和施工技术的基本资料。

### 7.1.2 一般规定

监测资料整编包括平时资料整理与定期资料编印。

平时资料整理工作的主要内容如下：

（1）适时检查各观测项目原始观测数据和巡视检查记录的正确性、准确性和完整性。如有漏测、误读（记）或异常，应及时补（复）测、确认或更正。

（2）及时进行各观测物理量的计（换）算，填写数据记录表格。

（3）随时点绘观测物理量过程线图，考察和判断测值的变化趋势。如有异常，应及时分析原因，并备忘文字说明。原因不详或影响工程安全时，应及时上报主管部门。

(4)随时整理巡视检查记录(含摄像资料),补充或修正有关监测系统及观测设施的变动或检验、校(引)测情况,以及各种考证图、表等,确保资料的衔接与连续性。

定期资料编印工作的主要内容如下:

(1)汇集工程的基本概况、监测系统布置和各项考证资料,以及各次巡检资料和有关报告、文件等。表7-1为水平位移观测工作基点考证表。

表7-1 水平位移观测工作基点考证表

| 编号 | 形式规格 | 埋设日期 | | | 埋设位置 | | 基础情况 | 测定日期 | | | 高程/m | 备注 |
|---|---|---|---|---|---|---|---|---|---|---|---|---|
| | | 年 | 月 | 日 | X/m | Y/m | | 年 | 月 | 日 | | |
| | | | | | | | | | | | | |
| | | | | | | | | | | | | |

(2)在平时资料整理基础上,对整编时段内的各项观测物理量按时序进行列表统计和校对。表7-2为水平位移量统计表。此时如发现可疑数据,一般不宜删改,则应加注说明,提醒读者注意。

表7-2 水平位移量统计表

| 观测日期 | | 历时 | 测点编号及其累积水平位移量 | | | |
|---|---|---|---|---|---|---|
| 月 | 日 | 天 | $P_1$ | $P_2$ | … | $P_n$ |
| | | | | | | |
| … | | | | | | |
| 本年总量 | | | | | | |
| 本年内特征值统计 | | 最大值 | 测点号 | 日期 | 最小值 | 测点号 | 日期 | 水平位移量较差 |
| | | | | | | | | |

注:1. 水平位移正负号规定:向下游、向左岸为正,反之为负;
　　2. 本年总量为代数和。

(3)绘制能表示各观测物理量在时间和空间上的分布特征图,以及有关因素的相关关系图。图7-1为某测点的水平位移测值过程线。

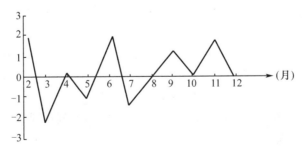

图7-1 水平位移测值过程线

(4)分析各观测物理量的变化规律及其对工程安全的影响,并对影响工程安全的问题提出运行和处理意见。

(5)对上述资料进行全面复核、汇编,并附以整编说明后,刊印成册,建档保存。采用计算机数据库系统进行资料存储和整编者,整编软件应具有数据录入、修改、查询,以及整编图、表的输出打印等功能。还应复制软盘备份。

整编后的资料应包含如下内容:封面、目录、整编说明、工程概况、考证资料、巡视检查资料、观测资料、分析成果和封底。封面内容应包括:工程名称、整编时段、卷册名称与编号、整编单位、刊印日期等。整编说明应包括:本时段内的工程变化和运行概况,巡视检查和观测工作概况,资料的可信程度;观测设备的维修、检验、校测及更新改造情况,监测中发现的问题及其分析、处理情况(含有关报告、文件的引述),对工程管理运行的建议,以及整编工作的组织、人员等。观测资料的内容和编排顺序,一般可根据本工程的实有观测项目编印,每一项目中,统计表在前,整编图在后。资料分析成果,主要是整编单位对本时段内各观测资料进行的常规性简单分析结果,包括分析内容和方法,得出的图、表和简要结论及建议。委托其他单位所作的专门研究和分析、论证,仅简要引用其中已被采纳的、与工程安全监测和运行管理有关的内容及建议,并注明出处备查。

整编资料在交印前需经整编单位技术主管全面审查,审查工作主要包括以下内容。

(1)完整性审查:整编资料的内容、项目、测次等是否齐全,各类图表的内容、规格、符号、单位,以及标注方式和编排顺序是否符合规定要求等。

(2)连续性审查:各项观测资料整编的时间与前次整编是否衔接,整编图所选工程部位、测点及坐标系统等与历次整编是否一致。

(3)合理性审查:各观测物理量的计(换)算和统计是否正确、合理,特征值数据有无遗漏、谬误,有关图件是否准确、清晰,以及工程性态变化是否符合一般规律等。

(4)整编说明的审查:整编说明是否符合有关规定内容,尤其注重工程存在的问题、分析意见和处理措施等是否正确,以及需要说明的其他事项有无疏漏等。

正式刊印的整编资料应体例统一、图表完整、线条清晰、装帧美观、查阅方便。一般不应有印刷错误。如发现印刷错误,则必须补印勘误表装于印册目录后。

## 7.1.3 监测数据的计算机管理

监测数据的管理方式可分为人工管理和计算机管理。人工管理是指采用人工量测效应量,先将每个测次采集到的原始资料,按规定格式记录在一定的记簿中,对这些观测值在资料处理时经可靠性检验后按时序制表或点绘过程线图与相关图,再依靠监测人员的经验和直觉来进行原因量与效应量的相关分析和对过程线进行观察,据此作出判断,最后整理归档。

由于变形监测资料需要保存的时间长、数据量大且使用频繁,尤其为了满足监测自动化和适时监测分析预报的要求,上述的人工处理与管理不仅难度大,而且容易出错。随着计算机电子技术的发展,变形监测的自动化水平有了很大提高。数据库管理系统(data base management system,DBMS)已经发展成为一种较为成熟的技术,在变形监测资料管理中已得到应用,并将成为监测数据管理的主要方式。

数据库管理系统是用户的应用程序和数据库中数据间的一个接口。数据库管理系统包括描述数据库、建立数据库、使用数据库、对数据库进行维护的语言,系统运行、控制程序对数据库的运行进行管理和调度,以及对数据库生成、原始装入、统计、维护、故障排除等一系列的服务程序。

利用数据库管理系统技术建立的监测资料管理系统,由资料处理和资料解释两个既有继承关系,又有一定独立性的子系统组成,并有与资料库结合的成套的应用软件系统。图7-2所示为监测资料管理系统的逻辑结构。

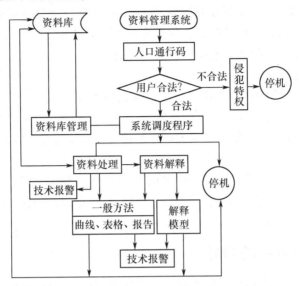

图 7-2 监测资料管理系统逻辑结构

一般而言,数据库管理系统具有以下功能:①各种监测资料以及有关文件资料的存储、更新、增删、更改、检索和管理;②监测资料的处理;③监测资料的解释。目前,我国不少单位已开始大坝安全监测资料管理系统的开发工作。对系统的要求有以下几个方面。

(1)系统功能全面、运行可靠、使用简便、易于维护,有利于高效率地进行安全监测工作。

(2)要求使用合理的机型和软、硬件配置,便于推广、扩展,在将来必要时,可与自动采集系统连接,实现联机实时的安全监测。

## 7.2 监测资料的分析

### 7.2.1 概述

20世纪30~50年代,监测资料分析工作全部用人工进行。60年代以来,逐步采用电子计算机辅助进行。80年代初期,工业发达国家,如美国、日本、意大利等都已实现监测数据处理自动化。意大利在70年代末80年代初即已采用建模分析方法并实现了混凝土坝的在线安全控制,处于领先地位。我国在20世纪50~60年代已进行资料分析工作,主要用人工计算和点图。70年代后期,开始应用电子计算机。80年代中期主要用计算机辅助进行资料分析,并已开始研制安全监测专家系统。

监测资料的分析一般可分为定期分析和不定期分析。

**1. 定期分析**

1)施工期资料分析

计算分析建筑物在施工期取得的观测资料,可为施工决策提供必要的依据。例如,为了安全施工,水中填土坝的填土速度控制和混凝土坝浇筑时的混凝土温度控制等,都需要有关观测成果作依据。施工期资料分析也为施工质量的评估和工程运用的可能性提出论证。

2）运营初期资料分析

从工程开始运用起,各项观测都需加强,并应及时计算分析观测资料,以查明建筑物承受实际荷载作用时的工作状态,保证建筑物的安全。观测资料的分析成果,除作为运营初期安全控制的依据外,还为工程验收及长期运用提供重要资料。

3）运行期资料分析

应定期进行资料分析(例如,大坝等水工建筑物每 5 年一次),分析成果作为长期安全运行的科学依据,用以判断建筑物性态是否正常,评估其安全程度,制定维修加固方案,更新改造安全监测系统。运行期资料分析是定期进行建筑物安全鉴定的必要资料。

**2. 不定期分析**

在有特殊需要时,才专门进行的分析称为不定期分析。例如,遭遇洪水、地震后,建筑物发生了异常变化,甚至局部遭受破坏,就要进行不定期分析,据以判断建筑物的安全程度,并为制定修复加固方案提供科学依据。

## 7.2.2 监测资料的检核

资料分析工作必须以准确可靠的监测资料为基础,在计算分析之前,必须对实测资料进行校核检验,对监测系统和原始资料进行考证。这样才能得到正确的分析成果,发挥监测资料应有的作用。

监测资料检核的方法很多,要依据实际观测情况而定。一般来说,任一观测元素(如高差、方向值、偏离值、倾斜值等)在野外观测中均具有本身的观测检核方法,如限差所规定的水准测量线路的闭合差、两次读数之差等,这部分内容可参考有关的规范要求。进一步的检核是在室内所进行的工作,具体如下:

(1) 校核各项原始记录,检查各次变形值的计算是否有误。可通过不同方法的验算、不同人员的重复计算来消除监测资料中可能带有的错误。

(2) 原始资料的统计分析。可采用统计方法进行粗差检验。

(3) 原始实测值的逻辑分析。根据监测点的内在物理意义来分析原始实测值的可靠性。其主要用于工程建筑物变形的原始实测值,一般进行一致性分析和相关性分析。一致性分析根据时间的关联性来分析连续积累的资料,从变化趋势上推测它是否具有一致性,即分析任一测点的本次原始实测值与前一次(或前几次)原始实测值的变化关系。另外,还要分析该效应量(本次实测值)与某相应原因量之间的关系和以前测次的情况是否一致。一致性分析的主要手段是绘制时间—效应量的过程线图和原因—效应量的相关图。相关性分析是从空间的关联性出发来检查一些有内在物理联系的效应量之间的相关性,即将某点本测次某一效应量的原始实测值与邻近部位(条件基本一致)各测点的本测次同类效应量或有关效应量的相应原始实测值进行比较,视其是否符合它们之间应有的力学关系。如图 7-3 所示的垂线测量,对建筑物不同高度处进行挠度观测,挠度值为 $S_i$,对应的测点为 $P_i$,由于各监测点布设在同一建筑物上,在相类似的因素作用下,各测点所测的挠度值之间存在较密切的空间统计相关性。

在逻辑分析中,若新测值无论展绘于过程线图还是相关图上,展绘点与趋势线延长段之间的偏距(图 7-4)都超过以往实测值展绘点与趋势线间偏距的平均值时,则有两种可能性,即该测次测值可能存在较大的误差,也可能是险情的萌芽,对这两种可能性都必须引起警惕。在对新测次的实测值进行检查(如读数、记录、量测仪表设备和监测系统工作是否正常)后,如无量测错误,则应接纳此实测值,放入监测资料库,但应对此测值引起警惕。

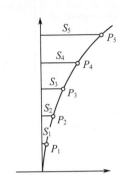

图7-3　挠度观测的相关性

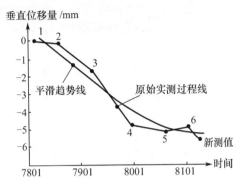

图7-4　某测点垂直位移过程线图

## 7.2.3　资料分析方法

变形分析主要包括两方面内容:①对建筑物变形进行几何分析,即对建筑物的空间变化给出几何描述;②对建筑物变形进行物理解释。几何分析的成果是建筑物运营状态正确性判断的基础。常用的分析方法有作图分析、统计分析、对比分析和建模分析。

**1. 作图分析**

通过绘制各观测物理量的过程线及特征原因量下的效应量过程线图,考察效应量随时间的变化规律和趋势,常用的是将观测资料按时间顺序绘制成过程线,如图7-5、图7-6所示。通过观测物理量的过程线,分析其变化规律,并将其与水位、温度等过程线对比,研究相互影响关系。通过绘制各效应量的平面或剖面分布图(图7-7),以考察效应量随空间的分布情况和特点。通过绘制各效应量与原因量的相关图,以考察效应量的主要影响因素及其相关程度和变化规律。这种方法简便、直观,特别适用于初步分析阶段。

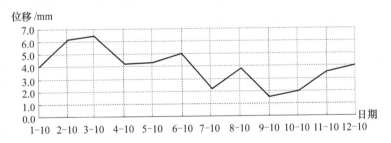

图7-5　位移变化过程线

**2. 统计分析**

对各观测物理量历年的最大和最小值(含出现时间)、变幅、周期、年平均值及年变化率等进行统计、分析,以考察各观测量之间在数量变化方面是否具有一致性、合理性,以及它们的重现性和稳定性等。这种方法具有定量的概念,使分析成果更具实用性。

**3. 对比分析**

比较各次巡视检查资料,定性考察建筑物外观异常现象的部位、变化规律和发展趋势;比较同类效应量观测值的变化规律或发展趋势,是否具有一致性和合理性;将监测成果与理论计

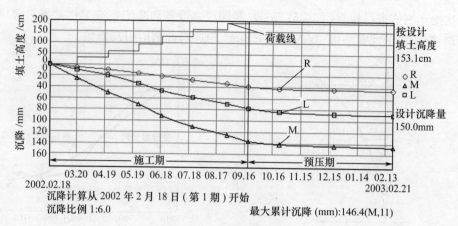

图 7-6 多测点测值过程线

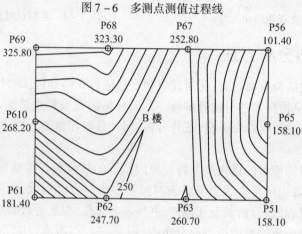

图 7-7 某高层建筑基础沉降分布图

算或模型试验成果相比较,观察其规律和趋势是否有一致性、合理性;并与工程的某些技术警戒值相比较,以判断工程的工作状态是否异常。

**4. 建模分析**

采用系统识别方法处理观测资料,建立数学模型,用以分离影响因素,研究观测物理量的变化规律,进行实测值预报和实现安全控制。常用数学模型有 3 种:①统计模型,主要以逐步回归计算方法处理实测资料建立的模型;②确定性模型,主要以有限元计算和最小二乘法处理实测资料建立的模型;③混合模型,一部分观测物理量(如温度)用统计模型,一部分观测物理量(如变形)用确定性模型。这种方法能够定量分析,是长期观测资料进行系统分析的主要方法。

## 7.3 监测数据的预处理

监测数据的预处理主要包括监测物理量的转换、监测数据的粗差检查,以及系统误差的检验等。关于监测物理量的转换主要是将监测到的电信号转换为需要的位移、压力等物理量,这与所采用的测量仪器密切相关,可根据实际情况查阅有关资料。本节主要介绍粗差和系统误差的检验方法。

## 7.3.1 粗差检验

对于任何一个监测系统,其观测数据中或多或少会存在粗差,在变形分析的开始有必要先对观测数据进行预处理,将粗差剔除。

**1. $3\sigma$ 准则**

考虑到系统监测的连续、实时和自动化,最简便的方法是用"$3\sigma$ 准则"来剔除粗差。其中,观测数据的中误差,既可以用观测值序列本身直接进行估计,也可根据长期观测的统计结果确定,或取经验数值。

对于观测数据序列 $\{x_1, x_2, \cdots, x_N\}$,描述该序列数据的变化特征为

$$d_j = 2x_j - (x_{j+1} + x_{j-1}) \quad (j = 2, 3, \cdots, N-1) \tag{7-1}$$

这样,由 $N$ 个观测数据可得 $N-2$ 个 $d_j$。这时,由 $d_j$ 值可计算序列数据变化的统计均值 $\bar{d}$ 和均方差 $\hat{\sigma}$:

$$\bar{d} = \sum_{j=2}^{N-1} \frac{d_j}{N-2} \tag{7-2}$$

$$\hat{\sigma}_d = \sqrt{\sum_{j=2}^{N-1} \frac{(d_j - \bar{d})^2}{N-3}} \tag{7-3}$$

则 $d_j$ 绝差的绝对值与均方差的比值:

$$q_j = \frac{|d_j - \bar{d}|}{\hat{\sigma}_d} \tag{7-4}$$

若 $q_j > 3$ 时,则认为 $x_j$ 是奇异值,应予以舍弃。

**2. 统计检验法**

根据弹性力学理论,当相同材料的建筑物在相同的荷载作用下,如果其结构条件、材料性质及地基性质不变,则其变形量应相同。根据以上事实,可取历年同一季节、相同荷载的观测值作为同一母体的子样。假设以前的测值子样为 $\{y'_1, y'_2, y'_3, \cdots, y'_{n-1}\}$,本次测值为 $y'_n$,则可求得样本的均值和方差为

$$\bar{Y} = \sum y'_i/(n-1) \quad (i = 1, 2, 3, \cdots, n-1) \tag{7-5}$$

$$S = \sqrt{(\sum (y'_i - \bar{Y})^2)/(n-1)} \quad (i = 1, 2, 3, \cdots, n-1) \tag{7-6}$$

当 $|y'_n - \bar{Y}| < KS$ 时,则认为测值无粗差;否则,认为测值异常。

**3. 关联分析法**

在变形监测中,建筑物的水平位移、竖直位移等一般在同一部位都布有多个测点,这些测点由于其所在的地质条件、荷载条件等都十分相近,其位移变化趋势、位移量都有十分密切的联系。因此,可以利用这种相关性,来相互检核监测数据是否异常。

监测数据的相关性检验,可借用回归分析的方法。假设有测点 $A$ 与 $B$,其观测值分别为 $y_A$ 与 $y_B$,且它们的关系可用下列多项式数学模型描述:

$$y_A = a_0 + a_1 y_B + a_2 y_B^2 + \varepsilon \tag{7-7}$$

式中:$a_0$、$a_1$、$a_2$ 为系数;$\varepsilon$ 为随机误差。

为估计上式中的系数 $a_0$、$a_1$、$a_2$,可用最小二乘法求得其估值,并可求出回归中误差 $S$ 为

$$S = \sqrt{(\sum \varepsilon_i^2)/(n-3)} \quad (i = 1,2,3,\cdots,n) \tag{7-8}$$

式中：$n$ 为子样个数。

利用该回归方程，就可以根据相邻测点的变形值，预计该相关测点的变形值，从而检核监测数据。在实际检验中，如异常测点的若干个关联测点在时间、方向等方面都发现类似的异常情况，则认为测值异常是由结构变化引起的；否则，认为异常是由监测因素引起的。

### 7.3.2 系统误差检验

在监测数据中，除了存在偶然误差和可能含有粗差外，还有可能存在系统误差。在有些情况下，观测值误差中的系统误差占有相当大的比例，对这些系统误差若不加以恰当的处理，势必要影响监测成果的质量，对建筑物的安全评判也将产生不利的影响。

系统误差产生的原因主要有监测仪器老化、基准点的蠕变等，它虽对结构的安全不产生影响，但对资料分析结果有一定的影响。目前，系统误差的检验方法主要有 U 检验法、均方连差检验法和 t 检验法等。

**1. U 检验法**

将测值序列，特别是建筑物发生较大事件、监测系统更新改造或出现故障等作为分界点，将测值序列分为两组或若干组，并设 $Y_1 \sim N(\mu_1, \sigma_1^2)$，$Y_2 \sim N(\mu_2, \sigma_2^2)$，选择统计量：

$$U = \frac{Y_1 - Y_2}{\sqrt{S_1^2/n_1 + S_2^2/n_2}} \tag{7-9}$$

式中：$Y_1$、$Y_2$ 为两组样本的平均值；$n_1$、$n_2$ 为两组样本的子样数；$S_1$、$S_2$ 为两组样本的方差。

当 $|U| > U_{\alpha/2}$，则存在系统误差；否则，不存在系统误差。若监测资料存在系统误差，则在资料分析时，应设法消除系统误差的影响。

该方法适用于测值序列较长，且建筑物的时效变形已基本收敛的情况。因为，在时效变形显著时，时效变形和系统误差将难以分辨。

**2. 均方连差检验法**

设某母体中抽取子样 $x_1、x_2、\cdots、x_n$，则 $\frac{1}{n-1}\sum_{i=1}^{n-1}(x_{i+1} - x_i)^2$ 称为均方连差，可用它作为统计量。若母体为 $N(\xi, \sigma)$，则

$$\begin{cases} d_i = (x_{i+1} - x_i) \sim N(0, \sqrt{2}\sigma) \\ E\left(\frac{d_i^2}{2\sigma^2}\right) = 1, E(d_i^2) = 2\sigma^2 \end{cases} \tag{7-10}$$

若令

$$q^2 = \frac{1}{2(n-1)}\sum_{i=1}^{n-1}(x_{i+1} - x_i)^2 = \frac{1}{2(n-1)}\sum_{i=1}^{n-1}d_i^2$$

则

$$E(q^2) = \frac{1}{2(n-1)}\sum_{i=1}^{n-1}E(d_i^2) = \sigma^2$$

所以 $q^2$ 为 $\sigma^2$ 的无偏估计量，而 $\hat{\sigma}^2$ 是 $\sigma^2$ 的无偏估计量，则作出统计量：

$$r = \frac{q^2}{\hat{\sigma}^2} \tag{7-11}$$

式中：$\hat{\sigma}^2$ 为观测值方差 $\sigma^2$ 的无偏估计量。

如果在观测过程中，母体均值逐渐移动（有系统误差）而保持其方差 $\sigma^2$ 不变，则 $\hat{\sigma}^2$ 会受到此移动的影响而变得过大，但 $q^2$ 只包含先后连续两观测值之差，上述移动的影响会得到部分消除，所以 $q^2$ 受移动的影响比 $\hat{\sigma}^2$ 受到的影响小。进行检验时，利用观测值算出 $r$ 值，若 $r$ 值过小，则认为母体均值的逐渐移动是显著的。

由于当 $n > 20$ 时，$r$ 近似正态 $N(1, \sigma_r)$，即 $\frac{r-1}{\sigma_r} \sim N(0,1)$。此外，$\sigma_r^2 = \frac{1}{n+1}$，所以在检验中，原假设 $H_0 : r = 1$，备选假设 $H_0 : r < 1$，则拒绝域为 $r < r'_\alpha$。当 $n > 20$ 时拒绝域为

$$\frac{r-1}{\sqrt{n+1}} < u'_\alpha \tag{7-12}$$

式中：$u'_\alpha$ 为 $N(0,1)$ 分布的左尾分位值。

利用均方连差检验系统误差时，可根据回归模型求得的改正数 $v_i$ 进行检验，但由于各个 $v_i$ 的方差 $\sigma_{V_i}$ 均不等，它服从

$$v_i \sim N(0, \sigma_{V_i})$$

在使用均方连差检验时，必须把它标准化，即

$$\frac{v_i}{\sigma \sqrt{1-h_{ii}}} \sim N(0,1) \tag{7-13}$$

大子样时 $(n > 20)$，$\hat{\sigma}$ 为 $\sigma$ 的无偏估值，以 $\hat{\sigma}$ 代替 $\sigma$，则上式可看作近似正态分布，再构成均方连差统计量，实施系统误差检验。

### 思考题

1. 监测资料的平时整编应包含哪些内容？
2. 监测资料的定期编印应包含哪些内容？
3. 整编后的资料应包含哪些内容？
4. 整编资料在交印前需经哪些检查？
5. 监测资料分析主要有哪些方法？
6. 为什么要进行监测数据的预处理？其主要内容有哪些？
7. 简述关联分析法检验粗差的基本思想。
8. 采用 U 检验法检验系统误差时，对监测数据有哪些要求？

# 第 8 章

# 变形监测数学模型及应用

## 8.1 概 述

变形观测成果的分析,主要是在分析归纳工程建筑物变形值、变形幅度、变形过程、变形规律等的基础上,对工程建筑物的结构本身(内因)及作用于其上的各种荷载(外因)以及变形观测本身进行分析和研究,确定发生变形的原因及其规律性,进而对工程建筑物的安全性能做出判断,并对其未来的变形值范围做出预报。而且,在积累了大量资料后,找出工程建筑物变形的内在因素、外在因素及其规律,可对现行的设计理论及所采用的经验系数和常数进行修正。

变形监测资料仅通过初步的整理和绘制成相应的图表,还远不能满足变形监测分析工作的要求,因为这些图表只能用于初步地判断建筑物的运行情况。而对于建筑物产生的变形值是否异常、变形与各种作用因素之间的关系、预报未来变形值的大小和判断建筑物安全的情况等问题都不可能确切地解答。

变形分析的任务是根据具有一定精度的观测资料,经过数学上的合理处理,从而寻找出建筑物变形在空间的分布情况及其在时间上的发展规律性,掌握变形量与各种内、外因素的关系,确定出建筑物变形中正常和异常的范围,防止变形朝不安全的方向发展。此外,有些变形监测的目的在于验证建筑物设计的正确性以及反馈难于用通常方法获得的多种有用信息等。为达到上述目的,变形监测资料合理而准确的处理是一件极为重要的工作。

通常,建筑物的变形与产生变形的各因素之间的关系极为复杂,难于直接确定下来。此外,各作用因素对变形量的影响也同样不容易用一个确定的数学表达式来描述。例如,高层建筑物顶部的位移与日照、风力、基础的不均匀沉陷的关系如何?大坝顶部的位移与外界温度、水库的水位、大坝运行的时间是何种关系?这些问题在进行监测资料的数据处理前,都不能得到正确的回答和解释。这些问题都需要经过对监测数据的进一步处理分析,建立相应的数学模型才能得到解决。

虽然建筑物变形和各变形因素之间的关系复杂,但从数理统计的理论出发,对建筑物的变形量与各种作用因素的关系,在进行了大量的试验和观测后,仍然有可能寻找出它们之间一定的规律性。这种处理变形监测资料的方法称为回归分析法。建立起来的数学模型称为统计分析模型。回归分析法是数理统计中处理存在着相互关系的变量和因变量之间关系的一种有效方法,它也是变形监测资料分析中常用的方法。

传统的统计分析模型有一元线性统计模型、多元线性统计模型、逐步回归分析模型等。

变形量和引起变形的因子之间的关系除了可以用回归分析法处理外,还可以通过变形体或建筑物的结构分析,根据各种荷载的组合情况、建筑物材料的物理力学特性以及边界条件等因素计算出应力与变形之间的关系,从而建立变形体的确定性模型进行分析。这种处理变形分析的方法,能比较深刻地揭示建筑物结构的工作状况,对进一步理解和分析变形的产生有很大作用。将统计模型和确定性模型进行有机结合的模型称为混合模型。

除了以上几种模型外,近几年又发展了灰色系统模型、时间序列分析模型、神经网络模型等,这些模型在建筑物变形监测中都已经得到较好的应用。

## 8.2 统计模型的建立

### 8.2.1 多元线性回归模型

在实际工作中,建筑物的变形是复杂的,是由多种作用因素的影响而产生的综合反映。以建筑物沉降为例,不仅与建筑物的重量有关,而且与基础的处理、岩土的力学特性、地表水的渗漏作用、地下水的活动特性等因素密切相关。此外,建筑物的变形量与作用因子间通常并不是完全线性关系。

多元线性回归分析的数学模型可表达为

$$y + V = a_0 + a_1 x_1 + a_2 x_2 + a_3 x_3 + \cdots + a_k x_k \tag{8-1}$$

式中:$a_0, a_1, \cdots, a_k$ 为待确定的系数;$x_1, x_2, \cdots, x_k$ 为作用因子;$y$ 为变形值。

经过 $n$ 次观测($n \geq k$),根据最小二乘原理,利用间接平差的方法列出方程式,并求出待定系数:

$$NA + W = 0 \tag{8-2}$$

$$A = -N^{-1}W \tag{8-3}$$

从而可求出回归方程:

$$y = \hat{a}_0 + \hat{a}_1 x_1 + \hat{a}_2 x_2 + \cdots + \hat{a}_k x_k \tag{8-4}$$

可利用下式进行回归方程的精度估计:

$$m = \pm \sqrt{\frac{[VV]}{n-(k+1)}} \tag{8-5}$$

多元线性回归要进行回归方程回归效果的检验,应根据复相关系数 $R$ 之值来判定。

$$R = \sqrt{\frac{Q_1}{Q}} = \sqrt{1 - \frac{Q_2}{Q}} \tag{8-6}$$

式中:$Q = \sum(y-\bar{y})^2$,$Q_1 = \sum(\hat{y}-\bar{y})^2$,$Q_2 = \sum VV = [VV]$,$\bar{y} = \frac{1}{n}\sum y$。其中 $y$ 是直接观测所得的值,$\hat{y}$ 是由回归方程式(8-4)计算得的值。此外,以未知参数个数($k+1$)以及自由度 $n-(k+1)$ 和置信水平 $\alpha$,查复相关系数表得 $R_\alpha$ 之值。若以式(8-6)计算出的 $R$ 之值大于 $R_\alpha$,则表明在置信水平 $\alpha$ 下,方程回归效果显著,并且 $R$ 之值越接近于 1,说明回归效果越好。

多元线性回归中,通常遇到的问题是各变量之间的相互关系并不总是线性的。为了把非线性的回归方程线性化,可进行变量代换处理。例如,某混凝土大坝,由坝顶水平位移分析中,确定回归方程的数学模型为如下形式:

$$y = a_0 + a_1 H + a_2 H^2 + a_3 H^3 + a_4 T_1 + a_5 T_2 + a_6 T_3 + a_7 \ln\theta \tag{8-7}$$

式中:$H$ 为库水位高程;$T_1$、$T_2$、$T_3$ 为坝体上温度测点的温度值;$\theta$ 为时间(天)。坝顶的水平位移与库水位 $H$、温度 $T$ 和时间 $\theta$ 有关,并且这种关系并不是线性的。为了进行多元线性回归,可作如下变换,令 $x_1 = H, x_2 = H^2, x_3 = H^3, \cdots, x_7 = \ln\theta$,那么式(8-7)可写成

$$y = a_0 + a_1 x_1 + a_2 x_2 + a_3 x_3 + \cdots + a_7 x_7 \tag{8-8}$$

先按各观测值计算出对应的 $x$ 值,从而可进行多元线性回归分析,求出 $\hat{a}_i$,建立回归方程。

## 8.2.2 逐步回归统计模型

利用回归分析方法可对建筑物变形监测资料进行处理,但是,处理时的主要问题是回归方程合宜的数学模型在分析开始时不可能完全确定下来。因此,必须利用逐步回归的原理,把作用显著的因子保留下来而把微弱的因子剔除出回归方程,从而使方程得到优化。

逐步回归计算是建立在 $F$ 检验的基础上逐个接纳显著因子进入回归方程。当回归方程中接纳一个因子后,由于因子之间的相关性,可使原先已在回归方程中的某些因子变成不显著,因此这需要从回归方程中剔除。所以在接纳一个因子后,必须对已在回归方程中的所有因子的显著性进行 $F$ 检验,剔除不显著的因子,直到没有不显著因子后,再对未选入回归方程的其他因子用 $F$ 检验来考虑是否接纳进入回归方程(一次只接纳一个)。反复运用 $F$ 检验,进行剔除和接纳,直到得到所需的最佳回归方程。

**1. 回归效果显著性的检验**

设回归分析的初选模型为

$$y = a_0 + a_1 x_1 + a_2 x_2 + \cdots + a_k x_k \tag{8-9}$$

根据多元线性回归方程显著性检验的方法可知

$$Q = \sum (y - \bar{y})^2, Q_1 = \sum (\hat{y} - \bar{y})^2$$

$$Q_2 = \sum (y - \hat{y})^2 = \sum VV = [VV], \bar{y} = \frac{1}{n} \sum y$$

式中:$y$ 为直接观测所得的值;$\hat{y}$ 为由回归方程计算得的值。

可以证明:

$$Q = Q_1 + Q_2 \tag{8-10}$$

上式表明,由回归方程求出的总差方和可以分为两部分,一部分称为回归平方和 $Q_1$,它主要反映了回归方程变形量与各变形因子之间相互作用的效果好坏;另一部分称为残差平方和 $Q_2$,它反映了其他各种随机因素的影响,如观测误差、回归模型的误差等的作用。

对于一个确定的回归观测项目,如果已测定了 $n$ 组实测数据,那么对于此 $n$ 组数据而言,总方差和 $Q$ 是一个定值。但是,若用不同的回归模型对此问题进行回归分析,所求得的 $Q_1$ 和 $Q_2$ 之值将是不同的。求得的 $Q_1$ 越大,则 $Q_2$ 就越小,也就是说明回归方程越有效。所以,回归方程的效果好坏,可以从 $Q_1$ 与 $Q_2$ 的比值大小确定。

$Q_1$ 和 $Q_2$ 的比值应达到多大的量值才能确定回归方程的效果是显著的呢?这必须通过数

理统计的检验才能判断。可以证明，$Q_1/\sigma^2$是自由度为$(k+1)$的$\chi^2$变量，$Q_2/\sigma^2$是自由度为$(n-k-1)$的$\chi^2$变量，且$Q_1$和$Q_2$相互独立。根据数理统计，组成$F$统计量为

$$F = \frac{\dfrac{Q_1}{(k+1)}}{\dfrac{Q_2}{(n-k-1)}} \tag{8-11}$$

它在零假设$H_0:a_0=a_1=a_2=\cdots=a_k=0$下是自由度为$(k+1,n-k-1)$的$F$变量。根据此自由度和选择的置信水平$\alpha$，可在$F$分布表中查得对应的$F_\alpha$之值。如果由式(8-11)计算出的$F>F_\alpha$，那么表明在所选择的置信水平$\alpha$下，$H_0$假设不可信，即回归方程的效果是显著的。

**2. 回归方程中各因子作用显著性的检验**

上面的检验方法同样可以用于各因子作用显著性的检验。若用$k$个因子对应变量$y$组成一个多元线性回归模型，则经回归后求得回归方程如下：

$$y = \hat{a}_0 + \hat{a}_1 x_1 + \hat{a}_2 x_2 + \cdots + \hat{a}_k x_k \tag{8-12}$$

求出相应的残差平方和$Q_2$。此外如果在模型中减去一个因子$x_k$，另外进行回归，那么可求得对应的第二个回归方程为

$$y' = \hat{a}'_0 + \hat{a}'_1 x_1 + \hat{a}'_2 x_2 + \cdots + \hat{a}'_{k-1} x_{k-1} \tag{8-13}$$

此回归方程相应的残差平方和为$Q'_2$。两个回归方程求得的残差平方和之差值$\Delta Q_2$为

$$\Delta Q_2 = Q_2 - Q'_2 \tag{8-14}$$

上式反映了回归模型中减少了一个因子后残差平方和的增加量，即回归平方和的减少值，它表明$x_k$因子对回归平方和的贡献大小。

同样可以证明，在原假设$H_0:a_k=0$下，$\Delta Q_2/\sigma^2$是自由度为1的$\chi^2$变量，$Q'_2/\sigma^2$是自由度为$(n-k)$的$\chi^2$变量，组成$F$统计量为

$$F = \frac{\Delta Q_2}{\dfrac{Q'_2}{(n-k)}} \tag{8-15}$$

式中：$n$为观测次数；$k$为回归方程的因子个数。

式(8-15)在零假设$H_0:a_k=0$下是自由度为$(1,n-k)$的$F$变量。根据此自由度和选择的置信水平$\alpha$，可在$F$分布表中查得对应的$F_\alpha$之值。如果由式(8-15)计算出的$F>F_\alpha$，那么在所选择的置信水平$\alpha$下，$H_0$假设不可信，表明$x_k$因子回归效果显著，应予接纳入回归方程中。

如果对已经初步建立的回归方程各个因子都按上述方法逐个地进行检验，那么各因子的显著性就可以得到判断。把作用甚微的因子剔去而保留效果显著的因子，使建立的最终回归方程达到最佳，这就是逐步回归分析。

**3. 逐步回归的计算步骤**

(1) 根据经验或对变形值与外界作用因子间的初步分析，确定回归方程的初选模型及各个因子(包括初选因子和备选因子)。

(2) 经回归计算建立回归方程，在此方程中找出系数$|\hat{a}_i|$为最小者，并将其剔除出回归方程后，重新进行回归计算，建立新的回归方程。

(3) 计算第一次回归方程的残差平方和 $Q_2$ 以及新的回归方程之残差平方和 $Q'_2$。求出 $\Delta Q_2 = Q_2 - Q'_2$，组成式（8-15）的统计检验量 $F$，并进行 $F$ 检验。若检验表明该因子作用不显著，则正式剔除出回归方程，否则仍应保留在方程内。然后，对第二个系数 $|\hat{a}_i|$ 较小的因子进行显著性检验，一直到全部因子检验结束为止。逐步回归中，每剔除一个因子后均必须重新建立回归方程。

(4) 进行全部因子显著性检验后，应对最后所建立的回归方程作回归效果显著性的检验。如果效果不太理想，则可把备选因子或另一些未被考虑的因子逐个加入此方程中，并对新加入的因子逐个地进行显著性检验。直到回归方程中各因子作用都显著，而且回归效果也很理想，就可以得到所需的最佳回归方程了。

**4. 回归因子的初选**

回归分析中所选的因子必须与变量密切相关，这样的回归方程才是有效的。因此，对确定的回归问题，首要之事是必须清楚地了解建筑物的变形与可能起作用的因子之间的关系，并初步地找出它们之间通常存在的函数关系形式。把这些因子有目的地选入回归方程中，才能使回归方程顺利而迅速地建立起来。

(1) 初选因子的确定，通常可以借助于各种图表的分析进行。变形监测资料初步整理中，通常要绘制出各种观测量的变化过程线及图表，利用这些图表可以直观地分析各观测量与变形值的相关特性。例如，建筑物裂缝的开合与气温变化的关系，大坝坝顶水平位移与库水位、气温、水温的变化关系等。

(2) 初选因子的确定，除了需要借助于图表外，还需要凭经验和假设来选择一些因子。例如，坝体水平位移除了与库水位有关外，还应考虑是否与库水位的二次方、三次方甚至更高次方有关。

(3) 物体的变形是受到应力作用后产生的，所以回归模型的初选因子也可由初步分析产生变形的各种因素而确定。例如，大坝位移的回归模型就可对作用在坝体上的荷载来分析。影响大坝变形的因素主要考虑为上、下游水位、温度变化对坝体的影响以及混凝土和坝基岩体的时效变形作用。

(4) 此外，还可以由较完整的结构应力分析确定初选因子。例如，通过结构应力分析，可知库水深对重力坝水平位移的影响通常与水深的一次、二次、三次方的因子有关。在回归分析中，可选 $H$、$H^2$、$H^3$ 作为回归模型的水位作用因子。

通过以上各种途径确定初选因子，就可以进行逐步回归建模。例如，对于大坝水平位移的逐步回归模型，通常选择如下形式：

$$y = a_0 + \sum_{i=1}^{4} a_i H^i + \sum_{j=1}^{m} b_j T_j + c_1 \theta + c_2 \ln\theta \qquad (8-16)$$

式中：$T_j$ 为温度计读数；$\theta = \dfrac{t_i}{100}$；$t_i$ 为观测当日距初始时刻的天数。

如果坝体上温度测点极少，并且没有水温的实测资料，估计到大坝运行数年后，坝体内温度的变化与大气温度密切相关，而大气温度又与一年所处的季节有直接联系，可以选一年365天为周期的项作为回归因子，得到以下回归模型：

$$y = a_0 + \sum_{i=1}^{4} a_i H^i + b_1 \sin GT + b_2 \cos GT + b_3 \sin^2 GT + b_4 \sin GT \cos GT + c_1 \theta + c_2 \ln\theta$$

$$(8-17)$$

式中：$G = \dfrac{2\pi}{365}$；$T$ 为观测时间距初始时间的天数；$\theta = \dfrac{T}{100}$。

## 8.3 灰色系统分析模型

### 8.3.1 概述

灰色系统理论是由华中理工大学邓聚龙教授在 20 世纪 80 年代提出的，它是用来解决信息不完备系统的数学方法，它把控制论的观点和方法延伸到复杂的大系统中，将自动控制与运筹学的数学方法相结合，用独树一帜的方法和手段，研究了广泛存在于客观世界中具有灰色性的问题。在短短的时间里，灰色系统理论有了飞速的发展，它的应用已渗透到自然科学和社会经济等许多领域，显示出这门学科的强大生命力，具有广阔的发展前景。

系统分析的经典方法是将系统的行为看作是随机变化的过程，用概率统计方法，从大量历史数据中寻找统计规律，这对于统计数据量较大情况下的处理较为有效，但对于数据量少的贫信息系统的分析则较为棘手。

灰色系统理论研究的是贫信息建模，它提供了贫信息情况下解决系统问题的新途径。它把一切随机过程看作是在一定范围内变化的、与时间有关的灰色过程，对灰色量不是从寻找统计规律的角度，通过大样本进行研究，而是用数据生成的方法，将杂乱无章的原始数据整理成规律性较强的生成数列后再作研究。灰色理论认为系统的行为现象尽管是朦胧的，数据是杂乱无章的，但它毕竟是有序的，有整体功能的，在杂乱无章的数据后面，必然潜藏着某种规律，灰数的生成，是从杂乱无章的原始数据中去开拓、发现、寻找这种内在规律。

### 8.3.2 灰色系统理论的基本概念

**1. 灰色系统**

信息不完全的系统称为灰色系统。信息不完全一般指：①系统因素不完全明确；②因素关系不完全清楚；③系统结构不完全知道；④系统的作用原理不完全明了。

**2. 灰数、灰元、灰关系**

灰数、灰元、灰关系是灰色现象的特征，是灰色系统的标志。灰数是指信息不完全的数，即只知大概范围而不知其确切值的数，灰数是一个数集，记为 $\otimes$；灰元是指信息不完全的元素；灰关系是指信息不完全的关系。

**3. 灰数的白化值**

灰数的白化值是指，令 $a$ 为区间，$a_i$ 为 $a$ 中的数，若 $\otimes$ 在 $a$ 中取值，则 $a_i$ 称为 $\otimes$ 的一个可能的白化值。

**4. 数据生成**

将原始数据列 $x$ 中的数据 $x(k)$，$x = \{x(k) \mid k = 1, 2, \cdots, n\}$，按某种要求作数据处理称为数据生成，如建模生成与关联生成。

**5. 累加生成与累减生成**

累加生成与累减生成是灰色系统理论与方法中占据特殊地位的两种数据生成方法，常用于建模，也称为建模生成。

累加生成（accumulated generating operation，AGO），即对原始数据列中各时刻的数据依次累加,从而形成新的序列。

设原始数列为

$$x^{(0)} = \{x^{(0)}(k) | k = 1, 2, \cdots, n\} \tag{8-18}$$

对 $x^{(0)}$ 作一次累加生成(1-AGO):

$$x^{(1)}(k) = \sum_{i=1}^{k} x^{(0)}(i) \tag{8-19}$$

即得到一次累加生成序列:

$$x^{(1)}(k) = \{x^{(1)}(k) | k = 1, 2, \cdots, n\} \tag{8-20}$$

若对 $x^{(0)}$ 作 $m$ 次累加生成(记作 $m$-AGO),则有

$$x^{(m)}(k) = \sum_{i=1}^{k} x^{(m-1)}(i) \tag{8-21}$$

累减生成(inverse accumulated generating operation, IAGO)是 AGO 的逆运算,即对生成序列的前后两数据进行差值运算。

$$x^{(m-1)}(k) = x^{(m)}(k) - x^{(m)}(k-1)$$
$$\vdots$$
$$x^{(0)}(k) = x^{(1)}(k) - x^{(1)}(k-1)$$

$m$-AGO 和 $m$-IAGO 的关系是

$$x^{(0)} \xrightarrow[m-\text{IAGO}]{m-\text{AGO}} x^{(m)}$$

## 8.3.3 灰色关联分析

由灰色系统理论提出的灰关联度分析方法,是基于行为因子序列的微观或宏观几何接近,以分析和确定因子间的影响程度或因子对主行为的贡献测度而进行的一种分析方法。灰色关联是指事物之间的不确定性关联,或系统因子与主行为因子之间的不确定性关联。它根据因素之间发展态势的相似或相异程度来衡量因素间的关联程度。由于关联度分析是按发展趋势作分析,因而对样本量的大小没有太高的要求,分析时也不需要典型的分布规律,而且分析的结果一般与定性分析相吻合,具有广泛的实用价值。

**1. 构造灰色关联因子集**

对抽象系统进行关联分析时,首先要确定表征系统特征的数据列。表征方法有直接法和间接法两种。直接法是指对能直接反映系统行为特征的序列,可直接进行灰色关联分析。间接法是指对不能直接找到表征系统的行为特征数列,这就需要寻找表征系统行为特征的间接量,称为映射量,然后用此映射量进行分析。

在灰色系统理论中,确定表征系统特征的数据列并对数据进行处理,称为构造灰色关联因子集。灰色关联因子集是灰关联分析的重要概念,一般来说,进行灰色关联分析时,都要把原始因子转化为灰色关联因子集。

设时间序列(原始序列):

$$x = \{x(k) | k = 1, 2, \cdots, n\}$$

常用的转化方式有以下6种。

(1) 初值化：

$$x'(k) = \frac{x(k)}{x(1)}, k = 1,2,\cdots,n$$

(2) 平均值化：

$$x'(k) = \frac{x(k)}{\frac{1}{n}\sum_{i=1}^{n}x(i)}, k = 1,2,\cdots,n$$

(3) 最大值化：

$$x'(k) = \frac{x(k)}{\max x(k)}, k = 1,2,\cdots,n$$

(4) 最小值化：

$$x'(k) = \frac{x(k)}{\min x(k)}, k = 1,2,\cdots,n$$

(5) 区间值化：

考虑 $x_i = \{x_i(k) | k=1,2,\cdots,n\}(i=1,2,\cdots,m)$，令 $\max\max X = \max_i\max_k x_i(k)$，$\min\min X = \min_i\min_k x_i(k)$，则

$$x'_i(k) = \frac{x_i(k) - \min\min X}{\max\max X - \min\min X}$$

(6) 正因子化：

令 $X_{\min} = \min_k x(k)$，则

$$x'_i(k) = x(k) + 2|X_{\min}|(k = 1,2,\cdots,n)$$

**2. 灰色关联度计算公式**

设 $x_0 = \{x_0(k) | k=1,2,\cdots,n\}$ 为参考序列，$x_i = \{x_i(k) | k=1,2,\cdots,n\}(i=1,2,\cdots,m)$ 为比较序列，则 $x_i(k)$ 与 $x_0(k)$ 的关联系数为

$$\xi_i(k) = \frac{\min_i\min_k|x_0(k) - x_i(k)| + \rho\max_i\max_k|x_0(k) - x_i(k)|}{|x_0(k) - x_i(k)| + \rho\max_i\max_k|x_0(k) - x_i(k)|} \quad (8-22)$$

式中：$\rho$ 为分辨系数；$\rho$ 越小分辨率越大，一般 $\rho$ 的取值区间为 $[0,1]$，通常取 $\rho = 0.5$。

于是，可求出 $x_i(k)$ 与 $x_0(k)$ 的关联系数

$$\xi_i = \{\xi_i(k) | k = 1,2,\cdots,n\}(i = 1,2,\cdots,m) \quad (8-23)$$

则灰色关联度定义为

$$\gamma_i = \gamma(x_0, x_i) = \frac{1}{n}\sum_{k=1}^{n}\xi_i(k) \quad (8-24)$$

灰色关联度具有如下特性。

(1) 规范性：

$$\begin{cases} 0 < \gamma(x_0, x_i) \leq 1 \\ \gamma(x_0, x_i) = 1 \Leftrightarrow x_0 = x_i \\ \gamma(x_0, x_i) = 0 \Leftrightarrow x_0, x_i \in \Phi \end{cases}$$

(2) 偶对称性：
$$\gamma(x,y) = \gamma(y,x), x,y \in x$$

(3) 整体性：

若 $x_i(i=1,2,\cdots,m) m \geqslant 3$，则一般地有
$$\gamma(x_i,x_j) \neq \gamma(x_j,x_i), i \neq j, i,j = 1,2,\cdots,n$$

(4) 接近性：

若 $\Delta_i(k) = |x_0(k) - x_i(k)|$ 越小，则 $\gamma(x_0,x_i)$ 越大，$x_0$ 与 $x_i$ 越接近。

从上述灰色关联度的整体性可以看出，灰色关联度一般不满足对称性，于是便有了如下满足对称性的灰色关联度计算公式。

(1) 改进关联度法：
$$r_{ij} = \frac{1}{2(n-1)}\left[\frac{x_i(1) \wedge x_j(1)}{x_i(1) \vee x_j(1)} + \frac{x_i(n) \wedge x_j(n)}{x_i(n) \vee x_j(n)} + 2\sum_{k=2}^{n-1}\frac{x_i(k) \wedge x_j(k)}{x_i(k) \vee x_j(k)}\right] \quad (8-25)$$

(2) 相对变率关联度法：
$$r_{ij} = \frac{1}{n-1}\sum_{k=1}^{n-1}\frac{1}{1+\left|\frac{\Delta x_j(k)}{x_j(k)} - \frac{\Delta x_i(k)}{x_i(k)}\right|} \quad (8-26)$$

式中：$\Delta x_j(k) = x_j(k+1) - x_j(k)$，$\Delta x_i(k) = x_i(k+1) - x_i(k)$。

(3) 斜率关联度法：
$$r_{ij} = \frac{1}{n-1}\sum_{k=1}^{n-1}\frac{1}{1+\left|\frac{\Delta x_j(k)}{\sigma_{x_j}} - \frac{\Delta x_i(k)}{\sigma_{x_i}}\right|} \quad (8-27)$$

式中
$$\sigma_{x_j} = \sqrt{\frac{1}{n-1}\sum_{k=1}^{n}(x_j(k) - \bar{x}_j)^2}; \bar{x}_j = \frac{1}{n}\sum_{k=1}^{n}x_j(k) \quad (8-28)$$

$$\sigma_{x_i} = \sqrt{\frac{1}{n-1}\sum_{k=1}^{n}(x_i(k) - \bar{x}_i)^2}; \bar{x}_i = \frac{1}{n}\sum_{k=1}^{n}x_i(k) \quad (8-29)$$

**3. 灰色关联序**

设参考序列 $x_0$ 与比较序列 $x_i(i=1,2,\cdots,m)$，其关联度分别为 $\gamma_i(i=1,2,\cdots,m)$，按关联度大小排序为关联序。

在灰色关联分析中，关联序的大小体现了比较因子对参考因子的影响及作用的大小，其意义高于关联度本身的大小。

需要指出的是，在关联度的分析中，数列的处理方法不同，关联度的大小会发生变化，但关联序一般是不会发生变化的。也就是说，关联度的大小只是因子之间相互影响、相互作用的外在表现，而关联序才是其实质。

### 8.3.4 GM(1,N)模型

在灰色系统理论中，由 GM(1,N)模型描述的系统状态方程，提供了系统主行为与其他行为因子之间的不确定性关联的描述方法，它根据系统因子之间发展态势的相似性，来进行系统

主行为与其他行为因子的动态关联分析。

GM(1,N)是一阶的 N 个变量的微分方程型模型,令 $x_i^{(0)}$ 为系统主行为因子,$x_i^{(0)}$($i=2$,$3,\cdots,N$)为行为因子:

$$x_1^{(0)} = (x_1^{(0)}(1),x_1^{(0)}(2),\cdots,x_1^{(0)}(n)) \qquad (8-30)$$

$$x_i^{(0)} = (x_i^{(0)}(1),x_i^{(0)}(2),\cdots,x_i^{(0)}(n)) \qquad (8-31)$$

式中:$n$ 是数据序列的长度,记 $x_i^{(1)}$ 是 $x_i^{(0)}$($i=1,2,\cdots,N$)的一阶累加生成序列,则 GM(1,N) 白化形式的微分方程为

$$\frac{\mathrm{d}x_1^{(1)}}{\mathrm{d}t} + ax_1^{(1)} = b_1 x_2^{(1)} + b_2 x_3^{(1)} + \cdots + b_{N-1} x_N^{(1)} \qquad (8-32)$$

将上式离散化,且取 $x_i^{(1)}$ 的背景值后,便可构成下面的矩阵形式:

$$\begin{bmatrix} x_1^{(0)}(2) \\ x_1^{(0)}(3) \\ \vdots \\ x_1^{(0)}(n) \end{bmatrix} = a \begin{bmatrix} -z_1^{(0)}(2) \\ -z_1^{(0)}(3) \\ \vdots \\ -z_1^{(0)}(n) \end{bmatrix} + b_1 \begin{bmatrix} x_2^{(0)}(2) \\ x_2^{(0)}(3) \\ \vdots \\ x_2^{(0)}(n) \end{bmatrix} + \cdots + b_{N-1} \begin{bmatrix} x_N^{(0)}(2) \\ x_N^{(0)}(3) \\ \vdots \\ x_N^{(0)}(n) \end{bmatrix} \qquad (8-33)$$

式中:$z_1^{(1)}(k) = \frac{1}{2}[x_1^{(1)}(k) + x_1^{(1)}(k-1)]$,$k=2,3,\cdots,n$。

令

$$\underset{(n-1)\times 1}{y_N} = \begin{bmatrix} x_1^{(0)}(2) \\ x_1^{(0)}(3) \\ \vdots \\ x_1^{(0)}(n) \end{bmatrix}, \quad \underset{(n-1)\times N}{B_N} = \begin{bmatrix} -z_1^{(1)}(2) & x_2^{(1)}(2) & \cdots & x_N^{(1)}(2) \\ -z_1^{(1)}(3) & x_2^{(1)}(3) & \cdots & x_N^{(1)}(3) \\ \vdots & \vdots & & \vdots \\ -z_1^{(1)}(n) & x_2^{(1)}(n) & \cdots & x_N^{(1)}(n) \end{bmatrix} \qquad (8-34)$$

$$\underset{N\times 1}{\hat{a}} = \begin{bmatrix} a & b_1 & b_2 & \cdots & b_{N-1} \end{bmatrix}^{\mathrm{T}}$$

则式(8-33)可写成

$$y_N = B\hat{a} \qquad (8-35)$$

由最小二乘法,可求得参数 $\hat{a}$ 的计算式为

$$\hat{a} = (B^{\mathrm{T}}B)^{-1}B^{\mathrm{T}}Y_N \qquad (8-36)$$

将求得的参数值 $\hat{a}$ 代入式(8-33),解此微分方程,可求得响应函数为

$$\hat{x}_1(k+1) = \left[x^{(1)}(1) - \frac{b_1}{a}x_2^{(1)}(k+1) - \cdots - \frac{b_{N-1}}{a}x_N^{(1)}(K+1)\right]e^{-ak} + \frac{b_1}{a}x_2^{(1)}(k+1) + \frac{b_2}{a}k_3^{(1)}(k+1) + \cdots + \frac{b_{N-1}}{a}x_N^{(1)}(k+1) \qquad (8-37)$$

由式(8-37),可以根据 $k$ 时刻的已知值 $x_2^{(1)}(k+1)$,$x_3^{(1)}(k+1)$,$\cdots$,$x_N^{(1)}(k+1)$ 来预报同一时刻的 $\hat{x}_1^{(1)}(k+1)$,并求其还原值:

$$\hat{x}_1^{(0)}(k+1) = \hat{x}_1^{(1)}(k+1) - \hat{x}_1^{(1)}(k) \qquad (8-38)$$

## 8.3.5 GM(1,1)模型

设非负离散数列为

$$x^{(0)} = \{x^{(0)}(1), x^{(0)}(2), \cdots, x^{(0)}(n)\}$$

$n$ 为序列长度。对 $x^{(0)}$ 进行一次累加生成,可得一个生成序列:

$$x^{(1)} = \{x^{(1)}(1), x^{(1)}(2), \cdots, x^{(1)}(n)\}$$

对此生成序列建立一阶微分方程:

$$\frac{\mathrm{d}x^{(1)}}{\mathrm{d}t} + \otimes ax^{(1)} = \otimes u \tag{8-39}$$

记为 GM(1,1)。式中: $\otimes a$ 和 $\otimes u$ 是灰参数,其白化值(灰区间中的一个可能值)为 $\hat{a} = [a \quad u]^{\mathrm{T}}$。

用最小二乘法求解,得

$$\hat{a} = [a \quad u]^{\mathrm{T}} = (B^{\mathrm{T}}B)^{-1}B^{\mathrm{T}}y_N \tag{8-40}$$

式中

$$B = \begin{bmatrix} -\frac{1}{2}(x^{(1)}(2) + x^{(1)}(1)) & 1 \\ -\frac{1}{2}(x^{(1)}(3) + x^{(1)}(2)) & 1 \\ \vdots & \vdots \\ -\frac{1}{2}(x^{(1)}(n) + x^{(1)}(n-1)) & 1 \end{bmatrix}, y_N = \begin{bmatrix} x^{(0)}(2) \\ x^{(0)}(3) \\ \vdots \\ x^{(0)}(n) \end{bmatrix}$$

求出 $\hat{a}$ 后代入式(8-37),解出微分方程得

$$\hat{x}_1^{(1)}(k+1) = \left(x^{(0)}(1) - \frac{u}{a}\right)\mathrm{e}^{-ak} + \frac{u}{a} \tag{8-41}$$

对 $\hat{x}^{(1)}(k+1)$ 作累减生成(IAGO),可得还原数据:

$$\hat{x}_1^{(0)}(k+1) = \hat{x}_1^{(1)}(k+1) - \hat{x}_1^{(1)}(k)$$

或

$$\hat{x}^{(0)}(k+1) = (1 - \mathrm{e}^a)\left(x^{(0)}(1) - \frac{u}{a}\right)\mathrm{e}^{-ak} \tag{8-42}$$

式(8-41)、式(8-42)两式为灰色预测的两个基本模型。当 $k < n$ 时,称 $\hat{x}^{(0)}(k)$ 为模型模拟值;当 $k = n$ 时,称 $\hat{x}^{(0)}(k)$ 为模型滤波值;当 $k = n$ 时,称 $\hat{x}^{(0)}(k)$ 为模型预测值。

建模的主要目的是预测。为了提高预测精度和效果,首先要保证有较高的滤波精度。因此,建模数据一般应取包括 $x^{(0)}(n)$ 在内的等时距序列。

对模型精度,即模型拟合程度评定的方法有残差大小检验、关联度检验和后验差检验3种。残差大小检验是对模型值和实际值的误差进行逐点检验;关联度检验是考察模型值与建模序列曲线的相似程度;后验差检验是对残差分布的统计特性进行检验,它由后验差比值 $C$ 和小误差概率 $P$ 共同描述。灰色模型的精度通常用后验差方法检验。

设由 GM(1,1)模型得到

$$\hat{x}^{(0)} = \{\hat{x}^{(0)}(1), \hat{x}^{(0)}(2), \cdots, \hat{x}^{(0)}(n)\}$$

计算残差:

$$e(k) = x^{(0)}(k) - \hat{x}^{(0)}(k), k = 1, 2, 3, \cdots, n$$

记原始数列 $x^{(0)}$ 及残差数列 $e$ 的方差分别为 $S_1^2, S_2^2$，则

$$S_1^2 = \frac{1}{n} \sum_{k=1}^{n} (x^{(0)}(k) - \bar{x}^{(0)})^2$$

$$S_2^2 = \frac{1}{n} \sum_{k=1}^{n} (e(k) - \bar{e})^2$$

式中

$$\bar{x}^{(0)} = \frac{1}{n} \sum_{k=1}^{n} x^{(0)}(k), \bar{e} = \frac{1}{n} \sum_{k=1}^{n} e(k)$$

然后，计算后验差比值：

$$C = S_2/S_1$$

和小误差概率：

$$P = \{|e(k)| < 0.6745 S_1\}$$

表 8-1 列出了根据 $C$、$P$ 取值的模型精度等级。模型精度等级判别式为

$$\text{模型精度等级} = \max\{P \text{ 所在的级别}, C \text{ 所在的级别}\}$$

表 8-1　模型精度等级

| 模型精度等级 | $P$ | $C$ |
|---|---|---|
| 1 级（好） | $0.95 \leq P$ | $C \leq 0.35$ |
| 2 级（合格） | $0.80 \leq P < 0.95$ | $0.35 < C \leq 0.5$ |
| 3 级（勉强） | $0.70 \leq P < 0.80$ | $0.5 < C \leq 0.65$ |
| 4 级（不合格） | $P < 0.70$ | $0.65 < C$ |

## 8.4　时间序列分析模型

无论是按时间序列排列的观测数据，还是按空间位置顺序排列的观测数据，数据之间都或多或少地存在统计自相关现象。然而，长期以来，变形数据分析与处理的方法都是假设观测数据是统计上独立或互不相关的，如回归分析法等。这类统计方法是一种静态的数据处理方法，从严格意义上说，它不能直接应用于所考虑的数据是统计相关的情况。

时间序列分析是 20 世纪 20 年代后期开始出现的一种现代数据处理方法，是系统辨识与系统分析的重要方法之一，是一种动态的数据处理方法。时间序列分析的特点：逐次的观测值通常是不独立的，且分析必须考虑到观测资料的时间顺序，当逐次观测值相关时，未来数值可以由过去的观测资料来预测，可以利用观测数据之间的自相关性建立相应的数学模型来描述客观现象的动态特征。

### 8.4.1　ARMA 模型

时间序列分析的基本思想：对于平稳、正态、零均值的时间序列 $\{x_t\}$，若 $x_t$ 的取值不仅与其前 $n$ 步的各个取值 $x_{t-1}, x_{t-2}, \cdots, x_{t-n}$ 有关，而且还与前 $m$ 步的各个干扰 $a_{t-1}, a_{t-2}, \cdots, a_{t-m}$ 有关（$n, m = 1, 2, \cdots$），则按多元线性回归的思想，可得到最一般的 ARMA 模型：

$$x_t = \varphi_1 x_{t-1} + \varphi_2 x_{t-2} + \cdots + \varphi_n x_{t-n} - \theta_1 a_{t-1} - \theta_2 a_{t-2} - \cdots - \theta_m a_{t-m} + a_t \quad (8-43)$$

$$a_t \sim N(0, \sigma_0^2)$$

式中:$\varphi_i(i=1,2,\cdots,n)$称为自回归(Auto-Regressive)参数,$\theta_j(j=1,2,\cdots,m)$称为滑动平均(Moving Average)参数,$\{a_t\}$为白噪声序列。式(8-43)称为$x_t$的自回归滑动平均模型(auto-regressive moving average model,ARMA),记为ARMA$(n,m)$模型。

特殊地,当$\theta_j=0$时,模型(8-43)变为

$$x_t = \varphi_1 x_{t-1} + \varphi_2 x_{t-2} + \cdots + \varphi_n x_{t-n} + a_t \tag{8-44}$$

式(8-44)称为$n$阶自回归模型,记为AR$(n)$。

当$\varphi_i=0$时,模型(8-43)变为

$$x_t = a_t - \theta_1 a_{t-1} - \theta_2 a_{t-2} - \cdots - \theta_m a_{t-m} \tag{8-45}$$

式(8-45)称为$m$阶滑动平均模型,记为MA$(m)$。

ARMA$(n,m)$模型是时间序列分析中最具代表性的一类线性模型。它与回归模型的根本区别:一方面,回归模型可以描述随机变量与其他变量之间的相关关系,但是对于一组随机观测数据$x_1,x_2,\cdots$,即一个时间序列$\{x_t\}$,它却不能描述其内部的相关关系;另一方面,实际上,某些随机过程与另一些变量取值之间的随机关系往往根本无法用任何函数关系式来描述。这时,需要采用这个随机过程本身的观测数据之间的依赖关系来揭示这个随机过程的规律性。$x_t$和$x_{t-1},x_{t-2},\cdots$同属于时间序列$\{x_t\}$,是序列中不同时刻的随机变量,彼此相互关联,带有记忆性和继续性,是一种动态数据模型。

例如,一元线性回归模型:

$$y_t = bx_t + \varepsilon_t, \varepsilon_t \sim N(0, \sigma^2)$$

表达了在相同的$t$时一个随机变量$y_t$与另一变量$x_t$之间的相关关系,不能涉及它们在不同时刻的关系。而一阶自回归模型:

$$x_t = \varphi_1 x_{t-1} + a_t, a_t \sim N(0, \sigma_0^2)$$

则表达了在不同$t$时一个随机过程本身观测数据之间的关系,即表达了时间序列$\{x_t\}$内部的相关关系。因而,一元线性回归模型乃至多元线性回归模型只是一个静态模型,它是对随机变量的静态描述。但是,一阶自回归却能表示不同时刻同一随机过程内部的相关性。因而,AR(1)模型乃至所有的时间序列模型都是动态模型,是对随机过程的动态描述。

从系统分析的角度,建立ARMA模型所用的时间序列$\{x_t\}$,可视为某一系统的输出,对式(8-43)引进线性后移算子$B$:

$$B^k x_t = x_{t-k}, \quad B^k a_t = a_{t-k}$$

并令

$$\varphi(B) = 1 - \varphi_1 B - \varphi_2 B^2 - \cdots - \varphi_n B^n$$
$$\theta(B) = 1 - \theta_1 B - \theta_2 B^2 - \cdots - \theta_m B^m$$

则有

$$x_t = \frac{\theta(B)}{\varphi(B)} a_t \tag{8-46}$$

显然,若视$a_t$是输入,$x_t$是输出,那么式(8-46)的ARMA模型描述了一个传递函数为$\theta(B)/\varphi(B)$的系统,由于ARMA模型只是基于$\{x_t\}$建立起来的模型,因此无论系统的输入是否可观测,它都没有利用系统输入的任何信息,而总是将白噪声$\{a_t\}$视为输入。

## 8.4.2 ARMA 模型建立的一般步骤

ARMA 模型建立的一般步骤可以用图 8-1 概括。

A 为建模的准备阶段。初始数据的获取要求数据能准确真实地反映建模系统的行为状态,对数据首先要进行分析和检验,主要包括粗差(奇异点)剔除和数据补损,对 Box 法还需进行正态性、平稳性和零均值性的检验,对不符合平稳化要求的序列要进行数据的预处理,处理方法主要有差分处理和提取趋势项两种。而采用 DDS 法对数据的平稳化处理则可灵活进行。

B 是模型的结构、类别的初步确定。Box 法运用自相关分析法来判定模型的类别、阶次,DDS 法则先用统一的模型结构 $ARMA(2n, 2n-1)$ 进行处理。

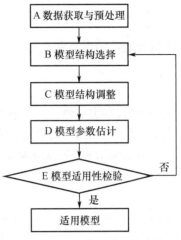

图 8-1 ARMA 模型建立的步骤

D、E 是建模的关键。模型结构确定后,就要选取适当的方法按照一定的原则进行参数估计,从而得到一个完整的时序模型。但所建模型是否就是最佳模型呢?这就需要进行模型的适用性检验,以便最终确定序列的合适模型。对不适用的模型则需返回 C,作模型结构的调整,经 C、D、E 的反复过程,最终得到适用模型。

## 8.4.3 ARMA 的 Box 建模方法

Box 法又称为 B-J 法。Box 法从统计学的观点出发,无论是模型形式和阶数的判断,还是模型参数的初步估计和精确估计,都离不开相关函数。其建模过程主要包括数据检验与预处理、模型识别、模型参数估计、模型检验和模型预测等几大步骤。

**1. 自相关分析与 ARMA 模型识别**

模型识别是 Box 建模法的关键,Box 法以自相关分析为基础来识别模型与确定模型阶数。自相关分析就是对时间序列求其本期与不同滞后期的一系列自相关函数和偏相关函数,以此来识别时间序列的特性。

下面给出自相关函数和偏相关函数的定义。

一个平稳、正态、零均值的随机过程 $\{x_t\}$ 的自协方差函数为

$$R_k = E(x_t x_{t-k}) \qquad (k = 1, 2, \cdots) \tag{8-47}$$

当 $k=0$ 时得到 $\{x_t\}$ 的方差函数 $\sigma_x^2$:

$$\sigma_x^2 = R_0 = E(x_t^2) \tag{8-48}$$

则自相关函数定义为

$$\rho_k = R_k / R_0 \tag{8-49}$$

式中:$0 \leq \rho_k \leq 1$。

自相关函数提供了时间序列及其构成的重要信息,即自相关函数对 MA 模型具有截尾性,而对 AR 模型则不具备截尾性。

已知 $\{x_t\}$ 为一平稳时间序列,若能选择适当的 $k$ 个系数 $\varphi_{k1}, \varphi_{k2}, \cdots, \varphi_{kk}$ 将 $x_t$ 表示为 $x_{t-i}$ 的线性组合:

$$x_t = \sum_{i=1}^{k} \varphi_{ki} x_{t-i} \tag{8-50}$$

当这种表示的误差方差

$$J = E\left[(x_t - \sum_{i=1}^{k} \varphi_{ki} x_{t-i})^2\right] \tag{8-51}$$

为极小时,则定义最后一个系数 $\varphi_{kk}$ 为偏自相关函数(系数)。$\varphi_{ki}$ 的第一个下标 $k$ 表示能满足定义的系数共有 $k$ 个,第二个下标 $i$ 表示是这 $k$ 个系数中的第 $i$ 个。

可以证明偏自相关函数对 AR 模型具有截尾性,而对 MA 模型具有拖尾性。表 8-2 直接给出了初步识别平稳时间序列模型类型的依据。

表 8-2 模型识别

| 类型＼模型 | AR($n$) | MA($m$) | ARMA($n,m$) |
|---|---|---|---|
| 模型方程 | $\varphi(B)x_t = a_t$ | $x_t = \theta(B)a_t$ | $\varphi(B)x_t = \theta(B)a_t$ |
| 自相关函数 | 拖尾 | 截尾 | 拖尾 |
| 偏相关函数 | 截尾 | 拖尾 | 拖尾 |

在实际中,所获得的观测数据只是一个有限长度为 $N$ 的样本值,只可以计算出样本自相关函数 $\hat{\rho}_k$ 和样本偏相关函数 $\hat{\varphi}_{kk}$,它们可由下面的计算公式得到。

设有限长度的样本值为 $\{x_t\}(t=1,2,\cdots,N)$,其自协方差函数的估计值 $\hat{R}_k$ 和 $\hat{R}_0$ 的计算公式为

$$\hat{R}_k = \frac{1}{N-k} \sum_{i=k+1}^{n} x_t x_{t-k}, \quad k = 0,1,2,\cdots,N-1 \tag{8-52}$$

或

$$\hat{R}_k = \frac{1}{N} \sum_{i=k+1}^{n} x_t x_{t-k}, \quad k = 0,1,2,\cdots,N-1 \tag{8-53}$$

$$\sigma_x^2 = \hat{R}_0 = \frac{1}{N} \sum_{i=1}^{n} x_t^2 \tag{8-54}$$

于是

$$\hat{\rho}_k = \hat{R}_k / \hat{R}_0, \quad k = 0,1,2,\cdots,N-1 \tag{8-55}$$

式(8-52)与式(8-53)仅只是在分母上略有不同,但是理论上可以证明由式(8-53)确定的 $\hat{R}_k$ 具有一系列的优点,它可构成非负定列,它是 $R_k$ 的渐近无偏估计,且具有相容性、渐近正态分布等特点。而由式(8-52)确定的 $\hat{R}_k$,只是 $R_k$ 的无偏估计。当然,当 $N\to\infty$ 时,这两者是一致的。

根据偏自相关函数的定义,将式(8-51)分别对 $\varphi_{ki}(i=1,2,\cdots,k)$ 求偏导数,并令其等于 0,可得

$$\rho_i - \sum_{j=1}^{k} \varphi_{kj} \rho_{j-i} = 0 \tag{8-56}$$

在式(8-56)中分别取 $i=1,2,\cdots,k$,共可得到 $k$ 个关于 $\varphi_{kj}$ 的线性方程。考虑到 $\rho_i = \rho_{-i}$ 的性质,将这些方程整理并写成矩阵形式为

$$\begin{bmatrix} \rho_0 & \rho_1 & \cdots & \rho_{k-1} \\ \rho_1 & \rho_0 & \cdots & \rho_{k-2} \\ \vdots & \vdots & & \vdots \\ \rho_{k-1} & \rho_{k-2} & \cdots & \rho_0 \end{bmatrix} \begin{bmatrix} \varphi_{k1} \\ \varphi_{k2} \\ \vdots \\ \varphi_{kk} \end{bmatrix} = \begin{bmatrix} \rho_1 \\ \rho_2 \\ \vdots \\ \rho_k \end{bmatrix} \qquad (8-57)$$

利用式(8-57)可解得所有系数 $\varphi_{k1}, \varphi_{k2}, \cdots, \varphi_{kk-1}$ 和偏自相关函数 $\varphi_{kk}$。偏自相关函数对 AR 模型的截尾特性可用来判断是否可对给定时序 $\{x_t\}$ 拟合 AR 模型,并确定 AR 模型的阶数。例如,可按式(8-57)从 $k=1$ 开始求 $\varphi_{11}$,然后令 $k=2$ 求 $\varphi_{21}, \varphi_{22}$,令 $k=3$ 求 $\varphi_{31}, \varphi_{32}, \varphi_{33}$,直至出现 $\varphi_{kk} \approx 0$ 时,就认为 $\{x_t\}$ 为 AR 序列,AR 模型的阶数为 $k-1$,AR$(k-1)$ 模型的参数为 $\varphi_i = \varphi_{(k-1)i}(i=1,2,\cdots,k-1)$。当然,如同对 MA 模型的截尾特性一样,只能通过 $\hat{\rho}_k$ 来计算估值 $\hat{\varphi}_{kk}$,因此利用 $\hat{\varphi}_{kk}$ 来判断也不一定准确。

样本自相关函数 $\hat{\rho}_k$ 和样本偏相关函数 $\hat{\varphi}_{kk}$ 是 $\rho_k$ 和 $\varphi_{kk}$ 的估计值,可以根据 $\{\hat{\rho}_k\}$ 和 $\{\hat{\varphi}_{kk}\}$ 的渐近分布来进行模型阶数的判断。

(1) 设 $\{x_t\}$ 是正态的零均值平稳 MA$(m)$ 序列,则对于充分大的 $N$,$\hat{\rho}_k$ 的分布渐近于正态分布 $N(0,(1/\sqrt{N})^2)$,于是有

$$p\left\{|\hat{\rho}_k| \leqslant \frac{1}{\sqrt{N}}\right\} \approx 68.3\% \qquad (8-58)$$

$$p\left\{|\hat{\rho}_k| \leqslant \frac{1}{\sqrt{N}}\right\} \approx 68.3\% \qquad (8-59)$$

$$p\left\{\left|\hat{\rho}_k \leqslant \frac{2}{\sqrt{N}}\right|\right\} \approx 95.5\% \qquad (8-60)$$

于是,$\hat{\rho}_k$ 的截尾性判断如下:首先计算 $\hat{\rho}_1, \cdots, \hat{\rho}_M$(一般 $M < N/4$,常取 $M = N/10$ 左右),因为 $m$ 的值未知,故令 $m$ 取值从小到大,分别检验 $\hat{\rho}_{m+1}, \hat{\rho}_{m+2}, \cdots, \hat{\rho}_M$ 满足

$$|\hat{\rho}_k| \leqslant \frac{1}{\sqrt{N}} \text{ 或 } |\hat{\rho}_k| \leqslant \frac{2}{\sqrt{N}} \qquad (8-61)$$

的比例是否占总个数 $M$ 的 68.3% 或 95.5%。第一个满足上述条件的 $m$ 就是 $\hat{\rho}_k$ 的截尾处,即 MA$(m)$ 模型的阶数。

(2) 设 $\{x_t\}$ 是正态的零均值平稳 AR$(n)$ 序列,则对于充分大的 $N$,$\hat{\varphi}_{kk}$ 的分布也渐近于正态分布 $N(0,(1/\sqrt{N})^2)$,所以可类似于步骤(1)对 $\hat{\varphi}_{kk}$ 的截尾性进行判断。

(3) 若 $\{\hat{\rho}_k\}$ 和 $\{\hat{\varphi}_{kk}\}$ 均不截尾,但收敛于零的速度较快,则 $\{x_t\}$ 可能是 ARMA$(n,m)$ 序列,此时阶数 $n$ 和 $m$ 较难于确定,一般采用由低阶向高阶逐个试探的方法,如取为 $(n,m)$ 为 $(1,1),(1,2),(2,1)\cdots$,直到经检验认为模型合适为止。

由相关分析识别出模型类型后,若是 AR$(n)$ 或 MA$(m)$ 模型,此时模型阶数 $n$ 或 $m$ 已经确定,则可以直接运用时间序列分析中的参数估计方法求出模型参数。但若是 ARMA$(n,m)$ 模型,此时模型阶数 $n,m$ 未定,则只能从 $n=1,m=1$ 开始采用某一参数估计方法对 $\{x_t\}$ 拟合 ARMA$(n,m)$,进行模型适用性检验,如果检验通过,则确定 ARMA$(n,m)$ 为适用模型。否则,令 $n=n+1$ 或 $m=m+1$ 继续拟合,直至搜索到适用模型为止。$n,m$ 的搜索方案如图 8-2 所示。

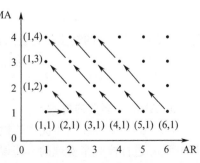

图 8-2 ARMA$(n,m)$ 模型搜索方案图

## 2. ARMA 模型参数的初步估计

在经过模型识别并确定模型阶数的前提下,可以利用时间序列的自相关系数对模型参数进行初步估计。

1) $p$ 阶自回归模型参数的初步估计

$p$ 阶自回归模型 AR($p$) 的公式为

$$x_t = \varphi_1 x_{t-1} + \varphi_2 x_{t-2} + \cdots + \varphi_p x_{t-p} + a_t \tag{8-62}$$

对于 $k = 1, 2, 3, \cdots, p$,方程式(8-62)两边同乘 $x_{t-k}$,可得

$$x_t \cdot x_{t-k} = \varphi_1 x_{t-1} \cdot x_{t-k} + \varphi_2 x_{t-2} \cdot x_{t-k} + \cdots + \varphi_p x_{t-p} \cdot x_{t-k} + a_t \cdot x_{t-k}$$

$$E(x_t \cdot x_{t-k}) = \varphi_1 E(x_{t-1} \cdot x_{t-k}) + \varphi_2 E(x_{t-2} \cdot x_{t-k}) + \cdots + \varphi_p E(x_{t-p} \cdot x_{t-k}) + 0$$

即

$$R_k = \varphi_1 R_{k-1} + \varphi_2 R_{k-2} + \cdots + \varphi_p R_{p-k}$$

故

$$\begin{cases} R_1 = \varphi_1 + \varphi_2 R_1 + \cdots + \varphi_p R_{p-1} \\ R_2 = \varphi_2 R_1 + \varphi_2 + \cdots + \varphi_p R_{p-2} \\ \quad \vdots \\ R_p = \varphi_1 R_{p-1} + \varphi_2 R_{p-2} + \cdots + \varphi_p \end{cases} \tag{8-63a}$$

或

$$\begin{cases} \rho_1 = \varphi_1 \rho_0 + \varphi_2 \rho_1 + \cdots + \varphi_p \rho_{p-1} \\ \rho_2 = \varphi_1 \rho_1 + \varphi_2 \rho_0 + \cdots + \varphi_p \rho_{p-2} \\ \quad \vdots \\ \rho_p = \varphi_1 \rho_{p-1} + \varphi_2 \rho_{p-2} + \cdots + \varphi_p \rho_0 \end{cases} \tag{8-63b}$$

这就是著名的 Yule-Walker 方程。根据方程式(8-63)可得 $\varphi_1, \varphi_2, \cdots, \varphi_p$。

2) $q$ 阶滑动平均模型 MA($q$) 参数的初步估计

$q$ 阶滑动平均模型 MA($q$) 的公式为

$$x_t = a_t - \theta_1 a_{t-1} - \theta_2 a_{t-2} - \cdots - \theta_q a_{t-q} \tag{8-64}$$

对于时滞 $t-k$:

$$x_{t-k} = a_{t-k} - \theta_1 a_{t-k-1} - \theta_2 a_{t-k-2} - \cdots - \theta_q a_{t-k-q} \tag{8-65}$$

式(8-64)与式(8-65)相乘得

$$\begin{aligned} x_t \cdot x_{t-k} = & (a_t - \theta_1 a_{t-1} - \theta_2 a_{t-2} - \cdots - \theta_q a_{t-q}) \\ & (a_{t-k} - \theta_1 a_{t-k-1} - \theta_2 a_{t-k-2} - \cdots - \theta_q a_{t-k-q}) \end{aligned} \tag{8-66}$$

与 $p$ 阶自回归模型的初步估计公式的推导类似,可得

$$\rho_k = \frac{-\theta_k + \theta_1 \theta_{k+1} + \theta_2 \theta_{k+2} + \cdots + \theta_{q-k} \theta_q}{1 + \theta_1^2 + \theta_2^2 + \cdots + \theta_q^2} \tag{8-67}$$

## 3. ARMA 模型的检验

对所建的 ARMA 模型优劣的检验,是通过对原始时间序列与所建的 ARMA 模型之间的误差序列 $a_t$ 进行检验来实现的。若误差序列 $a_t$ 具有随机性,这就意味着所建立的模型已包含了原始时间序列的所有趋势(包括周期性变动),从而将所建立的模型应用于预测是合适的;若

误差序列 $a_t$ 不具有随机性,说明所建模型还有进一步改进的余地,应重新建模。

误差序列的这种随机性可以利用自相关分析图来判断。这种方法比较简便直观,但检验精度不太理想。博克斯和皮尔斯于 1970 年提出了一种简单且精度较高的模型检验法,称为博克斯 - 皮尔斯 $Q$ 统计量法。$Q$ 统计量可按下式计算:

$$Q = n \sum_{k=1}^{m} \rho_k^2$$

式中:$m$ 为 ARMA 模型中所含的最大的时滞;$n$ 为时间序列的观测值的个数。

对于给定的置信概率 $1-\alpha$,可查 $\chi^2$ 分布表中自由度为 $m$ 的 $\chi^2$ 值 $\chi_\alpha^2(m)$,将 $Q$ 与 $\chi_\alpha^2$ 比较。

若 $Q \leqslant \chi_\alpha^2(m)$,则判定所选用的 ARMA 模型是合适的,可以用于预测。

若 $Q > \chi_\alpha^2(m)$,则判定所选用的 ARMA 模型不适用于预测的时间序列数据,应进一步改进模型。

### 8.4.4　ARMA 模型的预报

ARMA 模型的一个重要用途,就是用于预测。在 Box 建模方法中,经过模型的识别、模型的估计及模型的检验之后,获得一个合适的 ARMA 模型,就可对未来可能出现的结果进行预测了。

**1. $p$ 阶自回归模型 AR($p$) 的递推预测**

对于时间序列 $x_t$,若用 Box 法,可以选定一个适用的 $p$ 阶自回归模型 AR($p$):

$$x_t = \varphi_1 x_{t-1} + \varphi_2 x_{t-2} + \cdots + \varphi_p x_{t-p} + a_t \tag{8-68}$$

记 $\hat{\varphi}_1, \hat{\varphi}_2, \cdots, \hat{\varphi}_p$ 为 AR($p$) 模型中相应系数的估计值,则 AR($p$) 模型预测的递推公式为

$$\hat{x}_t(1) = \hat{\varphi}_1 x_t + \hat{\varphi}_2 x_{t-1} + \cdots + \hat{\varphi}_p x_{t-p+1}$$
$$\hat{x}_t(2) = \hat{\varphi}_1 \hat{x}_t(1) + \hat{\varphi}_2 x_t + \cdots + \hat{\varphi}_p \hat{x}_{t-p+2}$$
$$\vdots$$
$$\hat{x}_t(p) = \hat{\varphi}_1 \hat{x}_t(p-1) + \hat{\varphi}_2 \hat{x}_t(p-2) + \cdots + \hat{\varphi}_{p-1} \hat{x}_t(1) + \hat{\varphi}_p x_t$$
$$\hat{x}_t(L) = \hat{\varphi}_1 \hat{x}_t(L-1) + \hat{\varphi}_2 \hat{x}_t(L-2) + \cdots + \hat{\varphi}_{p-1} \hat{x}_t(L-p+1) + \hat{\varphi}_p \hat{x}_t(L-p), \text{当 } L > p \text{ 时}$$

**2. $q$ 阶滑动平均模型 MA($q$) 的递推预测**

对于时间序列 $x_t$,若用博克斯 - 皮尔斯法可以选定一个适用的 $q$ 阶滑动平均模型 MA($q$):

$$x_t = a_t - \theta_1 a_{t-1} - \theta_2 a_{t-2} - \cdots - \theta_q a_{t-q} \tag{8-69}$$

记 $\hat{\theta}_1, \hat{\theta}_2, \cdots, \hat{\theta}_q$ 为 MA($q$) 模型相应的系数的估计值,则 MA($q$) 模型预测的递推公式为

$$\begin{bmatrix} \hat{\omega}_k(1) \\ \hat{\omega}_k(2) \\ \vdots \\ \hat{\omega}_k(q) \end{bmatrix} = \begin{bmatrix} \hat{\theta}_1 & 1 & 0 & \cdots & 0 \\ \hat{\theta}_2 & 0 & 1 & \cdots & 0 \\ \vdots & & & \ddots & \\ \hat{\theta}_q & 0 & 0 & \cdots & 1 \end{bmatrix} \begin{bmatrix} \hat{\omega}_{k-1}(1) \\ \hat{\omega}_{k-1}(2) \\ \vdots \\ \hat{\omega}_{k-1}(q) \end{bmatrix} - \begin{bmatrix} \hat{\theta}_1 \\ \hat{\theta}_2 \\ \vdots \\ \hat{\theta}_q \end{bmatrix} \omega_k \tag{8-70}$$

$$\hat{\omega}_k(L) = 0, L > q \tag{8-71}$$

式(8-70)和式(8-71)描述了 MA($q$) 模型以时刻 $k$ 为起点,对未来进行任意 $L$ 步预测应具有的全部结果。

**思考题**

1. 什么是回归分析法?
2. 什么是统计分析模型?
3. 常用的变形监测数学模型有哪些?
4. 如何进行多元线性回归?如何进行回归方程的效果显著性检验?
5. 简述逐步回归的过程。
6. 如何进行回归因子的初选?
7. 简述灰色关联分析模型的建立原理和方法。如何判断灰色模型的等级?
8. 简述建立时序分析模型的一般过程。

# 第 9 章

# 工业与民用建筑物变形监测

## 9.1 概 述

土壤地基上的建筑物,在内力与外力的作用下,无论是在水平方向,还是垂直方向都会发生变形。在水平方向所产生的位移称为建筑物的水平位移,向上的垂直位移称为上升,而向下的垂直位移称为建筑物的沉降。由于建筑物基础的不均匀沉降而使建筑物垂直轴线偏离其设计位置时,称为建筑物的倾斜。倾斜伴随着建筑物上部的水平位移,并且随着高度的增加,水平位移量增大。

无论水平位移、倾斜还是沉降,当变形值超过一定限度时,会影响建筑物本身的安全以及人民生命财产的安全。因此,有目的地对施工和运营期间的建筑物进行定期的变形监测非常重要。

研究建筑物的位移具有非常重要的意义,因为在计算建筑物的地基时要考虑其极限变形。在计算过程中要确定倾斜的沉降和水平位移以及其他变形的大小,这些数值要与一些极值进行比较,这些极限值是保证建筑物整体或局部的正常使用条件以及保证一定寿命的一些数字指标。

对于工业与民用建筑物,主要进行沉降、倾斜和裂缝观测,即静态变形观测;对于高层建筑物,还要进行振动观测,即动态观测;对于大量抽取地下水及进行地下采矿的地区,则应进行地表沉降观测。主要观测项目有:

(1) 基础沉降。观测单点沉降量、平均沉降量、相对沉降量、倾斜、弯曲、沉降速率等。
(2) 水平位移。单点水平位移、位移速率、挠度等。
(3) 滑坡监测。对工程周围可能产生滑坡的部位实行定期监测。
(4) 裂缝监测。对建筑物上产生的裂缝进行宽度、深度、错开等监测。
(5) 内部监测。对建筑物基础进行应力/应变监测、温度监测、地下水位监测。

裂缝监测、水平位移、滑坡监测、内部监测等前面已作了介绍,本章主要介绍对工业与民用建筑物基础进行沉降监测、倾斜监测的方法和程序。

## 9.2 建筑基础沉降监测

对建筑物基础的沉降监测,就是定期地测定建筑物基础在垂直方向上的位移,故也称为建筑物基础垂直位移监测。在施工初期,基础开挖,地表荷重卸出,基底产生回弹现象;基础完工后,随着施工进展,荷重不断增加,基础产生下沉;竣工后,在运营阶段,往往持续若干年,沉降现象方能停止。因此,沉降监测应从基础施工开始,直至运营后沉降稳定为止。例如,南京市建筑物沉降稳定的标准是小于 4mm/100 天。

对建筑物进行沉降监测的方法和程序:①沉降监测方案研究与技术设计;②沉降监测仪器检验;③沉降监测点位布设;④沉降监测数据采集;⑤沉降监测数据处理;⑥沉降量计算与分析;⑦沉降量报表;⑧沉降过程曲线绘制;⑨沉降监测报告编写。

当沉降监测进行一定的时期或遇特殊情况后,需要对沉降监测基准点进行复测,然后,利用一定的理论方法对基准点的稳定性进行分析,利用稳定的基准点计算沉降量。如需要,则有时还需利用一定的方法对建筑物后期可能出现的沉降量进行预测和预报。

### 9.2.1 沉降监测方案研究与技术设计

工业与民用建筑物应根据工程项目的性质、结构特点、规模大小、质量精度要求等,研究沉降监测方案和规划监测作业,选择测量仪器设备,组成测量队伍。

1) 精度设计

按《建筑物沉降监测规范》规定,一般建筑物应反应 1mm 的沉降量,这就要求监测精度要高于 ±1mm,一般按二等水准测量技术规定执行。对于研究性的监测,应采用一等水准测量技术指标。在实施监测时,某些技术要求要高于相应等级,如采用二等水准时,视距长度限制在 30m 内,而不是 50m,而某些指标不受相应等级技术指标的限制,如三丝最小读数等。

2) 仪器选择

根据规范的要求,一般应采用 S1 级精密水准仪(光学或电子)。对于非重要建筑或沉降量较大地区的沉降监测、高速公路等,也可以采用三等水准测量技术指标实施监测。

### 9.2.2 仪器检测

仪器的一项重要的技术指标是 $i$ 角,在施测前必须对此项严格检查。由于施工场地的限制,监测时达到严格的视距差限制很困难,因此在检查仪器时,不但要检查 $i$ 角的大小,而且要检查视距差在某个范围内,其高差影响大小,这对施工工地的沉降监测尤为重要。此外,监测使用一对水准标尺时,应对两根标尺的零点差进行检验。

### 9.2.3 沉降监测点位布设

沉降监测点位包括基准点和监测点。

**1. 基准点布设**

基准点是变形监测的基础,基准点布设是否合适直接关系到变形监测能否成功。根据工程项目的不同,一般要求基准点绝对稳定,有时也可以要求基准点相对稳定。要达到基准点稳定的要求,有两种选择:①远离建筑物;②深埋。然而,远离建筑物势必加大工作量,监测误差的累积也随之加大,从而降低了监测结果的可靠程度;若深埋基准点标志,既费事费时,也不经济,对工程或造价不是很大的建筑物是不大可能的。因此,在埋设基准点时应综合考虑。

基准点可分为两级:固定基准和工作基准。固定基准点应布设在距离需要监测的建筑物一定的距离(一般不小于 1.5 倍建筑物高度),且稳定,不受其他外力影响、便于保存的位置。位置选择要配合施工场地布置图,如图 9-1 所示。

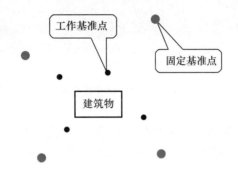

图 9-1 沉降监测点布置图

一个工程点或一个工程群,基准点数应不少于 3~4 个,以便于基准点保护、恢复和稳定性分析。

对于选在不同位置的基准点,选择不同的造标形式。

基准点的标志采用混凝土桩,或钢管加筋桩,如图 9-2 所示。对于高层建筑物或大型建筑物,基准点应钻孔至基岩。

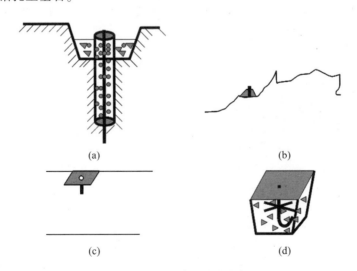

图 9-2 沉降监测基准点
(a)钢管加筋基准点;(b)基岩上基准点;(c)路边基准点;(d)路边基准点。

图 9-3 所示为钢管加筋基准点的制作方法,其钢管长度大于 1.5m,中间螺纹钢筋长度大于钢管长度,钢管缝隙间填充水泥沙浆,标志上部基坑填充砼。

**2. 监测点布设**

沉降监测点布设位置由测量单位、设计单位、甲方监理共同确定,由施工单位配合实施埋设。监测点应埋设在最能反映建筑物沉降的位置,如四角点、中点、较大转角处、沉降缝、抗震缝、构造柱、荷载或层数变化处、地基薄弱处等,还要考虑点位具有一定的密度,如每隔 15~

  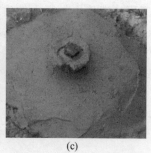

(a)　　　　　　　　　　　(b)　　　　　　　　　　　(c)

图 9-3　钢管加筋基准点

20m 布设一点。

目前常采用的建筑物沉降监测标志如图 9-4 所示。标志要与结构体牢固结合,同时具有一定的深度。埋设标志时应结合施工图纸,使其既便于立尺监测,又便于保护,同时不会被后续施工所掩埋。

## 9.2.4　沉降监测数据采集

**1. 基准网数据采集**

待所埋设的基准点稳定一段时间后,采用二等或一等水准测量进行监测,视距长度要小于相应等级,严格保证视距差在规定范围内。

待基准点埋设完成并砼达到一定强度后,按沉降监测设计方案对基准网实施首次测量。基准点间应构成闭合环,并具备一定数量的多余监测值。例如,在 4 个基准点的情况下,最好监测 6 个测段,以提高基准网的精度,如图 9-5 所示。

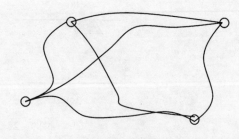

图 9-4　沉降监测点标志　　　　　　　　图 9-5　基准网

监测时,如用两根钢铟钢尺,则要施测偶数站,或用 1 根铟钢尺施测,这样可以减小和消除标尺零点差的影响。

**2. 各周期数据采集**

随着施工进度的进行,每隔一定的时间监测一次沉降监测点的沉降情况。例如,从基础开始初次监测,每增加一层或设定层数监测一次,直至竣工。竣工后运营期间也要每隔 3 个月、半年、一年进行监测,直至稳定。当遇有暴雨、地震等特殊情况后,应对建筑物增加监测次数。

各周期监测纲要应尽量保持一致,固定人员、固定仪器、固定时间、固定路线。监测点要与基准点之间构成闭合、附合路线,尽量避免支线监测。监测中会有各种情况发生,应在监测的同时记录,如施工进度、天气情况、气象条件等,以便后续分析使用。图9-6所示为某建筑物沉降监测网形。

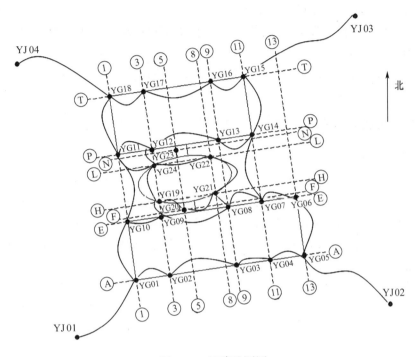

图9-6 沉降监测网

由于施工现场的特殊性,因此监测时会遇到如下情况:监测标志被破坏,三丝有一丝(上丝或下丝)或上下丝均被脚手架遮挡而不能读数,前后视距离不能满足规范要求,最小读数小于规范规定;出现中视监测点。对于上述情况的经验处理方法:当标志被破坏时,应立即通知施工方补做,及时或下一次监测获得新值,本期和下一期该点的沉降值通过内插求得,以保证资料连续可用;当前后视距差不满足时,根据仪器检验情况决定是否采用监测值;三丝不能全读数、最小读数超限、中视监测等,在确认监测的正确性后均可以接受。

**3. 监测方法**

(1) 安装标志杆。首先在标志杆上的一面做"▲"标识,安装时一种方法是旋至最深(只用手不用工具)然后反旋一周内将"▲"标识向上;另一种方法是每次旋同样的周数使"▲"标识向上,以保证每期监测于同一位置。

(2) 立尺。一摸:摸标尺底部是否有泥沙,标尺是否落座在标志杆的球面上。二看:能看见气泡时,应使气泡严格居中。当气泡在上人在下不能看到气泡时,应通过前后、左右观察尺面与建筑物的关系,确定尺是否竖直(尺不竖直对读数影响较大)。同时立尺人员还应上下观察注意自身和标尺安全。三听:听监测人员指挥、听周围响声以确定是否有坠落物。

(3) 监测。标尺为一根,采用"后后前前"法监测。为了工作顺利,安置好仪器后要先看前后视目标中丝是否均能读上数字,只有这样才可以监测,免得前视不通,频繁转点。监测应以在满足视距不超限（20~30m）的前提下，尽量少设站，也尽量使视距最短，以保证监测具有足够的精度。

（4）记录。除按规定记录监测数据外，还要记录天气情况、通视条件、监测人员情况等，特别要记录现场发生的异常情况，如标志松动、标志破坏、标志倾斜、标尺在该点竖不直等情况，这是出现异常结果时分析原因的重要资料。

（5）测量小组。人员尽量固定，这样可以熟悉监测路线、熟悉标志位置、熟悉设站位置，以保证各期监测方案的基本一致，提高成果精度。

（6）其他。仪器固定，监测时间段尽量固定。应在不同点与基准点相联测，联测应不少于2个基准点。

### 9.2.5 数据处理

**1. 基准网数据处理**

当基准网独立监测时，基准网可以独立平差计算。因首次监测无基准点稳定性的先验信息，所以可以采用普通秩亏自由网平差，即应采用全网的重心作为基准，使各基准点精度均匀，取得基准点在重心高程基准下的高程值，作为沉降监测的依据。在单位权中误差和各点位中误差满足设计要求的情况下，将平差结果作为变形监测的基准，也就是为变形点建立了位置基准。

当首次基准网与监测点网同时监测并整体平差时，可以以基准点为拟稳点，监测点为非拟稳点进行拟稳自由网平差，即采用拟稳重心为基准，建立平差基准和取得监测点初始测量成果。

**2. 各周期数据处理**

各周期监测后即进行数据平差计算。数据处理一般多采用固定点平差或拟稳平差。当确知基准点稳定时采用固定基准平差；若不知基准点先验条件，则可采用拟稳平差，即以拟稳点重心为平差基准。

各周期的平差基准要一致，这样才能反映出正确的变形量。

当单位权中误差和各点位中误差在设计规定之内时，本期监测成果是合格的。否则就该检查、分析原因，及时实施补测或重测。

从第2周期开始，本期平差各监测点高程的初始值应为上一期高程的平差值，这样平差获得的各监测点高程的改正数即为本期的沉降值。

### 9.2.6 沉降量的计算与分析

沉降监测成果报表中需要反映出监测点本期（第 $i$ 周期）沉降量（设为 $d_i$）、累计沉降量（设为 $ds_i$）、本期日均沉降量，即沉降速率（设为 $v_i$）等信息。

若设本期监测点高程值为 $H_i$、上一期高程为 $H_{i-1}$、初始高程为 $H_0$、本期与上期的时间间隔为 $dt$ 天，则第 $j$ 号监测点的沉降信息计算为

$$\begin{cases} d_i^j = H_i^j - H_{i-1}^j \\ ds_i^j = H_i^j - H_0^j \\ v_i^j = \dfrac{d_i^j}{dt} \end{cases} \quad (9-1)$$

各监测点按式(9-1)同样的方法计算。

当 $d_i^j > 0$ 时,对于施工期间的建筑物可能是异常的,即出现了"上升"现象,但要看 $d_i^j$ 数值的大小。

设第 $j$ 点本周期和上一周期高程中误差为 $m_i^j$、$m_{i-1}^j$:

当 $d_i^j < 2\sqrt{(m_i^j)^2 + (m_{i-1}^j)^2}$ 时,$d_i^j$ 可认为是测量误差,并不是"上升"现象。

当 $d_i^j \geq 2\sqrt{(m_i^j)^2 + (m_{i-1}^j)^2}$ 时,$d_i^j$ 可认为是异常"上升"现象,这时需分析造成这种现象的原因,通过监测记录查找是数据原因、点位标志原因还是监测原因等,尽量回忆监测时的异常情况,对可疑测段应及时重测。

"上升"量的处理方法一种是保留原值,另一种是按"0"下沉处理,两种方法各有利弊。前者使累计下沉量变小,后者则增大。

### 9.2.7　沉降量报表

每周期沉降监测后,应及时进行数据处理和分析,计算沉降信息,及时编制沉降量报表,提供给设计单位、施工单位、监理单位、业主等。

沉降监测报表的格式视各地建筑质量监督部门要求而定,现还没有统一的格式。

### 9.2.8　沉降过程曲线图绘制

当变形监测进行到一定周期,或是工程进度到一定阶段,就要依据前面所监测和计算的结果,绘制点位沉降过程曲线。通过变形曲线可以直观地了解变形过程和变形分布情况,也可以对变形发展趋势有个直观的判断。

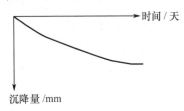

图9-7　沉降过程曲线

沉降过程曲线以时间为水平轴,以沉降量为纵轴,如图9-7所示。为了对比相关点位沉降量及其沉降速率,经常将多个点位的沉降过程曲线绘制在同一图中。

### 9.2.9　报告的编写

当工程竣工后,应及时对施工期间沉降监测成果进行阶段总结。总结该沉降监测项目采取的技术措施、监测期限、监测依据等,并对总的监测结果进行分析。分析沉降监测结果,依据沉降监测规程(规范)及各地区对沉降稳定性界定的标准,从几何上对所监测的建筑物在施工或运营期间的沉降趋势和稳定性给出结论。

沉降监测阶段(总结)报告应包含的分析数据有:建筑物最大沉降点名及其最大沉降量;建筑物最小沉降点名及其最小沉降量;建筑物所有监测点的平均沉降量;近期该建筑物最大沉降速率、最小沉降速率以及平均沉降速率。以上分析数据需要从近期和所有各期监测资料中提取和计算。

另外,沉降监测阶段(总结)报告还应包含沉降监测点位布置图、点位沉降过程线等,必要时还应绘制等沉降曲线图。

### 9.2.10　基准点复测与稳定性分析

在经历一定周期沉降监测后,或者发现沉降异常,或者在经历季节变化,或者经历过外力作用后,应对基准网实施复测,并通过计算与分析,检查基准点的稳定性,确定稳定的基准点。

只有在有理由说明基准点稳定的前提下,以此计算的沉降量结果才是可靠的。

当复测本身满足测量精度要求后,将两期监测结果联合平差或按同一模型、同一基准单独平差,求出两期结果的差异量和误差矩阵,用以分析基准点的稳定性。可以利用拟稳平差法、平均间隙法、统计检验法等进行基准点稳定性分析。另外,还可以通过简单的高差比对法,观察两次监测各测段高差的变化量,以此推断哪一点可能有变动。当剔除非稳定点后,最终得到稳定点组。利用稳定点组对沉降监测点监测结果重新平差计算,得出沉降量。

基准复测采取的监测纲要要和初测纲要一致,这样分析结果更可靠。具体基准网复测次数要视情况而定。

### 9.2.11 沉降预测

当沉降监测进行到一定周期(一般不少于 6 次监测),根据需要,利用已监测的沉降量和所记载的影响沉降的因子数据,采用一定的数学方法对沉降量与沉降因子之间的关系进行分析,找出其规律性——函数关系。

利用这种函数模型对未来可能发生的沉降进行预测和预报,绘制沉降预测曲线,并通过沉降预测曲线和预测值直观地了解沉降发展的趋势和大小,供决策部门作出决策。

当再次进行沉降监测后,通过实测的沉降量验证预测模型,同时修正预测预报模型。

沉降预测的方法有回归分析(一元、多元)法、时序分析法、模糊数学法、灰色模型法等。一般可以采取两种方法进行印证。

## 9.3 建筑物倾斜监测

测定工业与民用建筑物倾斜度随时间变化的工作,称为倾斜监测。高层或高耸建筑物,如电视塔、水塔、烟囱、高层建筑物等,由于基础不均匀沉降或受风力等影响,其垂直轴线会发生倾斜。当倾斜达到一定程度时会影响建筑物的安全,因此必须对其进行倾斜监测或不均匀沉降监测。

如图 9-8 所示,设计时点 $A$ 和点 $B$ 应位于同一条铅垂线上。由于基础的不均匀沉降或其他原因,导致建筑物发生倾斜,致使点 $B$ 位移至点 $B'$,相对于 $A$ 产生了偏距 $e$。设建筑物的高度为 $h$,则 $A$ 和 $B'$ 连线的倾斜度 $i$ 按下式可以算出

$$i = \frac{e}{h} \tag{9-2}$$

显然,定期地重复监测偏距 $e$,即可求得某段时间内建筑物倾斜度的变化情况。偏距 $e$ 可以通过纵横距投影法、角度前方交会法等方法监测。

### 9.3.1 纵横距投影法

如图 9-9 所示,当测定偏距 $e$ 的精度要求不高时,可以采用纵横距投影的方法。其方法是:在圆形建筑物的两个相互垂直的方向上安置经纬仪或全站仪,测站距离圆形建筑物的距离应大于其高度的 1.5 倍。在圆形建筑物的底部横放两把尺子,使两尺相互垂直,且分别垂直于圆形建筑物中心与两测站的连线。经纬仪分别照准建筑物的顶部、底部的边缘,向下投影。

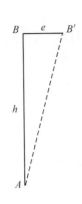

图 9-8 倾斜度示意

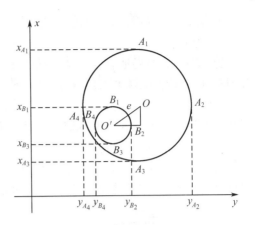

图 9-9 纵横距投影法倾斜监测

设投影在两尺上的读数分别为 $x_{B_1}$、$x_{B_3}$、$y_{B_2}$、$y_{B_4}$ 和 $x_{A_1}$、$x_{A_3}$、$y_{A_2}$、$y_{A_4}$，则偏距 $e$ 按下式计算：

$$e = \sqrt{\delta_x^2 + \delta_y^2} \tag{9-3}$$

式中

$$\begin{cases} \delta_x = \dfrac{(x_{B_1} + x_{B_3}) - (x_{A_1} + x_{A_3})}{2} \\ \delta_y = \dfrac{(y_{B_2} + y_{B_4}) - (y_{A_2} + y_{A_4})}{2} \end{cases} \tag{9-4}$$

### 9.3.2 角度前方交会法

如图 9-10 所示，当测定偏距 $e$ 的精度要求较高时，可以采用角度前方交会法。首先在圆形建筑物周围标定 $A$、$B$、$C$ 三点，监测其转角和边长，则可求得其在资用坐标系中的坐标；然后分别设站于 $A$、$B$、$C$ 三点，监测圆形建筑物底部两侧切线与基线的夹角，并取其平均值，设为 $\beta_1$、$\beta_2$、$\beta_3$、$\beta_4$。以同样的方法监测圆形建筑物顶部，设结果为 $\alpha_1$、$\alpha_2$、$\alpha_3$、$\alpha_4$。按角度前方交会定点的原理，即可求得圆形建筑物顶部圆心 $O'$ 和底部圆心 $O$ 的坐标 $(x_{O'}, y_{O'})$ 和 $(x_O, y_O)$，这时偏距可由下式计算：

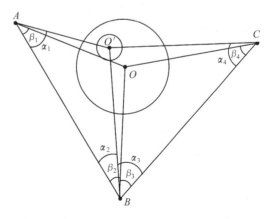

图 9-10 角度前方交会法倾斜监测

$$e = \sqrt{(x_{O'} - x_O)^2 + (y_{O'} - y_O)^2} \tag{9-5}$$

### 9.3.3 任意点置镜方向交会法

对非圆形建筑物，如高层建筑物的楼体进行倾斜监测，过去一般用基础不均匀沉降来推算。可是，当建筑物属于非刚体变形时，这一方法就失去了作用。由于建筑物在施工阶段其楼体上变形点无法置镜,因此只能用方向交会的方法来交会该点的位置,以此来分析该点的倾斜值(变形值)。

施工期间建筑场地有各种施工机械、设备、堆放的各种建筑材料,以及作业人员流动频繁等因素,使变形监测基准点位或被破坏,或被遮埋,或视线被阻,致使监测时不能用正常的前方交会方法交会变形点的位置。本节介绍的任意两点置镜,后视任意两点交会变形点,如图 9-11 所示,并将这种交会法转化为两方向前方交会算法。

(1) 监测方案布置与算法。

设在建筑物周围布设有 $N$ 个平面变形监测基准点,这些点位用常规的控制测量方法测量并计算出其坐标与点位精度。现要对建筑物楼体上的 $P$ 点进行监测,如图 9-12 所示。

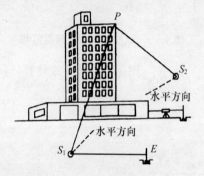

图 9-11 任意点置镜方向交会

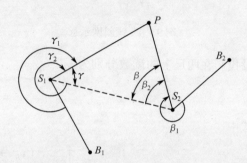

图 9-12 任意点置镜角度转换关系

首先置镜于 $S_1$ 点,后视 $B_1$ 点,监测 $\gamma_1$ 角;然后置镜 $S_2$ 点,后视 $B_2$ 点($S_1$、$S_2$、$B_1$、$B_2$ 为其中的 4 个基准点),监测 $\beta_1$ 角。有了监测角 $\gamma_1$、$\beta_1$,就可以将其转化为 $\gamma$、$\beta$,然后按前方交会公式计算 $P$ 点坐标。

(2) 计算基准点间的方位角。

按照坐标反算原理,基准点间的坐标方位角为

$$\begin{cases} \alpha_{S_1S_2} = \arctan\dfrac{Y_{S_2} - Y_{S_1}}{X_{S_2} - X_{S_1}} \\ \\ \alpha_{S_1B_1} = \arctan\dfrac{Y_{B_1} - Y_{S_1}}{X_{B_1} - X_{S_1}} \\ \\ \alpha_{S_2B_2} = \arctan\dfrac{Y_{B_2} - Y_{S_2}}{X_{B_2} - X_{S_2}} \\ \\ \alpha_{S_2S_1} = \alpha_{S_1S_2} \pm 180° \end{cases} \qquad (9-6)$$

(3) 计算两置镜点连线起顺时针到 $P$ 点的角度 $\gamma_2$、$\beta_2$。

$\gamma_2$、$\beta_2$ 由下式计算而得

$$\begin{cases} \gamma_2 = \gamma_1 - (\alpha_{S_1S_2} - \alpha_{S_1B_1}) \pm 360° \\ \beta_2 = \beta_1 - (\alpha_{S_2S_1} - \alpha_{S_2B_2}) \pm 360° \end{cases} \qquad (9-7)$$

式中:当"±"号前边的算式结果小于 360°时取"+"号,大于 360°时取"-"号。

(4) 将 $\gamma_2$、$\beta_2$ 转化为相对两置镜连线的小角 $\gamma$、$\beta$。

当 $\gamma_2 > 180°$ 时,有

$$\begin{cases} \gamma = 360° - \gamma_2 \\ \beta = \beta_2 \end{cases} \quad (9-8)$$

当 $\gamma_2 < 180°$ 时,有

$$\begin{cases} \gamma = \gamma_2 \\ \beta = 360° - \beta_2 \end{cases} \quad (9-9)$$

(5) 按前方交会余切公式计算 $P$ 点坐标 $X_P$、$Y_P$。

$$\begin{cases} X_P = \dfrac{X_{S_1} \cdot \cot\beta + X_{S_2} \cdot \cot\gamma - Y_{S_1} + Y_{S_2}}{\cot\gamma + \cot\beta} \\ Y_P = \dfrac{Y_{S_1} \cdot \cot\beta + Y_{S_2} \cdot \cot\gamma + X_{S_1} - X_{S_2}}{\cot\gamma + \cot\beta} \end{cases} \quad (9-10)$$

(6) 交会点精度计算。

设测角中误差为 $m_\gamma = m_\beta = m$,基准点坐标中误差为 $(mx_{S_1}, my_{S_1})$,$(mx_{S_2}, my_{S_2})$,现对式 (9-10) 全微分,并利用误差传播定律得到交会点 $P$ 的精度计算公式:

$$\begin{cases} m_{X_P}^2 = \dfrac{1}{(k_1+k_2)^2} \cdot \\ \qquad \left\{ (k_1 \cdot mx_{S_1})^2 + (k_2 \cdot mx_{S_2})^2 + my_{S_1}^2 + my_{S_2}^2 + [(k_3 \cdot \Delta X_{S_1P})^2 + (k_4 \cdot \Delta X_{S_2P})^2]\left(\dfrac{m}{\rho''}\right)^2 \right\} \\ m_{Y_P}^2 = \dfrac{1}{(k_1+k_2)^2} \cdot \\ \qquad \left\{ (k_1 \cdot my_{S_1})^2 + (k_2 \cdot my_{S_2})^2 + mx_{S_1}^2 + mx_{S_2}^2 + [(k_3 \cdot \Delta Y_{S_1P})^2 + (k_4 \cdot \Delta Y_{S_2P})^2]\left(\dfrac{m}{\rho''}\right)^2 \right\} \\ k_1 = \cot\beta \\ k_2 = \cot\gamma \\ k_3 = (\csc\beta)^2 \\ k_4 = (\csc\gamma)^2 \\ \Delta X_{S_1P} = X_p - X_{S_1} \\ \Delta Y_{S_1P} = Y_p - Y_{S_1} \\ \Delta X_{S_2P} = X_p - Y_{S_2} \\ \Delta Y_{S_2P} = Y_p - Y_{S_2} \end{cases}$$

$$(9-11)$$

上式为考虑起始数据误差的精度评定公式,若不考虑起始数据误差,则式(9-11)可简化为

$$\begin{cases} m_{X_P}^2 = \dfrac{1}{(k_1+k_2)^2} \cdot \left\{ [(k_3 \cdot \Delta X_{S_1P})^2 + (k_4 \cdot \Delta X_{S_2P})^2]\left(\dfrac{m}{\rho''}\right)^2 \right\} \\ m_{Y_P}^2 = \dfrac{1}{(k_1+k_2)^2} \cdot \left\{ [(k_3 \cdot \Delta Y_{S_1P})^2 + (k_4 \cdot \Delta Y_{S_2P})^2]\left(\dfrac{m}{\rho''}\right)^2 \right\} \\ k_1, k_2, k_3, k_4 \text{ 同式}(9-11) \end{cases} \quad (9-12)$$

上述方法在高层建筑物倾斜监测中运用灵活，可以缩短交会时间。当利用计算机计算时，可事先将所有基准点坐标及其精度指标预置于计算机中，这样可以一次解算多个交会点的坐标和精度。通过不同时间的监测结果，可以随时提供交会点的位移数据，供工程设计、施工等部门及时掌握建筑物设计、施工情况，以便发现问题，及时采取补救措施。

若交会监测过程中，同时获取交会点的竖直角，则利用两个平面角和两个竖直角，可以进行三维处理，即形成高层建筑物三维方向交会。利用所解算的交会点三维坐标和精度指标，可以对建筑物进行空间变形分析。

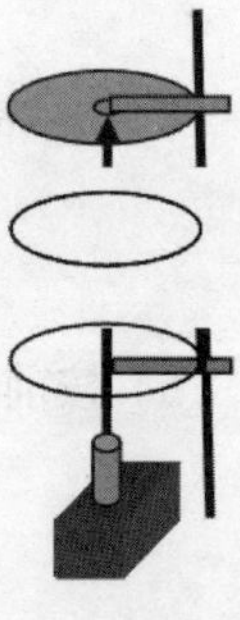

### 9.3.4 激光垂准法

如图9-13所示，利用激光垂准仪，测定建筑物底部和顶部距离垂准激光束的距离差，从而计算建筑物某轴线（某一面）的倾斜度。这种方法受施工干扰很大，在施工现场很难使用。

图9-13 激光垂准倾斜监测

## 9.4 工程实例

以某大学学生公寓4号楼沉降监测项目为例，说明工业与民用建筑物沉降监测过程、数据处理过程及其成果。

### 9.4.1 沉降监测技术设计

**1. 仪器及精度设计**

依据设计要求，为能反映出1mm的沉降量，采用$S_1$级精密水准仪和铟钢尺，按二等水准测量的规程进行沉降监测，视距长度小于30m，三丝最小读数不限，正确读数至0.1mm，估读至0.01mm，保证闭合差不超过$0.5\sqrt{N}$mm（$N$为测站数），单位权（一测站）中误差不超过0.5mm，点位高程中误差不超过1.0mm。

**2. 监测周期设计**

建筑物施工至±0以上时进行初始监测；以后每施工完一层监测1次；封顶监测1次；封顶1个月后监测1次；建筑物竣工时监测1次；以后第1个月后、第3个月后、第6个月后、第9个月后、第12个月后各监测1次。预计共监测15次。若施工期间沉降速率过大或竣工后沉降仍未趋于稳定，则按甲方要求适当增加监测次数。

**3. 提供资料要求**

在沉降监测过程中，施测方在每次监测时将上次监测的成果资料提交给业主方，若发现沉降量或沉降速度过大，则及时报告业主。建筑物竣工时，施测方向业主提交沉降监测阶段报告。建筑物沉降监测工作全部完成后，及时提交沉降监测总结报告，包括下列成果：沉降监测成果表；沉降监测点平面布置图；沉降监测分析报告；点位沉降过程曲线图。

**4. 沉降监测点位设计**

参照建筑物设计总平面图、建筑设计图及其沉降监测规范，在建筑物主要轴线布设8个沉降监测点，在其周围布设4个沉降监测基准点，其中直接用于监测的基准点2个，如图9-14所示。

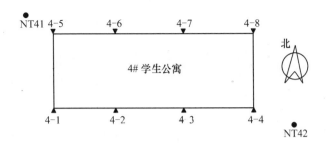

图 9-14 沉降监测布点

## 9.4.2 沉降监测实施

首先对基准网进行了监测,利用普通秩亏平差获得了基准点在其重心坐标系下的高程基准,作为后续监测的依据。按技术设计要求及其施工进度实施每周期监测。

利用经典平差方法进行数据处理,若平差结果显示监测成果合格,则进行沉降监测成果报表。

在建筑物竣工验收前对前面所进行的监测进行总结、分析,提交阶段(总结)报告。

### 思考题

1. 工业与民用建筑物都有哪几种变形?
2. 建筑物沉降监测的主要方法有哪些?
3. 建筑物沉降监测的程序是什么?
4. 建筑物沉降监测数据处理主要是指什么?
5. 建筑物沉降监测结束后要提供哪些资料?
6. 建筑物倾斜监测的主要方法有哪些?

# 第10章

## 基坑工程施工监测

## 10.1 概 述

  为提高城市土地的空间利用率和满足高层建筑抗震抗风等结构要求,我国的基坑工程在总体数量、平面尺寸、开挖深度等方面都得到了快速的发展。在许多较大型的建筑中,地下室由一层发展到多层,基坑开挖深度已从地表以下 5~6m 发展到 9m 甚至 20m 以上。此外,在城市地铁、河流污水处理、过江隧道等市政工程中,基坑工程也占了相当的比重,如上海市中心的人民广场 220kV 地下变电站,围护结构内径 58.0m,开挖深度 23.8m。

  基坑在开挖过程中,开挖区的自然状态发生了变化,基坑内外的土体也由原来静止的土压力状态向被动和主动的土压力状态转变。应力状态的改变首先引起基坑支护结构(围护桩墙、支撑、土锚等)承受荷载而内力发生改变,其次引起坑内土体隆起、基坑支护结构及其周围土体的侧向位移和沉降,如果内力和变形的量值超过允许的范围,将导致基坑的失稳甚至破坏。目前的基坑工程主要集中在城市,基坑周围有较多的地上和地下建(构)筑物,地上的建(构)筑物相当于庞大的集中荷载,加剧基坑内外土体的变形,土体的过大变形又促使地上和地下建(构)筑物产生较大的变形甚至破坏,如地上建(构)筑物的倾斜、裂缝和地下管线的破裂等。

  在基坑,尤其是深基坑的开挖和支护过程中,一般要对基坑支护结构的应力变化和土体的变形进行监测,其目的主要有以下几方面。

  (1) 保证基坑支护结构和邻近建筑物的安全。

  "安全第一"是工程施工阶段必须遵循的原则,基坑工程是危险性和破坏性较大的建设工程,也必须遵循这一原则。在基坑开挖和支护过程中,应设法保证基坑支护结构和被支护土体的稳定性,避免极限状态和破坏的发生,避免支护结构和被支护土体的过大变形导致邻近建筑物的倾斜、开裂和管线的破裂、渗漏等。从理论上说,如果基坑工程的设计是合理可靠的,施工顺序和进度是正常有序的,除非遭受非正常因素的影响,基坑支护结构和被支护土体的稳定性及邻近建筑物的安全是完全可以保证的。但在 20 世纪 90 年代初期,基坑失稳而引起的工程事故时有发生,有的已造成邻近建筑物的破坏。因此,在基坑施工阶段,应对支护结构、被支护土体及邻近建筑物进行监测,判断其稳定性和安全性,合理安排和调节施工顺序和进度,采取必要的技术应急措施,避免过大变形和减小破坏的程度。

(2) 验证设计所采取的各种假设和参数,并进行及时的修正和完善。

基坑支护结构设计尚处于半理论半经验状态,土压力计算大多采用经典的侧向土压力公式,与现场实际的土压力有一定的差异,基坑内外土体的变形也没有成熟的计算方法。基坑施工总是由点到面、从上到下分工况局部实施,在基坑开挖和支护过程中进行施工监测,可以获得局部开挖或前一工况开挖所产生的应力和变形的实测值,验证原设计和施工方案的正确性,通过对实测应力和变形成果的分析,可以对基坑开挖到下一工况时所产生的应力和变形的大小和趋势进行预测,进而可以对实测值、设计值、预测值进行比较,必要时对设计方案和施工工艺进行修正和完善。

(3) 不断积累工程经验,提高基坑工程设计和施工的水平。

基坑支护结构所承受的土压力及其分布受多种因素的影响,如地质条件、基坑支护方式、支护结构刚度、基坑平面形状、开挖深度、施工工艺等,并直接与基坑的侧向位移有关,而侧向位移又与挖土的空间顺序、施工进度等时间和空间因素有关,是个较为复杂的问题,现行的设计分析理论还没有完全成熟。每一个基坑工程都具有各自的特点,其设计方案和施工技术也会有所不同,但总是不断地吸取以往的成功经验和失败教训,提高自身的设计和施工水平并有所创新。施工监测数据是支护结构应力变化和土体变形的真实反映,通过监测数据,不仅可以判断本基坑工程支护结构和土体的稳定性,验证设计所采取的各种假设和参数的正确性,也为其他基坑工程的设计和施工积累了宝贵的经验。

## 10.2 监测内容及方法

### 10.2.1 监测内容

基坑工程施工监测的对象主要为围护结构和周围环境两大部分。围护结构包括围护桩墙、水平支撑、围檩和圈梁、立柱、坑底土层和坑内地下水等,周围环境包括周围土层、地下管线、周围建筑和坑外地下水等。各个监测对象包含不同的监测内容,需要使用相应的监测仪器和仪表,具体见表10-1。

表10-1 基坑工程施工监测的内容

| 序号 | 监测对象 | 监测内容 | 监测仪器和仪表 |
| --- | --- | --- | --- |
| (一) | 围护结构 | | |
| 1 | 围护桩墙 | 桩墙顶水平位移与沉降 | 全站仪、水准仪等 |
| | | 桩墙深层位移 | 测斜仪等 |
| | | 桩墙内力 | 钢筋应力传感器、频率仪等 |
| | | 桩墙水土压力 | 压力盒、孔隙水压力探头、频率仪等 |
| 2 | 水平支撑 | 轴力 | 钢筋应力传感器、位移计、频率仪等 |
| 3 | 围檩、圈梁 | 内力 | 钢筋应力传感器、频率仪等 |
| | | 水平位移 | 全站仪等 |
| 4 | 立柱 | 沉降 | 水准仪等 |
| 5 | 坑底土层 | 隆起 | 水准仪等 |

(续)

| 序号 | 监测对象 | 监测内容 | 监测仪器和仪表 |
|---|---|---|---|
| 6 | 坑内地下水 | 水位 | 监测井、孔隙水压力探头、频率仪等 |
| (二) | 周围环境 | | |
| 7 | 周围土层 | 分层沉降 | 分层沉降仪、频率仪等 |
| | | 水平位移 | 全站仪等 |
| 8 | 地下管线 | 沉降 | 水准仪等 |
| | | 水平位移 | 全站仪等 |
| 9 | 周围建筑 | 沉降 | 水准仪等 |
| | | 倾斜 | 全站仪等 |
| | | 裂缝 | 裂缝监测仪等 |
| 10 | 坑外地下水 | 水位 | 监测井、孔隙水压力探头、频率仪等 |
| | | 分层水压 | 孔隙水压力探头、频率仪等 |

## 10.2.2 围护桩墙顶水平位移和沉降监测

**1. 水平位移监测**

水平位移监测方法有极坐标法、前方交会法、视准线法等,由于全站仪的普及及应用,目前也可以采用全站仪坐标测量功能直接测定测点的坐标,并通过测点的坐标计算相邻周期的位移量和累积位移量。基坑开挖前,测点坐标应至少连续观测 2 次,取无明显差异结果的平均值作为坐标初始值。为了充分描述基坑的变形情况,便于施工监理和施工单位的理解、把握,位移的方向一般确定为基坑的纵横轴线方向,要达到这一效果,传统做法是将监测点坐标进行系统的旋转变换。由于位移监测一般选择独立坐标系,因此要避免监测点坐标的旋转变换,减少计算工作量,可以首先确定基坑的纵轴线为 $X$ 轴或 $Y$ 轴,通过实测纵轴线与基准点的水平连接角,反推基准点的起算方位角,以后每次监测时以该方位角作为起始方位,则监测点位移的方向,即基坑的纵横轴线方向。

**2. 沉降监测**

基坑沉降监测的目的首先是为了保证基坑的施工安全,因此必须具有较高的监测精度。目前,精密水准测量方法广泛应用于基坑的沉降监测。测量时,一般自工作基点经过各个监测点形成一条或多条闭合路线,如果特殊点位只能采用支水准路线进行监测,应进行往返测量,往返高差之差也应满足精密水准测量相应的观测要求。具体方法和仪器可参见第 2 章。

## 10.2.3 深层水平位移监测

深层水平位移指基坑围护桩墙和土体在不同深度上的水平位移,通常采用测斜仪测量。测斜仪由测斜管、测斜探头、连接电缆和测读仪组成。测斜管一般在基坑开挖前埋设于围护桩墙和土体内,根据其制造材料可分为塑料(PVC)和铝合金两种,管长主要有 2m 和 4m,管段之间由外包接头管连接,管内有 4 条十字形对称分布的凹形导槽,管径有 60mm、70mm、90mm 等。测斜探头是倾角传感元件,其外观为细长金属鱼雷状,上、下两端配有两对滑轮。连接电缆是连接测斜探头和测读仪的一条导线,它具有 4 个作用:①作为提升和下放探头的绳索;②作为探头的深度尺;③向探头供应电源;④向测读仪传递测量信息。测读仪是测斜仪探头的二次仪表,以倾斜角或其正弦值显示探头的测量信息。

**1. 测斜仪种类**

测斜仪按测斜探头的传感元件不同,可分为滑动电阻式、电阻片式、钢弦式、伺服加速度式4种,如图10-1所示。

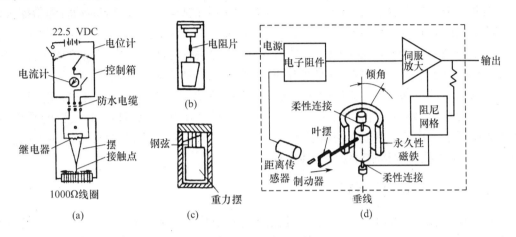

图 10-1 测斜仪种类
(a) 滑动电阻式;(b) 电阻片式;(c) 钢弦式;(d) 伺服加速度式。

滑动电阻式探头以悬吊摆为传感元件,在摆的活动端安装一个电刷,在探头的壳体上安装电位计,当摆相对壳体倾斜时,电刷在电位计表面滑动,电位计将摆相对壳体的倾摆角位移变成电信号输出,用电桥测定电阻比的变化,根据标定结果即可进行倾斜测量。

电阻片式探头是用弹性良好的青铜弹簧片下挂摆锤,弹簧片两侧各贴两片电阻应变片,构成差动可变阻式传感器。弹簧片可设计成等应变梁,使之在弹性极限内探头的倾角与电阻应变读数成线性关系。

钢弦式探头是通过在4个方向上十字形布置的4个钢弦式应变计测定重力摆运动的弹性变形,求得探头的倾角,并可同时进行两个方向的测量。

伺服加速度式探头是根据检测质量块因输入加速度而产生惯性力,并与地磁感应系统产生的反力相平衡,感应线圈的电流与此反力成正比,根据电压大小测定倾角。

**2. 测斜管埋设**

测斜管有绑扎埋设和钻孔埋设两种方式。

(1) 绑扎埋设是将测斜管在现场组装后绑扎在桩墙钢筋笼上,随钢筋笼一起下到孔槽内,并将其浇筑在混凝土中。浇筑前应封好管底底盖并在测斜管内注满清水,防止测斜管在浇筑混凝土时浮起,防止水泥沙浆渗入管内。

(2) 钻孔埋设是预先在土层中钻孔,孔径略大于测斜管的外径,将测斜管封好底盖逐节组装逐节下放到钻孔内,同时在测斜管内注满清水,直到放到预定的标高,随后在测斜管与钻孔之间回填细砂、水泥与黏土拌合的材料固定测斜管,用清水将测斜管冲洗干净。埋设时应避免测斜管的纵向旋转,管节连接时应将上、下管节的滑槽严格对准,测斜管的一对凹槽与欲测量的位移方向一致。为确认测斜管的导槽是否畅通,可先用探头模型放入测斜管滑行一次,埋设后要设法保护好测斜管,如测斜管外局部设置金属套管,测斜管管口处砌筑窨井及护盖。

**3. 测量原理与方法**

测斜管是在基坑开挖前埋设于围护桩墙和土体内的,当土体产生位移时,测斜管随土体同步位移,测斜管的位移量也就是土体的位移量。测斜仪的原理是通过摆锤受重力作用测量测斜探头轴线与铅垂线之间的倾角 φ,进而计算垂直位置各点的水平位移。

测斜管可以用于测量单向位移,也可以用于测量双向位移。测量双向位移时,由两个方向的测量值求出其向量和,可获得位移的最大值及其方向。

实际测量时,使测斜探头的导向滚轮卡在测斜管内壁的导槽上,沿导槽滚动将测斜探头缓慢下至孔底,测量自下而上,沿导槽全长每隔一定距离 $L$ 测读一次,每次测量时保持测头稳定。测量完毕后将测头旋转 180°插入同一对导槽,按以上方法重复测量一次,两次测量应在同一位置上,此时各测点的两个读数应是数值接近、符号相反。如果对测量数据有疑问,则应及时复测。如果需要测量基坑另一方向的深层位移,则可将测斜探头放入另一对导槽,按同样方法进行测量。深层位移的初始值应取基坑开挖前至少连续 2 次测量无明显差异读数的平均值,或取开挖前最后一次的测量值。测斜管孔口一般要布置地表水平位移监测点,以便于相互比较,必要时可根据孔口位移量对深层位移进行校正。

### 10.2.4 基坑回弹监测

基坑开挖后,由于卸除地基土自重,引起基坑底面及坑外一定范围内土体相对于开挖前的回弹变形,称为基坑回弹。深大基坑土体的回弹量对基坑本身和邻近建筑物将产生一定的影响。基坑回弹可采用回弹监测标和深层沉降标进行监测。如果进行分层沉降监测,当分层沉降环埋设于基坑开挖面以下时,监测到的土层隆起也相当于基坑回弹量。

回弹监测标如图 10-2,标头可加工成直径 20mm、高 25mm 的半球状,连接圆盘可用直径 100mm、厚 20mm 的钢板制成,标身可用 50mm×50mm×5m 的角钢制成。

回弹监测标埋设和观测方法如下:

(1) 采用钻孔法,钻杆外径与标志的直径相适应。钻至基坑设计标高以下 20cm 时,将回弹监测标旋入钻杆下端,沿钻孔缓慢放到孔底,并压入孔底土中 40~50cm,此时回弹标尾部已被压入土中,旋开钻杆使回弹标脱离钻杆,提起钻杆。

(2) 放入辅助测杆,用辅助测杆上的测头进行水准测量,确定回弹标顶面高程。

(3) 测完后,将辅助测杆、保护管(套管)提出地面,用砂或素土将钻孔回填。为开挖后方便地找到回弹标,可先用白灰回填 5cm 左右。

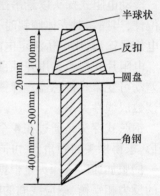

图 10-2 回弹监测标

回弹监测不应少于 3 次,具体安排是:第一次在基坑开挖之前,第二次在基坑挖好之后,第三次在浇灌基础混凝土之前。当需要测定分段卸荷回弹时,应按分段卸荷时间增加监测次数。当基坑挖完至基础施工的间隔时间太长时,也应适当增加监测次数。

### 10.2.5 土体分层沉降监测

土体分层沉降是指地表以下不同深度土层内点的沉降或隆起,通常用磁性分层沉降仪测量。如图 10-3 所示,磁性分层沉降仪由对磁性材料敏感的探头、埋设于土层中的分层沉降管和钢环、带刻度标尺的导线以及电感探测装置组成。分层沉降管由波纹状柔性塑料管制成,管外每隔一定的距离安放一个钢环,土层分层沉降时钢环也同步沉降。

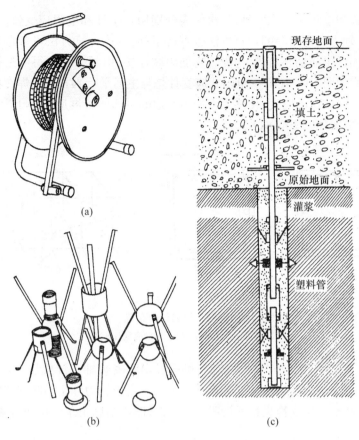

图 10-3 磁性分层沉降仪测量原理
(a) 磁性沉降仪; (b) 磁性沉降标; (c) 沉降标安装示意图。

分层沉降管和钢环应采用钻孔法在基坑开挖前预先埋设。先在预定位置钻孔,取出的土分层分别堆放。当孔底标高略低于欲测量土层的标高时,提起套管 30～40cm,然后将引导管逐节连接并放入到孔底监测点位置。引导管放好后,用膨胀黏土球填充引导管与孔壁间的缝隙,并捣实到最低的沉降环位置,再用一只铅质开口送筒装上沉降环,套在引导管上并送至预埋位置,再用直径 5cm 的硬质塑料管把沉降环推出并压入土中,弹开沉降钢环卡子,使沉降环的弹性卡子牢固地嵌入土中,提起套管至待埋沉降环位置以上 30～40cm,当钻孔内回填该层土球至要埋的沉降环标高处,再用上面的步骤推入上一个标高的沉降环,直至全部埋完。固定孔口,做好孔口的保护装置。

测量时,当探头从引导管缓慢下放到预埋的沉降环时,电感探测装置上的蜂鸣器发出叫声,此时根据测量导线上的标尺在孔口的刻度以及孔口的标高,可计算沉降环所在位置的标高,测量精度可达 ±1mm。沉降环埋好后,就可以测量孔口标高和各个沉降环的初始标高,用各个沉降环的初始标高减去基坑开挖过程中测得的标高,获得各土层在施工过程中的沉降或隆起。

## 10.2.6 支挡构件内力监测

采用钢筋混凝土材料制作的基坑支挡构件,其内力或轴力通常是在钢筋混凝土中埋设钢筋计,通过测定构件受力钢筋的应力或应变,根据钢筋与混凝土的变形协调原理进行计算。钢筋计主要有钢弦式和电阻应变式两种,二次仪表分别用频率计和电阻应变仪。两种钢筋计的安装方法不相同,轴力和弯矩等的计算方法也有所不同,具体计算方法可参考其他有关文献。钢弦式钢筋计与构件主筋轴心对焊,与受力主筋串联连接,由频率计求得的是钢筋的应力值,应力计的布置方案如图10-4(a)。电阻式应变计是与主筋平行绑扎或点焊在箍筋上,应变仪测得的是混凝土内部该点的应变,传感元件伸出两边的钢筋的长度应不小于应变计长度的35倍,应变计的布置方案如图10-4(b)。

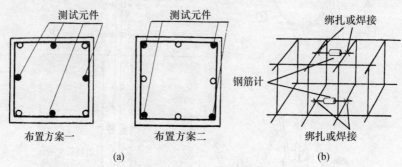

图 10-4 钢筋计的布置
(a) 钢筋应力计布置;(b) 钢筋应变计布置。

对于 H 型钢、钢管等钢支撑的轴力监测,可通过串联安装轴力计或压力传感器的方法进行,根据标定曲线可将轴力计测得的读数换算成轴力。由于轴力计是串联安装的,安装不好将影响支撑的受力,甚至引起支撑失稳或滑脱,因此安装时应与施工单位密切协调。

## 10.3 监测技术设计

技术设计前应做好以下几方面的工作。
(1) 通过个人接触和会议等形式,与建设单位、设计单位、施工单位、监理单位进行沟通和协调,听取他们对基坑监测的意见和要求,争取他们对基坑监测工作的支持。
(2) 收集工程地质勘察报告、基坑支护结构设计图、工程主体结构设计图、施工区地形图或平面图、综合管线图、基坑施工组织设计等,并组织主要监测人员进行认真分析和研究。
(3) 现场踏勘和调查,掌握开挖区周围地面建(构)筑物和地下管线的状况,根据监测内容考虑监测点的布置和确定监测技术方法等系列问题。

技术设计包括的内容较多,例如,工程概况,监测内容的确定,监测点位的布设,监测仪器仪表的选择和监测方法、精度的确定,监测频率和期限的确定,预警值和报警制度的制定等。技术设计初稿必要时可征求有关方的意见并进行修改,当通过有关各方认定后,具体实施中一般不作大的变动,但可以根据具体情况作局部调整。

### 10.3.1 监测内容的确定

基坑施工监测的内容见表10-1。对一个具体的基坑工程,监测内容应根据具体情况而定,主要取决于工程的设计要求、地质条件、规模大小、周围环境以及建设单位的要求等,选择对施工有重要指导意义的部分监测内容,如基坑桩墙顶部位移和深层位移、支撑的轴力和锚杆的拉力、周围建筑物和地下管线的变形等。表10-2是国家行业标准《建筑基坑支护技术规程》JGJ120—1999 规定的基坑侧壁安全等级,以及据此等级确定的监测内容。

表 10 - 2　基坑工程安全等级及监测内容

| 监测内容 | 安全等级 | | |
| --- | --- | --- | --- |
| | 一级 | 二级 | 三级 |
| 支护结构水平位移 | ● | ● | ● |
| 周围建筑物及地下管线变形 | ● | ● | ○ |
| 地下水位 | ● | ● | ○ |
| 桩墙内力 | ● | ○ | * |
| 锚杆拉力 | ● | ○ | * |
| 支撑轴力 | ● | ○ | * |
| 立柱变形 | ● | ○ | * |
| 土体分层沉降 | ● | ○ | * |
| 支护结构侧向压力 | * | * | * |

注:一级、二级、三级分别表示破坏后果很严重、一般、不严重
　　●应测;○宜测;*可测

## 10.3.2　监测点位的布设

**1. 桩墙顶部水平位移和沉降**

桩墙顶部水平位移监测的测量点分为基准点、工作基点和监测点。基准点通常选埋在远离基坑的变形区外;工作基点选埋在基坑的附近,要求基本稳定并由基准点定期检测;监测点一般布设在围护结构混凝土圈梁上和水泥搅拌桩、放坡开挖时的上部压顶上,要求既不易被破坏,又能真实反映基坑的变形,当基坑有支撑时,监测点一般布设在两根支撑的跨中。监测点可采用铆钉枪打入铝钉或钻孔埋设膨胀螺丝,测点间距一般取 8~15m,可以等距离布设,也可以根据场地堆载、通视条件等具体情况不等距离布设,对于水平位移变化剧烈的区域应适当增加点数。采用全站仪进行监测时,监测标志的直径与仪器基座底孔的直径接近,以方便强制安装反射棱镜,提高监测精度。

桩墙顶部沉降监测的测量点也分为基准点、工作基点和监测点。基准点和工作基点的布置原则上与上述相同。沉降监测点标志可与水平位移监测点标志分开布置,也可以共用。立柱桩上方一般要布设监测点,对多根支撑交汇的以及用作施工栈桥的立柱桩应重点监测。

**2. 深层水平位移**

深层水平位移监测点的点位与数量应根据设计和工程需要确定。一般来说,基坑的短边中间部位应布设一个监测点,长边上应每隔 30m 左右布设一个监测点,监测深度一般与围护桩墙深度一致,深度方向的测点间距一般取 0.5~1.0m。

**3. 基坑回弹**

基坑回弹监测点根据基坑形状及地质条件布设,以最少的点数测出所需各纵横面回弹量为原则,可利用回弹变形的近似对称特性布点。基坑中央和距离坑底边缘约 1/4 坑底宽度处应布点,方形、圆形基坑可按单向对称布点,矩形基坑可按纵横向对称布点,复合矩形基坑可多向布点。对基坑外的监测点,应在所选坑内方向线的延长线上布点,离基坑距离约为 1.5~2

倍基坑深度。

**4. 土体分层沉降**

分层沉降监测点点位根据设计和工程需要确定。一般布设在围护结构体系中受力有代表性的位置,应紧邻围护桩墙埋设。点的数量与深度根据分层土的分布情况确定,原则上每一土层设一点,最浅的点低于基础底面至少50cm,最深的点应在超过压缩层理论厚度处。

**5. 结构内力**

对于设置内支撑的基坑工程,可选择部分典型支撑进行轴力变化监测。支撑轴力的测点布设主要由平面、立面和断面三种因素决定。由于基坑开挖、支撑设置和拆除是一个动态过程,在立面方向不同标高处的各道支撑都应监测,各道支撑的测点应布设在同一平面轴力最大的杆件上。在缺乏计算资料的情况下,通常选择平面净跨较大的支撑杆件进行监测,监测断面布设在支撑的跨中位置。围护桩墙的内力监测点布设在围护结构体系中受力有代表性的钢筋混凝土支护桩或地下连续墙的主受力钢筋上。

**6. 坑外地下水**

在基坑降水期间,坑外地下水监测的目的在于检验基坑止水帷幕的效果,必要时采取灌水补给措施,以避免基坑降水对周围环境的影响。坑外地下水一般通过监测井监测,井内设置带孔塑料管,并用砂石充填管壁外侧。监测井布设在止水帷幕以外,其位置根据搅拌桩施工搭接、相邻房屋和地下管线的具体情况选择。监测井不必很深,管底标高一般在常年水位以下4m~5m。

**7. 周围环境**

周围环境主要指基坑开挖3倍深度范围内的建(构)筑物和管线,主要为沉降监测。建(构)筑物测点主要布设在墙角、柱身等特征部位,应能充分反映建筑物各部分的不均匀沉降。管线上测点的布设要考虑其重要性和变形的敏感性,如上水管承接式接头应按2~3节布设1个监测点,有弯头和丁字形接头处应布设监测点。

## 10.3.3 监测期限和频率的确定

基坑监测贯穿基坑开挖和地下结构施工的全过程,即从基坑开挖第一批土到地下结构施工至±0.00标高,基坑越大,施工时间越长,监测期限就越长。

桩墙顶水平位移和沉降、深层水平位移的监测频率一般为:从基坑开始开挖到浇筑完主体结构底板,1天监测1次;浇筑完主体结构底板到主体结构至±0.00标高,1周监测2~3次;各道支撑拆除后的3天~1周,1天监测1次。

基坑回弹、土体分层沉降的监测频率一般为:基坑每开挖其深度的1/5~1/4或在每道内支撑施工间隔的时间内,监测2~3次;基坑开挖的设计深度到浇筑完主体结构底板,1周监测3~4次;浇筑完主体结构底板到全部支撑拆除实现换撑,1周监测1次。

内支撑和锚杆拉力的监测频率一般为:从支撑和锚杆施工到全部支撑拆除实现换撑,1天监测1次。

地下水的监测频率一般为:在整个降水期间,或从基坑开始开挖到浇筑完主体结构底板,1天监测1次;当围护结构出现渗漏现象时,增加监测次数。

基坑周围建(构)筑物和管线的监测频率一般为:从围护桩墙施工到地下结构施工至±0.00标高,水平位移和沉降1天监测1次,倾斜和裂缝1周监测1~2次,视具体情况适当增减。

### 10.3.4 预警值和报警制度的制定

预警值是一个定量指标,在其允许范围内可认为工程是安全的,否则工程处于不稳定状态,将对工程自身及其周围环境产生有害影响。确定预警值时应注意下列基本原则:①满足现行相关规范和规程的要求;②满足工程设计的要求;③考虑各主管部门对所辖保护对象的要求;④考虑工程质量、施工进度、技术措施和经济等因素。目前,预警值的确定主要参照现行规范和规程的规定值、设计预估值和经验类比值,各地区工程管理部门也陆续以本地区规范和规程等形式对基坑工程预警值作出规定,如上海市基坑设计规程将基坑工程按破坏后果和工程复杂程度分成3个等级,各级基坑变形的设计值和控制值见表10-3。在制定预警值时,不仅要考虑监测点的累积变形量,还应当充分考虑其变形速率,一级工程宜控制在2mm/d之内,二级工程宜控制在3mm/d之内。当变形速率突然增加或连续保持高速率时,应及时分析原因,并报告有关单位。

表 10-3  基坑工程等级划分及变形监控允许值

| 安全等级 | | 一级 | | 二级 | | 三级 |
|---|---|---|---|---|---|---|
| 破坏程度 | | 很严重 | | 严重 | | 不严重 |
| 工程复杂程度 | 基坑深度/m | >14 | | 9~14 | | <9 |
| | 地下水埋深/m | <2 | | 2~5 | | >5 |
| | 软土层厚度/m | >5 | | 2~5 | | <2 |
| | 基坑与周围建筑边缘净距/m | <0.5h | | 0.5h~1.0h | | >1.0h |
| 监控内容 | | 监控值 | 设计值 | 监控值 | 设计值 | |
| 墙顶位移/mm | | 30 | 50 | 60 | 80 | 宜按二级标准控制,当环境条件许可时可适当放宽 |
| 墙体最大位移/mm | | 60 | 80 | 90 | 120 | |
| 地面最大沉降/mm | | 30 | 50 | 60 | 100 | |
| 最大差异沉降/mm | | 6/1000 | | 12/1000 | | |

表10-3所列的位移和沉降预警值在设计和监测时应严格控制。围护结构和支撑内力、锚杆拉力等,应以设计预估值作为确定预警值的依据,一般取预警值为设计允许最大值的80%。还有下列一些经验类比值可以作为确定预警值的参考值。

(1) 自来水管道沉降和水平位移:均不得超过30mm,1天变化不超过5mm。
(2) 煤气管道沉降和水平位移:均不得超过10mm,1天变化不超过2mm。
(3) 基坑开挖中立柱桩隆起和下沉不得超过10mm,1天变化不超过2mm。
(4) 基坑降水或开挖引起坑外水位下降不得超过1000mm,1天变化不超过500mm。

每期监测完成后,应及时进行数据处理,若发现累积变形量或变形速率接近或超过允许值,应及时向有关单位或个人报警。报警一般采用在监测报表上做报警记号、口头报警、书面报告报警相结合的形式。

## 10.4 监测数据整理与分析

### 10.4.1 监测数据整理

基坑监测内容较多,监测前应设计各种不同的外业记录表格。记录表格的设计应以记录和数据处理的方便为原则。在监测中观测到的或出现的异常情况也应在记录表格中有所体现。为表明原始成果的真实性,记录表格中的原始数据不得随意更改,必须更改时,应加以说明。外业观测完成后,应及时分类整理外业记录表格。

监测成果是施工安排和调整的依据,对外业监测数据应尽快进行计算处理,向工程建设、监理等有关单位提交日报表或当期的监测技术报告。日报表中不但要体现当期的监测成果,还要体现当期与以往相关成果的关系,方便其他单位或人员更直观地理解和把握。以沉降监测为例,表10-4所列的报表形式可供参考。

表 10-4　××工程基坑沉降监测报表

首期观测时间:××.××.××　　上期观测时间:××.××.××　　本期观测时间:××.××.××

| 点名 | 高程/m | | | 沉降量/mm | 沉降速率/(mm/d) | 累积沉降量/mm | 备注 |
| --- | --- | --- | --- | --- | --- | --- | --- |
| | 首期 | 上期 | 本期 | | | | |
| | | | | | | | |
| | | | | | | | |

注:沉降量=上期高程-本期高程;沉降速率=沉降量/间隔天数;累积沉降量=首期高程-本期高程。
"+"表示下沉,"-"表示上升;预警值为××mm/d和××mm,"红色"表示超过预警值。

对于大型的基坑工程,必要时可提交周报表和月报表。为了使工程管理人员更清楚地了解和把握监测点的变化情况,在提交报表的同时,应提交监测点的点位布置略图,并尽可能提交监测点沉降的时程曲线。

监测工作全部结束后,应提交完整的监测技术总结报告,总结报告至少包括以下内容:①工程概况;②监测内容和控制指标;③监测仪器仪表、监测方法、监测周期、数据处理方法;④监测点布置与埋设方法、平面和立面布置图、监测成果汇总表、成果分析曲线;⑤结论与建议。

## 10.4.2　监测结果分析

获得一定数量的监测成果后,应进行变形分析,以便更好地指导施工。监测全部结束后,应采用全部监测成果进行变形分析,总结基坑变形的规律和特点,为今后的基坑监测积累经验。变形分析应充分结合工程施工过程中出现的各种具体情况,结合监测人员所作的监测日记。由于基坑监测内容较多,这里只结合水平位移和沉降监测介绍变形分析的基本方法,供实际工作中参考。

**1. 基准点、工作基点的稳定性分析**

基坑水平位移和沉降监测一般需要选埋3个及以上基准点,基准点可以选埋在变形区以外的岩石上或深埋在原状土上,也可以选埋在稳固的建(构)筑物上。由于基坑监测一般首选固定基准,因此为了检查基准点自身的稳定性,可将基准点构成简单的网形,定期进行复测检查,必要时根据复测平差成果,采用统计检验方法进行基准点的稳定性分析。

工作基点一般离基坑较近,其稳定性可以通过与稳定的基准点联测结果来判定。设某一工作基点与稳定的基准点之间首期联测结果为$l_0$,$l_0$为精确测得并假设为母体的均值$\mu$,以后检测$n$次的结果为$l_i(i=1,2,\cdots,n)$,以$n$期检测结果作为母体的子样,可以根据式(10-1)分别计算子样均值$\bar{l}$和子样标准差$s$,并可建立式(10-2)统计量$t$:

$$\begin{cases} \bar{l} = \dfrac{l_i}{n} \\ s = \pm\sqrt{\dfrac{v^{\mathrm{T}}v}{n-1}} \end{cases} \quad (10-1)$$

$$t = \frac{\bar{l} - \mu}{s/\sqrt{n}} \sim t(n-1) \quad (10-2)$$

设显著水平 $\alpha$，由 $t$ 分布表可查得 $t_{\alpha/2}(n-1)$，当 $|t| < t_{\alpha/2}(n-1)$ 时，$l_0 = \mu$ 的假设成立，可以认为各期检测结果与首期联测结果 $l_0$ 无显著差异，工作基点稳定；否则不稳定。

**2. 围护桩墙顶水平位移分析**

每期测完后，计算相邻周期的位移、位移速率、累积位移，其计算公式分别为式(10-3)、式(10-4)、式(10-5)。当 $v_x$、$v_y$、$\sum \Delta x$、$\sum \Delta y$ 其中一个超过预警值时，应立即报警。

$$\Delta x = x_i - x_j, \Delta y = y_i - y_j \quad (10-3)$$

$$v_x = \Delta x/d, v_y = \Delta y/d \quad (10-4)$$

$$\sum \Delta x = x_1 - x_j, \sum \Delta y = y_1 - y_j \quad (10-5)$$

根据各期监测的累积时间和累积位移，可以采用 Excel 等方法绘制位移的时程曲线，直观描述位移随时间的变化关系和变化趋势，结合监测日记(如施工进度、挖土部位和出土量、现场堆载情况、天气等)分析位移变化的主要原因，必要时可以建立合理的数学模型进行位移的趋势预报。

**3. 围护桩墙顶和周围建筑物沉降分析**

每期测完后，计算相邻周期的沉降、沉降速率、累积沉降，其计算公式类似式(10-3)、式(10-4)、式(10-5)。当 $v_h$、$\sum \Delta h$ 其中一个超过预警值时，应立即报警。

根据各期监测的累积时间和累积沉降，可以采用 Excel 等方法绘制沉降的时程曲线，直观描述沉降随时间的变化关系和变化趋势，结合监测日记分析沉降变化的主要原因，必要时可以建立合理的数学模型进行沉降的趋势预报。在进行周围建筑物沉降分析时，应考虑同一建筑物各监测点的位置关系和沉降变化，必要时计算监测点的差异沉降和基础倾斜。

## 10.5　基坑监测实例

### 10.5.1　工程概况

某大学校园新建教学科研综合大楼，高 13 层，地下 2 层，基坑长约 63m，宽约 35m，开挖深约 9m。基坑主要采用钻孔灌注桩加钢支撑作为挡土结构，采用深搅桩作为止水帷幕。钻孔灌注桩、圈梁的砼等级为 C30，各钻孔灌注桩系由圈梁相联系，桩体主筋锚入圈梁内 670mm。深搅桩采用双轴深层搅拌机施工，叶片直径 700mm，采用 32.5 级普通硅酸盐水泥，掺量为 15%，水灰比 0.45。设计要求基坑内土方分层、分块对称开挖，先撑后挖，挖到设计标高时铺碎石并浇筑混凝土垫层。基坑暴露期间，设置集水坑和排水沟进行明排水。

该基坑工程北邻一条主干道，西侧有两幢多层住宅，南面是停车场房和物理楼，东侧为配电房和教学楼。基坑开挖必然会对基坑围护结构、周边邻近建筑物、道路等产生一定的影响。在基坑施工阶段进行安全监测，以便于掌握施工区的动态变化，及时发现不安全因素，合理安排和调节施工流程,减少经济损失及不利的社会影响。

## 10.5.2 监测内容与测点布置

桩顶水平位移监测,见图 10-5。在桩顶圈梁上每隔 15~20m 左右选择一点,共 10 个点,编号为 E1~E10,埋设钢筋头作为测量标志,钢筋头直径比仪器基座底孔的直径小,在 0.1m~0.2mm 之间。

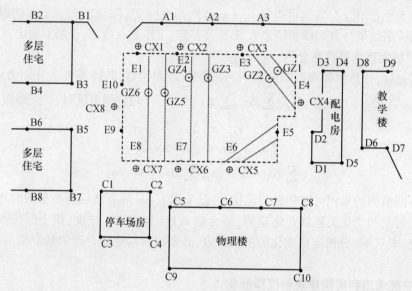

图 10-5 监测点布置略图

周围建筑物沉降监测,如图 10-5 所示。在北侧主干道边缘每隔 25m 埋设 1 个沉降监测点,编号为 A1~A3;西侧每栋多层住宅各布设 4 个沉降监测点,编号为 B1~B8;南侧停车场房布设 4 个沉降监测点,物理楼布设 6 个沉降监测点,编号为 C1~C10;东侧配电房布设 5 个沉降监测点,教学楼布设 4 个沉降监测点,编号为 D1~D9。

深层水平位移监测,如图 10-5 所示。采用钻孔埋设测斜管,基坑长边埋设 3 根,短边埋设 1 根,编号为 CX1~CX8,测斜孔深度为 23m。

支撑轴力变化监测,如图 10-5 所示。选择 6 根钢支撑布设了振弦式应力计,编号为 GZ1~GZ6。

## 10.5.3 监测方法

桩顶水平位移监测:远离基坑区稳定的地方选择 3 个基准点,精确测量其角度和边长。在施工区附近选择一个相对稳定的工作基点,工作基点与基准点进行经常性联测。水平位移监测采用 SET 210 全站仪(标称精度 2″,2mm + $2 \times 10^{-6} \times D$)极坐标法进行观测。首期观测两次取均值作为初始坐标,上一次坐标减去本期坐标为本期位移量,初始坐标减去以后各次观测坐标为累积位移量。为避免监测点坐标的旋转计算,设基坑的东西向为 $Y$ 轴,通过联测水平角反推基准点坐标方位角,并以此坐标方位角作为以后计算的起算数据。

周围建筑物沉降监测:在远离基坑区稳定的地方选择 3 个基准点,用二等水准精确测量其高差。在施工区附近选择一个相对稳定的工作基点,工作基点与基准点之间进行经常性联测检查。各监测点与工作基点之间采用二等水准进行观测,尽可能构成闭合水准路线,所用仪器为 NI007 自动安平水准仪(标称精度 0.7mm/km)和配套的铟钢水准标尺。首期观测两次取均值作为监测点的初始高程,上一次高程减去本次高程为本期沉降量,初始高程减去以后各次高程为累积沉降量,向下为正。

深层水平位移监测:在基坑开挖前,由钻机在选定的点位上钻孔到预定深度,将 PVC 测斜管埋入土体后填实。管的底部和顶部用盖子封好,并在埋入前在管中冲满清水,以防污水或泥浆、沙浆从管的接头等处漏入。测量时,将 BC-1 型应变式测斜仪(灵敏度为 $0.048mm/\mu\varepsilon_0$)探头与标有刻度的信号传输线连接,信号线另一端与 ZY02 型电阻式应变仪(分辨率为 $\pm 1\mu\varepsilon_0$)相连,将测斜仪沿管内的定向槽放入管中,滑至管底,每隔 0.5m 距离向上拉线读取读数,倾角的变化由电信号转换,经处理换算后推出测斜管各测点的位移值。

轴力变化监测:当钢支撑架设固定到位,先在钢支撑上选定断面,再在钢支撑表面对称布置 2 只 XP98 型振弦式应力计,施加轴力以前,将应力计两头的拉压连接杆焊接到钢支撑表面,搭接长度不小于 10 倍 $d$($d$ 为应力计的拉压杆直径)。待自然冷却、应力计读数稳定后,记录初始值,即可开始施加轴力。每次监测 2 只应力计读数,取其平均值作为轴力的监测值。当钢支撑受轴向力时,引起振弦式应力计弹性钢弦的张力变化,改变钢弦的振动频率,通过频率仪测得弦的频率变化,经换算而得钢支撑所受的轴力。应力与频率的关系式是:$P_c = k(f^2 - f_0^2)$,其中:$P_c$ 为传感器所受的外力(MPa),$k$ 为传感器灵敏度(MPa/Hz$^2$),$f$ 为传感器受力后钢弦振动频率(Hz);$f_0$ 为传感器初始钢弦振动频率(Hz)。

### 10.5.4 监测成果分析

**1. 桩顶水平位移**

桩顶水平位移自 2004 年 8 月 11 日基坑开挖时开始观测,至 2004 年 11 月 4 日基础浇筑全部完成后结束,历时 73 天,共观测了 27 期。桩顶水平位移的预警值:累积位移超过 30mm,3 天内水平位移速率连续超过 3mm/d。

以布置在北侧圈梁上的 E1、E2、E3 点沿基坑南北方向($X$ 方向)的位移分析为例。E2、E3 点在整个观测期间保存完好,E1 点在观测 9 期后被破坏,因施工影响直到第 16 期恢复观测。基坑自东侧开挖,加上周边堆载等影响,E3 点变化幅度较大,E3 点在第 2 期~第 3 期之间平均每天向南(坑内方向)移动 3mm,累积位移 14mm;第 3 期~第 13 期受开挖进度影响,变化较小,累积位移在 8~20mm;从第 13 期~第 17 期继续向南移动,最大累积位移达 26mm;第 17 期后基坑开挖基本结束;从第 21 期开始小幅变化,并逐步趋于稳定。在整个观测期内,E3 点向南累积位移 18mm,南北方向最大日位移在 ±3mm。E2 点与 E3 点变化规律基本一致。E1 点从第 1 期~第 9 期变化趋势与 E3 点基本一致。E1、E2、E3 点的累积位移和位移速率都没有超过预警值。E1、E2、E3 点的水平位移时程曲线见图 10-6,图中横轴表示监测时间,为相对于第 1 期的累积观测天数;纵轴表示累积位移量,单位为 mm。

**2. 周围建筑物沉降**

因为周围建筑物离施工区很近,2003 年 12 月 15 日钻孔灌注桩施工时即开始首期沉降监测,至基坑开挖时观测了 7 期,之后观测了 20 期,到 2004 年 11 月 17 日结束,历时 346 天,共观测了 27 期。周围建筑物沉降预警值:累积沉降超过 60mm,平均沉降速率超过 0.04mm/d,建筑物基础的局部倾斜大于 0.002。

以离基坑最近的配电房沉降分析为例。D1、D2、D3、D4、D5 点布置在配电房,D1、D4、D5 点在整个监测期间保存完好。由于离基坑太近,D1 点在基坑开挖前就沉降了近 25mm,基坑

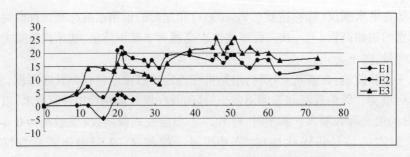

图 10-6　E1、E2、E3 点的水平位移时程曲线

开挖后各点都出现了明显的沉降趋势,D5 点日沉降量曾达到 8.2mm,楼房出现了不均匀沉降。截至第 27 期,D1 点累积沉降 60.4mm,D4 点累积沉降 49.9mm,D5 点累积沉降 77mm,但建筑物基础的局部倾斜没有大于 0.002。根据最后几期的观测分析,沉降还没有完全稳定。D4、D5 点的沉降时程曲线如图 10-7 所示。图中横轴表示监测时间,为相对于第 1 期的累积观测天数;纵轴表示累积沉降量,单位为 mm。

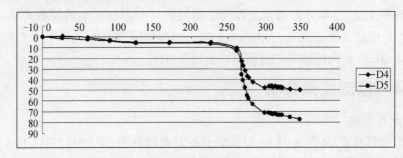

图 10-7　D4、D5 点的沉降时程曲线

### 3. 深层位移

在基坑开挖过程中共进行了 20 期深层水平位移监测,墙体深层位移的预警值:累积位移超过 30mm。

整个观测期间,除 8# 测斜管埋设位置因作为开挖出土的临时堆土场而未能正常全过程监测外,其余测斜管均保存完好。各测斜管因所处位置和土方开挖进度的不同,以及受到内支撑作用和基坑周边堆载等影响,实测深层水平位移值也有较大差异。1# ~ 7# 测斜管最大水平位移分别为 8.04mm、14.44mm、39.86mm、42.24mm、39.55mm、28.73mm、49.13mm。较大深层水平位移发生在 7# 和 4# 测斜管位置,有 3#、4#、5#、7# 共 4 个测斜管的测试值超过了设计的预期值 30mm,其主要原因可能与坑内土方开挖方式和进度有关,同时受基坑周边施工场地限制,大量的土方、建筑用材料等紧靠坑边堆放,对基坑变形带来了不利的影响。图 10-8 所示为 3# 测斜管的深层水平位移变化曲线,测试结果以向坑内位移为正,而向坑外位移

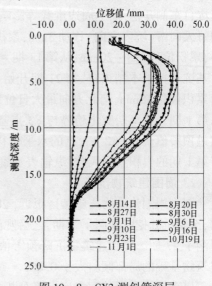

图 10-8　CX3 测斜管深层
水平位移过程线

为负。曲线图中的横坐标表示位移测试值,纵坐标表示以地表为起点的测斜管的测试深度,图例中表示的为测试日期。

**4. 支撑轴力**

围护结构钢支撑轴力变化监测是随着施工开挖进度,跟随钢支撑架设逐步安装并进行测试的,支撑轴力的预警值为设计值的80%。支撑轴力共监测了20期,在整个监测期间,应力计均保存完好。支撑轴力变化较大的发生在GZ1#钢支撑上,其最大轴力变化为294.08kN。各支撑轴力值的变化大小不一,除与坑内土方开挖有关外,还与基坑周边堆载情况、支撑安装质量状况、测试时温度变化等因素有关。支撑轴力均小于设计的预期值。

**思考题**

1. 基坑施工监测的主要目的是什么?
2. 基坑施工监测的主要内容有哪些?分别采用哪些主要的监测方法?
3. 基坑施工监测技术设计包括哪些主要内容?
4. 基坑施工监测点如何选埋?
5. 基坑施工监测周期和预警值一般怎样确定?
6. 基坑沉降监测分析至少应包括哪些方面?

# 第 11 章

# 桥梁工程变形监测

## 11.1 概 述

### 11.1.1 目的与意义

桥梁工程监测的对象主要包括桥梁的墩台、塔柱和桥面等。桥梁变形观测是桥梁运营期养护的重要内容,对桥梁的健康诊断和安全运营有着重要的意义。

20世纪桥梁工程领域的成就不仅体现在预应力技术的发展和大跨度索支承桥梁的建造以及对超大跨度桥梁的探索,而且反映了人们对桥梁结构实施智能控制和智能监测的设想与努力。近20年来桥梁抗风、抗震领域的研究成果以及新材料新工艺的开发推动了大跨度桥梁的发展。同时,随着人们对大型重要桥梁安全性、耐久性与正常使用功能的日渐关注,桥梁健康监测的研究与监测系统的开发应运而生。

由于桥梁监测数据可以为验证结构分析模型、计算假定和设计方法提供反馈信息,并可用于深入研究大跨度桥梁结构及其环境中的未知或不确定性问题,因此桥梁设计理论的验证以及对桥梁结构和结构环境未知问题的调查与研究扩充了桥梁健康监测的内涵。

随着桥龄的增长,由于气候、环境等自然因素的作用和日益增加的交通量及重车、超重车过桥数量不断增加,桥梁结构使用功能的退化必然发生。同时由于大跨径桥梁施工和运营环境复杂,以及其轻柔化和功能的复杂化,安全性是不容忽视的。20世纪80年代以来,在北美、欧洲和亚洲的一些国家和地区,相继发生了一些桥梁结构的突然断裂事件。导致桥梁结构发生破坏和功能退化的原因是多方面的,有些桥梁的破坏是人为原因造成的,但大多数桥梁的破坏和功能退化是自然原因造成的。在自然原因中,循环荷载作用下的疲劳损伤累积及有损结构在动力荷载作用下的裂纹失稳扩展是造成许多桥梁结构发生灾难性事故的主要原因。研究表明,成桥后的结构状态识别和确认,桥梁运营过程中的损伤检测、预警及适时维修制度的建立,有助于从根本上消除隐患及避免灾难性事故的发生。

尽管桥梁抗风、抗震领域的研究成果以及新材料新工艺的出现不断推动着桥梁的发展,但是,大跨度桥梁的设计中还存在很多未知和假定,超大跨度桥梁的设计也有许多问题需要研究。同时,桥梁结构控制与安全评估技术的深入研究与开发也需要结合现场试验与调查。桥梁安全监测为桥梁工程中的未知问题和超大跨度桥梁的研究提供了新的契机，由运营中的桥梁结构及其环境所获得的信息不仅是理论研究和实验室调查的补充，而且可以提供有关结构行为与环境规律的最真实的信息。

由于桥梁监测数据可以为验证结构分析模型、计算假定和设计方法提供反馈信息，并可用于深入研究大跨度桥梁结构及其环境中的未知或不确定性问题。桥梁安全监测信息反馈于结构设计的更深远的意义在于，结构设计方法与相应的规范标准等可能得以改进，对桥梁在各种交通条件和自然环境下的真实行为的理解以及对环境荷载的合理建模是将来实现桥梁"虚拟设计"的基础。桥梁安全监测带来的将不仅是监测系统和对某特定桥梁设计的反思，它还可能并应该成为桥梁研究的"现场实验室"。

桥梁建成之后，如何对桥梁的实际品质进行鉴定是业主最关心的问题。飞机、船舶、汽车等批量生产的机械设备，可以通过破坏性原型试验来检验设计目标的满足程度。桥梁等建筑结构属于单件生产，不可能进行破坏性原型试验，因此非破坏性检验技术受到了特别的关注。巡回目检简单方便，但缺陷也是显而易见的，不仅目检结果因人而异，而且无法对桥梁的整体品质作出定量判断。液体着色、超声波、涡流、磁粉和 X 射线等无损探伤方法具有量化特征，但庞大的实验工作量和无法直接反映结构整体功能状况的缺点限制了它们的应用。超声波和 X 射线探伤目前主要用来检验桥梁关键部位的焊接质量。由于对成桥质量目前尚缺乏严格系统的量化检验方法，结果使一些劣质工程得不到及时发现和处理。轻则增加了日后的桥梁维修保养成本，使国家和地方财政负担加重，重则发生桥毁人亡的惨剧。如果结构状态及参数辨识问题能够得到妥善解决的话，劣质工程在验收时就可以通过验收试验得到及时的发现。因此，结构状态及参数辨识问题的解决不仅具有重要的理论价值，而且具有广阔的应用前景。

为了能及时地发现桥梁在运营过程中存在的隐患，有必要对桥梁的工作性态进行及时的分析与监控，为桥梁主管部门的决策提供依据，而这些工作都需要完整的监测数据。

## 11.1.2 变形监测的主要内容

桥梁变形按其类型可分为静态变形和动态变形。静态变形是指变形观测的结果只表示在某一期间内的变形值，它是时间的函数。动态变形是指在外力影响下而产生的变形，它是表示桥梁在某个时刻的瞬时变形，是以外力为函数来表示的对于时间的变化。桥梁墩台的变形一般来说是静态变形，而桥梁结构的挠度变形则是动态变形。

**1. 桥梁墩台变形观测**

桥梁墩台的变形观测主要包括两方面。

（1）墩台的垂直位移观测。其主要包括墩台特征位置的垂直位移和沿桥轴线方向（或垂直于桥轴线方向）的倾斜观测。

（2）墩台的水平位移观测。其中各墩台在上、下游的水平位移观测称为横向位移观测；各墩台沿桥轴线方向的水平位移观测称为纵向位移观测。两者中，以横向位移观测更为重要。

**2. 塔柱变形观测**

塔柱在外界荷载的作用下会发生变形，及时而准确地观测塔柱的变形对分析塔柱的受力状态和评判桥梁的工作性态有十分重要的作用。塔柱变形观测主要包括：

（1）塔柱顶部水平位移监测。

（2）塔柱整体倾斜观测。

（3）塔柱周日变形观测。

(4) 塔柱体挠度观测。

(5) 塔柱体伸缩量观测。

### 3. 桥面挠度观测

桥面挠度是指桥面沿轴线的垂直位移情况。桥面在外界荷载的作用下将发生变形,使桥梁的实际线形与设计线形产生差异,从而影响桥梁的内部应力状态。过大的桥面线形变化不但影响行车的安全,而且对桥梁的使用寿命有直接的影响。

### 4. 桥面水平位移观测

桥面水平位移主要是指垂直于桥轴线方向的水平位移。桥梁水平位移主要由基础的位移、倾斜以及外界荷载(风、日照、车辆等)等引起,对于大跨径的斜拉桥和悬索桥,风荷载可使桥面产生大幅度的摆动,这对桥梁的安全运营十分不利。

## 11.1.3 变形监测主要方法

### 1. 垂直位移监测

垂直位移观测是定期地测量布设在桥墩台上的观测点相对于基准点的高差,求得观测点的高程,利用不同时期观测点的高程求出墩台的垂直位移值。垂直位移监测方法主要有以下几种。

(1) 精密水准测量。这是传统的测量垂直位移的方法,这种方法测量精度高,数据可靠性好,能监测建筑物的绝对沉降量。另外,该法所需仪器设备价格较低,能有效降低测量成本。该方法的最大缺陷是劳动强度高,测量速度慢,难以实现观测的自动化,对需要高速同步观测的场合不太适合。

(2) 三角高程测量。这也是一种传统的大地测量方法,该法在距离较短的情况下能达到较高的精度,但在距离超过400m时,由于受大气垂直折光的影响,其精度会迅速降低。该法在高塔柱、水中墩台的垂直位移监测中有一定的优势。

(3) 液体静力水准测量(又称为连通管测量)。该法采用连通管原理,测量两点之间的相对沉降量。该法的优点是测量精度高,速度快,且可实现自动化连续观测。该法的主要缺点是测点之间的高差不能太大,且一般只能测量相对位移,另外这种设备的总体价格较高,对中、小型工程不太适用。

(4) 压力测量法。该法利用连成一体的压力系统,测量各点的压力值,当产生垂直位移时,系统内的压力将产生变化,利用压力的变化量,可转换为高程的变化量,从而测出各点的垂直位移。该法一般只能测量两点之间的相对位移且设备价格较高。

(5) GPS测量。GPS除了可以进行平面位置测量外,还能进行高程测量,但高程测量的精度要比平面测量的精度低1/2左右。若采用静态测量模式,则1h以上的观测结果一般能达到±5mm以上的测量精度;若采用动态测量模式,则一般只能达到±40mm左右的精度,经特殊处理过的数据,有时能达到±20mm左右的精度。利用该法测量可以实现监测的自动化,但测量设备的价格较高,另外动态测量的精度也不很高。

### 2. 水平位移监测

测定水平位移的方法与桥梁的形状有关,对于直线形桥梁,一般采用基准线法、测小角法等;对于曲线桥梁,一般采用三角测量法、交会法、导线测量法等。

(1) 三角测量法。在桥址附近,建立一三角网,将起算点和变形监测点都包含在此网内,定期对该网进行观测,求出各监测点的坐标值,根据首期观测和以后各期的坐标值,可求出各监测点的位移值。三角网的观测可采用测角网、边角网、测边网等形式。

(2) 交会法。利用前方交会、后方交会、边长交会等方法可测定位移标点的水平位移,该方法适用于对桥梁墩台的水平位移观测,也可用于塔柱顶部的水平位移观测。该方法能求得纵、横向位移值的总量,投影到纵、横方向线上,即可获得纵、横向位移量。

(3) 导线测量法。对桥梁水平位移监测还可采用导线测量法,这种导线两端连接于桥台工作基点上,每一个墩上设置一导线点,它们也是观测点。这是一种两端不测连接角的无定向导线。通过重复观测,由两期观测成果比较可得观测点的位移。

(4) 基准线法。对直线形的桥梁测定桥墩台的横向位移以基准线法最为有利,而纵向位移可用高精度测距仪直接测定。大型桥梁包括主桥和引桥两部分,可分别布设三条基准线,主桥一条,两端引桥各一条。

(5) 测小角法。测小角法是精密测定基准线方向(或分段基准线方向)与测站到观测点之间的小角。由于小角观测中仪器和觇牌一般置于钢筋混凝土结构的观测墩上,观测墩底座部分要求直接浇筑在基岩上,以确保其稳定性。

(6) GPS 观测。利用 GPS 自动化、全天候观测的特点,在工程的外部布设监测点,可实现高精度、全自动的水平位移监测,该技术已经在我国的部分桥梁工程中得到应用。由于 GPS 观测不需要测点之间相互通视,所以有更大的范围选择和建立稳定的基准点。

(7) 专用方法。在某些特殊场合,还可采用多点位移计等专用设备对工程局部进行水平位移监测。

**3. 挠度观测**

桥梁挠度测量是桥梁检测的重要组成部分,桥梁建成后,桥梁承受静荷载和动荷载,必然会产生挠曲变形,因此在交付使用之前或交付使用后应对梁的挠度变形进行观测。

桥梁绕度观测分为桥梁的静荷载挠度观测和动荷载挠度观测。静荷载挠度观测时测定桥梁自重和构件安装误差引起的桥梁的下垂量;动荷载挠度观测时测定车辆通过时在其重量和冲量作用下桥梁产生的挠曲变形。目前常用的桥梁挠度测量方法主要有悬锤法、水准仪(经纬仪)直接测量法、水准仪逐点测量法和摄影测量方法等。

(1) 悬锤法。该设备简单、操作方便、费用低廉,所以在桥梁挠度测量中被广泛采用。该方法要求在测量现场有静止的基准点,所以一般适用于干河床情形。另外,利用悬锤法只能测量某些观测点的静挠度,无法实现动态的挠度检测,也难以给出其他非测点的静挠度值。由于测量结果中包含桥墩的下沉量和支墩的变形等误差影响,因此该方法的测量结果精度不高。

(2) 精密水准法。精密水准是桥梁挠度测量的一种传统方法,该方法利用布置在稳固处的基准点和桥梁结构上的水准点,观测桥体在加载前和加载后的测点高程差,从而计算桥梁检测部位的挠度值。精密水准是进行国家高程控制网及高精度工程控制网的主要手段,因此其测量精度和成果的可靠性是不容置疑的。由于大多数桥梁的跨径都在 1km 以内,所以利用水准测量方法测量挠度,一般能达到 ±1mm 以内的精度。但采用该方法测量,封桥时间长,效率较低。

(3) 全站仪观测法。由于近年来全站仪的普及和精度的提高,使得全站仪在许多工程中得到了广泛的应用。该方法的实质是利用光电测距三角高程法进行观测。在三角高程测量中,大气折光是一项非常重要的误差来源,但桥梁挠度观测一般在夜里,这时的大气状态较稳定,且挠度观测不需要绝对高差,只需要高差之差,因此只有大气折光的变化对挠度有影响,而该项误差相对较小。利用 TC2003 全站仪($0.5''$, $1mm + 10^{-6} \times D$),在 1km 以内,全站仪观测法一般可以达到±3mm左右的精度。

(4) GPS观测法。目前,GPS测量主要有三种模式:静态、准动态和动态,各种测量模式的观测时间和测量精度有明显的差异。在通常情况下,静态测量的精度最高,一般可达毫米级的精度,但其观测时间一般要1h以上。准动态和动态测量的精度一般较低,大量的实测资料表明,在观测条件较好的情况下,其观测精度为厘米级。因此,对于大挠度的桥梁,应用GPS观测还是可以考虑的。

(5) 静力水准观测法。静力水准仪的主要原理为连通管,利用连通管将各测点连结起来,以观测各测点间高程的相对变化。目前,静力水准仪的测程一般在20cm以内,其精度可达±0.1mm以上,另外,该方法可实现自动化的数据采集和处理。这项技术在建筑物的安全监测中应用已十分普遍,仪器的稳定性和数据的可靠性也相当有保障。

(6) 测斜仪观测法。该方法利用均匀分布在测线上的测斜仪,测量各点的倾斜角变化量,再利用测斜仪之间的距离累计计算出各点的垂直位移量。该方法的最大缺陷是误差累积快,精度受到很大的影响。

(7) 摄影测量法。摄影前,在上部结构及墩台上预先绘出一些标志点,在未加荷载的情况下,先进行摄影,并根据标志点的影像,在量测仪上量出它们之间的相对位置。当施加荷载时,再用高速摄影仪进行连续摄影,并量出在不同时刻各标志点的相对位置,从而获得动载时挠度连续变形的情况。这种方法外业工作简单,效率较高。

(8) 专用挠度仪观测法。在专用挠度仪中,以激光挠度仪最为常见。该仪器的主要原理:在被检测点上设置一个光学标志点,在远离桥梁的适当位置安置检测仪器,当桥上有荷载通过时,靶标随梁体震动的信息通过红外线传回检测头的成像面上,通过分析将其位移分量记录下来。该方法的主要优点是可以全天候工作,受外界条件的影响较小。该方法的精度主要受测量距离的影响,在通常情况下,这种仪器的挠度测量精度可达±1mm左右。

## 11.2 桥梁基础垂直位移监测

### 11.2.1 概述

桥梁垂直位移观测主要研究桥梁墩台空间位置在垂直方向上的变化。观测建筑物垂直位移的方法有多种,如精密水准测量、连通管测量、GPS测量等,各种方法都有其自身的特点,在实际工程中,应根据工程特点和要求灵活应用。

**1. 基点网的布设**

为了观测墩台的垂直位移,需建立变形监测基点网,基点网由基准点和工作基点组成。在布设基准网时,首先应选好基准点。为了使选定的基准点稳定牢固,基准点应尽量选在桥梁承压区之外,但又不宜离桥梁墩台太远,以免加大施测工作量及增大测量的累积误差,一般来说,以不远于桥梁墩台1~2km为宜。基准点需成组埋设,以便相互检核。

工作基点一般选在桥台或其附近,以便于观测布设在桥梁墩台上的观测点,测定各桥墩相对于桥台的变形。而工作基点的垂直变形可由基准点测定,以求得观测点相对于稳定点的绝对变形。

沉降观测的基准点最好埋设在稳固的基岩上,这样既节约经费,又能使基准点稳定可靠。当工程所在区域的覆盖层很厚时,可建立深埋钢管标作为基准点。另外,在大型桥梁工程的施工初期,为验证设计数据,一般会建立一定数量的试验桩,这些试桩有的已和深层基岩紧密相连,有良好的稳定性,因此在试桩顶部建立水准标点,可以成为良好的工作基点,甚至可以作为基准点使用。

基点网的观测一般采用精密水准测量方法进行,其精度一般要比日常沉降观测的精度高一个等级。

**2. 观测点的布设**

在布设监测点时,应遵循既要均匀又要有重点的原则。均匀布设是指在每个墩台上都要布设观测点,以便全面判断桥梁的稳定性;重点布设是指对那些受力不均匀、地基基础不良或结构的重要部分,应加密观测点,主桥桥墩尤应如此。

主桥墩台上的观测点,应在墩台顶面的上下游两端的适宜位置处各埋设一点,以便研究墩台的沉降和不均匀沉陷(即倾斜变形)。

**3. 垂直位移观测**

所谓垂直位移观测,就是定期地测量布设在桥墩台上的观测点相对于基准点的高差,以求得观测点的高程,并将不同时期观测点的高程加以比较,得出墩台的垂直位移值。监测点的观测一般应根据实际情况布设成附合路线或闭合路线。

观测点观测包括引桥观测点观测和水中桥墩观测点的观测。由于引桥观测点是在岸上,其施测方法与一般水准测量方法相同。对水中观测点观测的线路方案从一个墩到另一个墩的观测,可以采用跨河水准测量,但这样做工作量较大,故改为跨墩水准测量,即把仪器设站于一墩上,而观测后、前视两个相邻的桥墩,形成跨墩水准测量。按跨墩水准测量施测时,考虑到其照准误差、大气折光误差等急剧增加,因而对跨墩水准测量的作业,必须采取一定的措施来提高观测精度。

## 11.2.2 润扬大桥基础沉降观测

润扬大桥规模巨大,主体建筑物基础分布集中,荷载集度大,建筑物对地基要求高。然而该大桥主体建筑物地基地质条件差异较大,在施工和运营期间,受工程开挖和工程荷载的影响,地基基础有可能产生沉陷、不均匀沉陷和水平位移,特别是南北汊大桥的塔、锚及世业洲上高架桥的地基变形对大桥安全影响巨大。因此,在施工初期至正常运行的较长过程中,对可能产生变形的建筑物进行安全监测,是十分必要的。

沉降监测的基本原则如下:

(1) 基础沉降监测范围包括南汊大桥的两塔、两锚,北汊大桥的两主塔,以及可能影响的区域。另外,在南汊大桥南锚锭地下连续墙施工和北锚锭冻土法施工期间,尤其要加强监测。

(2) 监测方法以精密水准测量方法为主,精密三角高程方法为辅。

(3) 利用已有施工控制网的测量成果,以利于资料的连续性。

(4) 根据变形监测测量精度要求高的特点以及标志的作用和要求不同,将测量点分为三类:基准点、工作基点、监测点。

(5) 确定的监测方案,在保证精度的前提下,尽可能结合地形、交通等条件,以便提高观测速度,缩短观测时间。

根据润扬大桥桥位区地形特点,在镇江岸、世业洲和扬州岸各自布设独立的水准网,并联测各地段上的基岩水准标志。为了检测基准点的稳定性,并利用基准点进行监测点的施测,高程网按监测控制网和监测网分别布设。根据现实条件,润扬大桥基础沉降观测的精度可达到:

变形点高程精度±2.0mm,相邻变形点高差精度±0.3mm。

润扬大桥沉降监测基准点采用的是首级施工控制网点。指挥部拟定的复测周期为1次/年。当对变形成果发生疑问时,应随时检测部分基准点。

对于施工期变形点的观测周期,在系统设计时确定如下:

(1) 观测系统建立初期,应连续观测两次,以确定可靠的初始值。

(2) 在正常情况下,观测周期应根据变形体南、北汊大桥塔基和锚锭的变形速率和变形观测的精度要求确定。初步拟定的观测次数为14次,分别处于下部结构施工阶段4次,上部结构施工阶段6次,通车前后各1~2次。

(3) 南汊大桥南锚连续墙和北锚冻土法施工期间,应进行加密观测。初步拟定的加密测次为10次,监测周期应随施工状态和监测点位移情况及时调整。

(4) 在观测资料能充分证明变形体趋于稳定或三次连续观测周期的变形量小于观测精度时,可适当延长观测周期。

## 11.3 桥梁挠度观测

对于大型桥梁,其挠度观测的内容一般是指桥面的挠度观测,而对于斜拉桥和悬索桥还应包括索塔的挠度观测。

### 11.3.1 索塔挠度观测

**1. 监测目的**

索塔的挠度是指索塔在高程方向上索塔各点的水平位移分布情况,它包括桥轴线方向的水平位移和垂直于桥轴线方向的水平位移。

索塔是斜拉桥、悬索桥的基本构件之一,其产生挠度变形的原因主要有三个方面:

(1) 由于索塔两侧的拉力不等,而使索塔在顺桥向产生挠度变形。

(2) 由于索塔受风力、日照等外界环境因素的影响,而产生挠度变形。

(3) 由于设计与施工的不合理性,而使索塔产生额外的变形。

对索塔进行挠度观测的目的主要有三点:

(1) 在索塔建设过程中,随着索塔高度的增加,挠度变形的幅度也急剧增大。只有准确地掌握索塔摆动和扭转的规律,才能有效地指导施工和相应的施工测量工作。

(2) 在大桥钢箱梁吊装过程中,由于施工原因,致使索塔两侧受力不平衡,从而使索塔在顺桥向产生一定的偏移。这种偏移有时可达几十厘米。为了将这种变形限制在一定范围内,不致于使其危及索塔安全,需对此变形进行观测。

(3) 为了延长桥梁的使用寿命,验证工程设计与施工的效果,并为科学研究提供资料,应该对桥梁进行变形观测。

由于索塔属于变形比较敏感的高层建筑,因此按照《工程测量规范》三等变形观测的精度要求,变形点的点位中误差应不超过±6mm。对于变形观测的周期,在工程施工阶段,可根据影响索塔受力变化的具体工况而定(如钢箱梁的吊装、混凝土的浇注、斜拉索的张拉等);为了观察索塔一昼夜的变形规律,一般每小时进行一次观测;工程竣工并进入运营后,应定期观测,一般为半年或一年。

索塔挠度变形观测的常用方法有:①交会法(测角、测边、边角交会);②全站仪极坐标法;

③天顶距测量法;④倾斜仪法等。另外,对于垂直的直线型索塔还可采用垂线法观测。由于交会法观测时需要在多个控制点上设站,观测较费时间,而目前全站仪相当普及,且具有高精度、自动化等特点,因此全站仪极坐标法成为当前的挠度观测的主要方法。

**2. 控制网的布设**

变形监测控制网由基准点与工作基点构成,基准点应埋设在变形区域以外稳固的基岩或原状土中,且能长期保存,工作基点应埋设在索塔附近便于观测的地方。为方便观测,控制点一般都应建立混凝土观测墩,并埋设强制归心底盘。由于索塔面积相对较小,因此变形观测控制网一般不再分级。

为保证控制网的精度和可靠性,控制点应组成合适的图形,目前一般用大地四边形即能达到较好的效果。变形监测控制网应充分利用施工控制网点,在精度和稳定性满足要求的情况下,甚至可以不再另设变形监测网。

控制网的精度应根据工程的实际情况决定,主要应考虑索塔实际的变形量、所采用的测量方法、监测的目的和工程的规模等。目前,控制网最弱点的点位中误差一般要求在±5mm以上。

变形监测网的观测方法主要有两种:全站仪观测和GPS观测。由于目前全站仪的测距和测角精度都很高,且变形监测网的点数一般较少,因此在实际工程中,大多采用全站仪观测。当利用GPS进行观测时,应根据实际情况确定控制网的投影面,并用测距仪对观测基线进行检核。

由于工作基点大多位于江边,点位稳定性较差,所以每隔一定时间需对控制网进行复测。根据多期复测结果,可对控制点的稳定性进行评价。控制点的稳定性分析可采用拟稳平差的方法进行。

**3. 测点的布设**

观测点在索塔上布设的位置和数量,应以能反映索塔摆动和扭转的变形特征为原则,同时要有利于观测。为此,在实际布点时,应首先从整体出发,在塔柱的不同高程上布设测点,以反映索塔在不同高度的摆动幅度,具体的测点间隔应根据塔柱的高度等因素确定,一般以每隔30m左右布设一点为宜。另外,在测点布设时,还应考虑塔柱的变形特征,因此,一般需在塔柱顶部、各横梁处布设测点。为便于分析索塔的扭转变形,在同一高度断面上一般应布设两个观测点。

为便于在岸上观测照准,测点一般都应布设在江岸一侧。为便于观测,每个观测点上都应预埋强制对中装置,或者埋设永久性照准标志。

**4. 观测的实施**

挠度观测的方法较多,其观测步骤也不相同,下面仅以全站仪坐标法为例说明其观测过程。

全站仪坐标法观测过程相当简单,当在工作基点上安置好仪器,输入测站点坐标并配置起始方位角后,只要一次照准反射棱镜,仪器即可测出方位角和距离,计算并显示变形点的坐标。将测量结果与变形点第一次测量的坐标比较,就得出变形点的二维偏移量。

用全站仪坐标法观测时,如果始终在同一点上设站,后视方向也始终为同一方向,则各工作基点间的误差不会影响测量精度。又因工作基点和照准点上都采用了强制对中装置,所以全站仪极坐标法的点位误差主要来源是测角误差和测距误差。

## 11.3.2 主梁挠度观测

主梁的挠度变形是主梁结构状态改变最灵敏、最精确的反映,因此对主梁进行挠度监测能够更为准确地把握主梁结构内力状态的改变。另外,部分的结构损伤也将导致主梁挠度情况的异常,通过对主梁挠度的监测也可识别出这些损伤来。因此,对主梁挠度的监测对于结构内力状态及损伤识别均有重要意义。通过挠度监测可以达到以下目的:①修正结构内力反演的结果,确保内力状态的识别精度;②进行基于刚度变化的损伤识别。

目前,主梁挠度观测的主要方法有:水准测量法、全站仪测量法、专用挠度仪测量法、动态GPS测量法、液体静力水准测量法、连通管测压法等。前三种方法一般需封闭桥梁才能观测,且需要的时间较长,不利于桥梁的运行管理;液体静力水准测量对测点的高差有较高的要求,虽测量精度高,但测程较小,在有些场合限制了该法的应用。因此,目前大型桥梁的长期挠度观测主要采用动态 GPS 测量和连通管测压两种方法。

## 11.4 桥梁结构的健康诊断

### 11.4.1 研究进展

**1. 健康诊断理论的发展**

目前,桥梁健康诊断理论的研究主要集中于结构整体性评估和损伤识别。如何根据采集的数据与信号,反演出桥梁的结构工作状态和健康状况,识别出可能的结构损伤的程度及其部位,并在此基础上进行桥梁的安全可靠性评估,真正为桥梁的运营维护管理提供指引,是结构安全监测系统要解决的主要问题。

结构状态反演和损伤识别是健康诊断的核心,其目的是建立一个与桥梁安全监测系统适配的结构状态识别系统,能根据结构监测系统采集的数据与信号,应用结构识别理论和损伤识别方法反演出桥梁的工作状态、或识别出可能的结构损伤及其程度,包括:

(1) 建立桥梁结构动态检测模态参数识别方法;

(2) 建立基于桥梁结构的各种神经网络模型和结构分析的损伤分级识别策略;

(3) 研究各种结构损伤参数识别方法,优选及改造合适的方法应用于桥梁结构状态监测和损伤识别;

(4) 通过实体模型试验,对所选损伤识别方法及软件进行实测对比、验证、优选;

(5) 通过结构损伤检测分析方法研究,建立结构损伤报警系统,以便给桥梁管理部门进行人工探伤确认及维护提供方向性的指引。

我国自 20 世纪 90 年代中期开始桥梁健康诊断方向的研究,在国家科委攀登计划 B"重大土木与水利工程安全性与耐久性的基础研究"项目、国家自然科学基金资助的"桥梁结构健康监测与状态评估"等多个项目的支持下,在大型桥梁结构病害调查、传感器最优布点、结构损伤识别、系统识别、结构剩余可靠度评定、桥梁结构理论模型修正以及斜拉桥结构环境变异性等方面开展了相当深入的研究,为在桥梁健康监测领域的更深入研究打下了基础。在工程实践方面,我国先后开发了南京长江二桥、上海徐浦大桥、广东虎门大桥等桥梁结构健康监测系统,在监测系统的设计与布设以及健康监测系统的运营维护和数据分析与应用等方面积累了一些经验。

**2. 辅助决策系统的发展状况**

桥梁辅助决策系统可以使桥梁管理维护由被动和盲目走向主动和目标明确,因为在监测系统和评估系统的帮助下,可以清楚的了解桥梁主要构件的状态,在准确的桥梁结构模型及其结构响应模拟分析的基础上,可以预测结构在各种可能工况下的反应、极限荷载和失效路径,就可以有针对性的对相关桥梁构件进行预测性或保护性的维护以防患未然。

在国内,安全监测数据管理系统的研制较晚。20世纪80年代中期,一些科研院所先后研制了一些基于计算机的监测数据管理系统和数据处理程序,对数据进行存储、管理、制作图表及统计分析,供管理人员进行多途径的交互式分析判断,为安全监控提供了更多的支持。

自20世纪90年代起,也为一些大型重要桥梁上开发了不同规模的结构健康监测系统,早期的为了数据处理的安全监控系统如虎门大桥应变监测数据处理系统,以及香港路政署为监测青马大桥、汲水门大桥和汀九大桥的结构健康而研制设计的一套桥梁结构健康系统(WASHMS);江苏省"四纵四横四联"公路主骨架和南北跨长江公路通道的江阴长江大桥和南京长江二桥的安全监控辅助决策系统也已研制成功并投入使用。

目前,桥梁安全监控辅助决策系统目前存在的主要问题如下:

(1) 系统在应用程序模式上过于固定,采用模块化的设计思想,程序的结构和数据流程是固定的,各模块之间的调用顺序也是一成不变的,由于当代先进开发技术不断涌现,因此对桥梁安全监控系统的要求也不断地提高,如果采用这种应用模式,则不利于系统功能的添加和更新。系统缺乏良好的开放性和兼容性。

(2) 监测内容不全面,不足以反映桥梁的整体特性,监测系统并没有实现实时或准实时的监测,统计数据不足,无法系统的分析和处理数据为辅助决策系统服务。

(3) 桥梁监测模型理论尚不成熟,用于监控桥梁的模型一般都借鉴于大坝或其他方面应用比较成功的模型,显然不能准确的监控桥梁的运营状态,必须根据建模理论和经验,并结合工程实际来确定真正适合其系统本身的模型。

(4) 对桥梁缺损状态的评价缺乏统一有效的综合性指标,难以反映个别构件的缺损及严重程度对整个桥梁的影响。

(5) 结构系统的复杂性,增加了系统评估的难度。桥梁是由多种材料、不同结构组合的大型综合系统,该系统中各个成分应力状态易损性不一,刚度、动力特性相差很大,很难用单一的标准评判得到预期的效果。

(6) 已开发的系统在设计时没有考虑到突发事件(如撞桥)时如何从监测系统获得实时的数据中迅速评估结构的重大损伤情况和整体工作状态,从而无法作出快速合理的决策和响应。

## 11.4.2 辅助决策系统的建立

辅助决策系统的功能就是把各类经整编后的观测数据和观测资料与各类评判指标进行比较,从而识别观测数据和资料的正常或异常性质。在判断观测数据和资料为异常时,进行成因分析和物理成因分析。并根据分析成果,发出报警或提供辅助决策信息。系统主要包含以下几个功能模块。

(1) 异常测值检查。利用异常值分析准则(时空评判准则、模型评判准则、监控指标评判准则等)对实测值进行检查。通过定量方法检查发现的异常情况归结为三种原因:①与测量因素有关;②与结构因素有关;③模型或检查方法不适应。经过上述检查发现异常情况后,首先应进行监测检查,确定异常情况是否是由测量因素引起的。

(2) 结构异常成因分析。排除由观测因素引起的异常情况须进行物理成因分析,包括外因分析、内因分析,该分析过程需要调用结构分析的计算结果。

(3) 综合评判。经上述分析还未得到结论时则进入综合评判处理,根据能正确反映桥梁安全运行基本要求的准则,利用正确的评判方法得出可用的评判结果。

(4) 结构异常程度以及技术报警级别的确定。当发现异常情况时,需确定异常程度并调用辅助决策系统做出相应级别的报警。

图 11-1 为润扬大桥地基基础结构安全辅助决策结构框图。

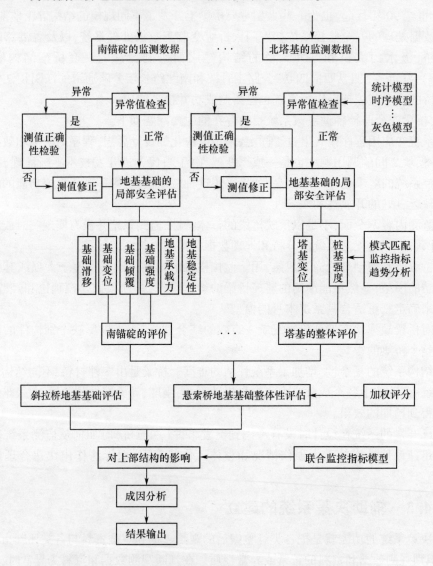

图 11-1　润扬大桥地基基础结构安全辅助决策框图

## 11.4.3　结构安全的综合评判

桥梁工作性态的状况是通过埋设在桥体内的各类监测仪器的监测信息来反映的。但单个测点的实测性态评价并不能完整地描述桥梁整体的实际安全状况,因此需要对桥梁不同部位、不同项目的实测性态进行综合评价。由于桥梁是有若干个工程部位组成的,因此桥梁的工作性态是由各工程部位的安全性态构成,而各工程部位的工作性态是由若干类监测项目特征所决定,各监测项目又有若干监测点组成。所以,桥梁的工作性态最终由测点的监测性态决定。

**1. 安全度的概念**

事物的安全度是对事物当前状态正常程度的一种定量描述。安全度是对不同对象评价的统一标度,利用安全度概念可逐层分析上层元素的安全度。关于安全度的评价,习惯上以若干个等级来描述,若等级过少则将失于粗略,而过多又会使确定界限的难度加大,在通常情况下,取安全度为 5 个等级,其评语依次为正常($V_1$)、基本正常($V_2$)、轻度异常($V_3$)、重度异常($V_4$)、恶性异常($V_5$),从而构成评价向量 $V = [\ V_1\quad V_2\quad V_3\quad V_4\quad V_5\ ]$。

**2. 层次分析法**

层次分析法的一个重要特点就是尽可能将定性指标标准化,最大限度地减弱主观随意性的影响,这也是应用层次分析法解决桥梁综合性能评定的出发点。应用层次分析法分析桥梁工作性态,首先把问题条理化、层次化,构造出一个层次分析的结构模型,在这个结构模型下,复杂问题被分解为元素的组成部分,这些元素又按其属性分成若干组,形成另一个层次,同一层次的元素作为准则对下一层某些元素起支配作用,同时又受上一层次元素支配,这些层次一般按目标层、准则层、子准则层排列。

**3. 权重分配**

在桥梁工作性态评价中,各因素权重的分配非常重要,因此在评判过程中应根据实际情况确定每个测点和每个项目的权重。在通常情况下,对于同一部位同一类型的测点应赋予相同的权,而对于不同类型的测点,应根据该类测点对桥梁安全的影响程度选用不同的权;对于不同的工程部位,由于其在整体工程中的重要性不同,在权重分配时也应合理考虑。

**4. 测点安全度评价**

对单个测点测值(或单项巡查结果)安全度的评价,可以分解为数值及趋势两个侧面,其安全度可以用公式表示为

$$r_i = f(r_{i1}, r_{i2}) = p_{i1} r_{i1} + p_{i2} r_{i2} \qquad (11-1)$$

式中:$r_i$ 为测点 $i$ 的安全度,$0 \leqslant r_i \leqslant 1$;$r_{i1}$ 为测点 $i$ 的数值安全度;$r_{i2}$ 为测点 $i$ 的趋势安全度;$p_{i1}$ 为测点 $i$ 的数值安全度权重;$p_{i2}$ 为测点 $i$ 的趋势安全度权重,$p_{i1} + p_{i2} = 1$。

**5. 安全度递归**

桥梁安全综合评价是一个复杂的多层次安全度递归过程,在这个计算过程中,一般将评价层各因素安全度的加权平均值作为上一层的安全度指标,可用公式表示为

$$r^{k-1} = \frac{\sum_j p_j^{(k)} r_j^k}{\sum_j p^{(k)}{}_j} \qquad (11-2)$$

式中:$r^{k-1}$ 为第 $(k-1)$ 层的因素安全度;$r_j^{(k)}$ 为第 $k$ 层的第 $j$ 个因素的安全度;$p_j^{(k)}$ 为第 $k$ 层的第 $j$ 个因素的权重。

**6. 工作性态的区分**

根据已得到桥梁的安全度指标 $r$ 和桥梁工作性态的评价集,则可利用贝叶斯决策理论确定事件的最小风险分类,但在实际工作中,由于一般不知道各事件的概率密度及类事件的概率密度,因此这种分类方法在实际应用中有一定的困难。解决该问题的一个有效办法是对安全度指标实行有序分割,即将安全度值空间划分为 5 个对应于工作性态评价空间的子空间。各区间的分位值应根据工程实际情况确定。

**思考题**

1. 桥梁变形监测的主要内容有哪些？
2. 桥梁垂直位移监测的主要方法有哪些？
3. 桥梁水平位移监测的主要方法有哪些？
4. 桥梁挠度监测的主要内容有哪些？
5. 桥梁塔柱监测的主要内容和方法有哪些？
6. 桥梁主梁挠度监测的主要方法有哪些？
7. 为什么要进行桥梁的健康诊断系统研究？
8. 健康诊断研究的主要内容有哪些？

# 第12章

# 地铁盾构隧道施工监测

## 12.1 概　述

随着城市密集度的提高和高层建筑的不断增加,地面可利用空间越来越少,而地下又布满了各种用途的管线,所以采用盾构法来开发地下空间是一种最佳选择。盾构掘进机是一种隧道掘进的专用工程机械,现代盾构掘进机集机、电、液、传感、信息技术于一体,具有开挖切削土体、输送土碴、拼装隧道衬砌、测量导向纠偏等功能。盾构掘进机已广泛用于地铁、铁路、公路、市政、水电隧道工程(图12-1)。

图12-1　盾构掘进机示意图

盾构法隧道的基本原理是利用一件有形的钢质组件沿隧道设计轴线开挖土体而向前推进。这个钢质组件在初步或最终隧道衬砌建成前,主要起防护开挖出的土体、保证作业人员和机械设备安全的作用,同时还承受来自地层的压力、防止地下水或流沙的入侵。

隧道拱内圈的空洞由盾构本体防护,同时还需要其他辅助措施对工作面进行支护。盾构法隧道主要有如图12-2所示的几种支护土体方法和相匹配的盾构类型及如图12-3所示的盾构掘进机的支护面板。

常用的盾构掘进机与工法有:①土压平衡盾构掘进机与工法(图12-4、图12-5);②泥水盾构掘进机与工法(图12-6、图12-7)。

地铁采用盾构法进行隧道施工时,同样会引起地层移动而导致不同程度的沉降和位移。为将地层位移减少到最低程度,需监测盾构施工区域地层的移动,掌握其移动规律,及时采取必要的技术措施,改进施工工艺。同时,控制周围地层位移变化量,以确保邻近建筑物的安全。

目前地铁隧道施工监测已经在工程设计规范和施工验收标准中以法律条例的形式肯定下来,同时越来越成为投资商、承包商、监理单位、设计单位自觉执行的行为,其主要作用有:

(1) 监测和判断各种施工因素对地表变形的影响,提供改进施工的方法和减少地面沉降的重要依据。

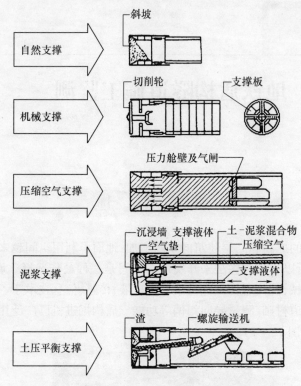

图 12 - 2　支护土体方法和相匹配的盾构类型示意图

图 12 - 3　各种盾构掘进机的支护面板

(2) 根据前一段的观测结果,预测下一段的地表沉降和对周围建筑物及其他设施的影响。

(3) 检验施工方法是否达到控制地面沉降和隧道沉降的要求。

(4) 研究土壤特性、地下水条件、施工方法与地表沉降的关系,作为将来设计的参考依据。

(5) 通过施工监测可取得减少沉降、减少保护工程费的效果。

(6) 保证工程安全,减少总造价。

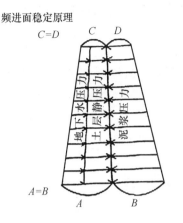 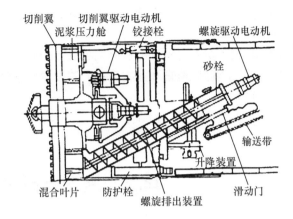

图 12-4 土压平衡盾构工法和盾构结构示意图

图 12-5 土压平衡盾构掘进机　　　　　图 12-6 泥水加压平衡盾构掘进机

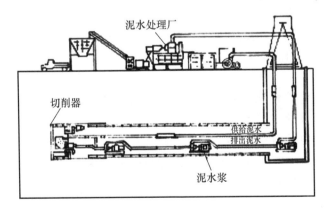

图 12-7 泥水加压平衡盾构掘进机工法示意图

由于地铁隧道施工监测的重要性,因此需要对施工监测加强管理,主要是做好以下几项工作。

(1) 工程施工前,根据现场的实际情况(尤其危房建筑)及工程的施工进度,编制详细的监测实施作业计划及相应的保证措施,作为施工生产计划中的一项重要内容,同时报请监理工程师和业主批准。

(2) 成立专门的监测小组,保证监测人员有确定的时间、空间和相应的监测工具,确保监测成果及时准确。

（3）施工监测紧密结合施工步骤，测出每一施工步骤时的变形影响，同时计算出各测点的累计变形。

（4）监测人员及时整理分析监测数据，绘制各种变形和时间的关系曲线，预测变形发展趋向，及时向总工程师、监理和业主汇报。若发现异常情况，随时与监理、业主联系，采取有效措施，做好预防。

（5）根据监测结果及时调整施工步骤及采取相应的技术措施，确保施工及周围环境的安全。

## 12.2　施工监测内容与方法

### 12.2.1　施工监测的内容

在地铁盾构隧道施工中，施工监测是一项非常重要的工作，因此在监测内容的选择上一定要认真仔细，考虑全面。在正常的施工过程中，进行监测项目的选择时，可以依据以下几方面。

（1）正常施工情况下的具体监测要求，如不同的施工工艺对各项变形的限差等。

（2）施工区域土壤及地下水情况。

（3）隧道施工影响范围内现有房屋建筑、各种构筑物的形状及尺寸、与隧道轴线的相对位置。

（4）隧道填埋的深度。

（5）双线隧道的间距或施工隧道与近旁大型、重要公用管道的间距。

（6）隧道设计的安全储备系数。

根据以上几个方面，在不同的地铁隧道中，可以选择具体进行监测的项目。在盾构法隧道施工中，这些监测项目可以划分为三大类：土体介质的监测、周围环境的监测和隧道变形的监测。

土体介质的监测包括地表的沉降监测、土体分层沉降和深层位移监测、土体回弹测量、土体应力和孔隙水压力测量。

周围环境的监测包括相邻房屋和重要结构物的变形监测、相邻地下管线的变形监测。

隧道变形的监测包括隧道沉降和水平位移监测、隧道断面收敛位移监测、隧道应变和预制管片凹凸接缝处法向应力测量。

### 12.2.2　施工监测的方法

**1. 土体介质的监测**

1）地表沉降监测

地表沉降监测是采取精密水准测量的方法测量地铁盾构隧道上方地表的标高。具体作业过程通常如下：

（1）在沉降测量区域埋设地表桩，地表桩一般沿盾构隧道的轴线每隔 3~5m 设置一个。同时，适当布置几排横向地表桩，以便于测量盾构施工引起的横向沉降槽的变化。

（2）在远离沉降区域，并沿地铁隧道方向布设监测基准点，并进行基准点联测。监测基点的数量可以根据监测工作的要求确定，但一般要多于 3 个。监测基点可以采用独立高程系统进行联测，也可以与已知的国家高程点一起进行联测。

（3）根据基准点的高程，按照监测方案规定的观测频率，用精密水准仪进行测量，并计算每次观测的地表桩高程。

如果地铁盾构隧道上方是道路，则在进行道路沉降观测时，必须将地表桩埋入地面下的土层里，才能比较真实地测量出道路的沉降。如果地铁盾构隧道上方有地下管线，则在监测时对重点保护的管线，应将测点设在管线上，并砌筑保护井盖，一般的管线可在其周围设置地表桩进行监测。

2）土体沉降和深层位移监测

监测盾构施工引起的土体分层沉降和深层位移量可了解土层被扰动的范围和影响程度。土体分层沉降是指土层内离地表不同深度处的沉降或隆起，通常用磁性分层沉降仪量测。土体深层位移是指土层不同深度的水平位移，通常采用测斜仪进行测量。土体沉降和深层位移监测都是在隧道两边或底部钻孔预埋测管，两者可共用一个测管。当测管埋设深度低于隧道底部标高时，可把管底作为初始不动点，埋设在隧道顶部的测管一般以管顶为不动点，但必须测量管顶的水平位移值并进行修正。图12-8为双孔隧道上方的地表沉降槽和分层位移的实测曲线。

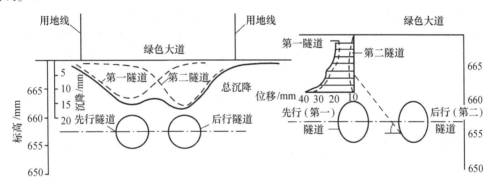

图12-8　双孔隧道上方的地表沉降槽和分层位移的实测曲线

3）土体回弹测量

在地铁盾构隧道掘进中，由于卸除了隧道内的土层，因而引起隧道内外影响范围内的土体回弹。土体回弹测量是指测量地铁盾构隧道掘进后相对于地铁盾构隧道掘进前的隧道底部和两侧土体的回弹量。在地铁盾构隧道施工中，一般是在盾构前方埋设回弹桩，观测施工过程中底部土体的回弹量，其具体的测量方法可以采用精密几何水准测量的方法进行。埋设回弹桩时，要利用回弹变形的近似对称性，应埋入隧道底面以下20~30cm，根据土层土质的情况，可采用钻孔法或探井法。

4）土体应力和孔隙水压力测量

盾构掘进对土体的挤压作用破坏了土体的结构，使土中应力和孔隙水压增大。对土体应力和孔隙水压力测量，能了解盾构的施工性能，了解盾构的施工对土层的扰动程度以及预测固结沉降量；而且数据反馈后，可及时调整施工参数，减少对土层的扰动。土体应力和孔隙水压力测量主要是采用钻孔埋设法埋设土应力盒和空隙水压力探头等传感器，利用这些传感器获取土体的温度和水压力，通过事后计算得到需要的观测数据。这些测点主要埋设在隧道外围。

## 2. 周围环境的监测

1）相邻房屋和重要结构物的变形监测

地铁盾构隧道掘进中，对盾构直接穿越和影响范围内的房屋、桥梁等构筑物必须进行保护监测。建筑物的变形监测可以分为沉降监测、倾斜监测和裂缝监测3部分内容。沉降监测的监测点设在基础上或墙体上，另外在构筑物外的表面上和构筑物底板上有时也需设一些监测点，用精密水准仪进行测量。构筑物倾斜监测可采用经纬仪测量方法，也可在墙体上设置倾斜仪，连续监测墙体的倾斜。构筑物的裂缝可用裂缝监测仪测得。

在进行结构物的变形监测前，必须收集和掌握以下资料：① 建筑物结构和基础设计资料，如受力体系、基础类型、基础尺寸和埋深、结构物平面布置及其与隧道的相对位置等；② 地质勘探资料，包括土层分布及各土层的物理力学性质、地下水分布等；③ 隧道工程的施工计划、盾构平衡压力设定值和同步注浆情况等。

房屋和重要结构物的沉降监测，其沉降监测点布设的位置和数量以及埋设方式，应根据隧道施工有可能影响到的范围和程度，同时将建筑物本身的结构特点和重要性进行全盘考虑和确定。通常情况下监测点布设在房屋承重构件或基础的角点上，长边上可适当加密测点。为了直接反映建筑物的沉降情况，同时亦为了实施方便，可以采用铆钉枪、冲击钻等将铝合金铆钉或膨胀螺栓固定在房屋的基础和外墙表面，也可以在显著位置涂上红漆作为搁尺量测的记号。基准点至少布设3个，以便于相互检核，其位置必须设置在远离隧道施工引起变形的范围之外，但也需考虑重复量测时，通视等方面的因素，避免转站过多而引起测量误差。沉降监测采用常规的精密水准测量方法进行，每次测量需将监测点和基准点连接成固定水准线路，监测结束后需对监测结果进行平差计算。在监测过程中尽量使监测人员、仪器、仪器架设的位置保持不变。

地铁盾构隧道掘进中的房屋和重要结构物的沉降监测与建造房屋和重要结构物时的永久沉降监测相比，隧道引起相邻房屋和重要结构物的测点数量较多，监测频率很高，所以在监测精度上可以适当放宽。但是，要密切注意其沉降变化速率，即沉降量随时间的变化率。在具体实施过程中，房屋和重要结构物沉降监测的监测频率和变化速率的报警范围，可以根据相邻房屋的种类和用途区别对待，要特别重视变电站、锅炉房、居民住宅、校舍等涉及人民生命安全的楼宇，发现险情，及时报警，尽快撤离。同时重视初始读数的准确性和精确度。另外由于测点设在工地现场之外，受外来因素损坏的可能性很大，当测试表明房屋发生明显沉降而分析不出所造成的原因时，应及时检查测点状况，并与其他测试内容相对照，以避免发出错误信息。

房屋和重要结构物的倾斜量值是判别房屋是否安全的基本控制量。当房屋和重要结构物发生不均匀沉降时，会发生倾斜和开裂。因此，在地铁盾构隧道掘进中，也需要进行房屋和重要结构物的倾斜监测。倾斜监测可采用测角精度较高的经纬仪进行测量。

房屋和重要结构物的沉降和倾斜必然会导致结构构件的应力调整，因此房屋和重要结构物就会产生裂缝。在地铁盾构隧道掘进中，有关裂缝开展状况的监测通常也作为评价施工对房屋和重要结构物影响程度的重要依据之一。房屋和重要结构物裂缝监测有直接监测和间接观察两种方法。在具体实施过程中，通常两种方法同时采用。

直接监测法是将裂缝进行编号并画出测读位置，通过裂缝监测仪（图12-9）进行裂缝宽度测读，该仪器肉眼观测的精度为0.1mm。

间接观察法是一种定性化观察方法，对于确定裂缝是否继续开展很有作用，包括石膏标志法和薄铁片标志法。前者是将石膏涂盖在裂缝上，长约250mm，宽约50~80mm，厚约10mm。

石膏干后,用红色漆在其上标明日期和编号。后者是采用两片厚约0.5mm的铁片,首先将一方形铁片固定在裂缝的一侧,使其边缘与裂缝边缘对齐。然后将另一矩形铁片一端固定在裂缝的另一侧,另一端压在方形铁片上约75mm(图12-10)。将两张铁片全部涂上红漆,然后在其上写明设置日期和编号。每一条裂缝需设置两个标志,其中一个设在裂缝最宽处,另一个设在裂缝的末端处,并将其位置表示在该建筑物的平面图上,注上相应的编号。

图12-9 裂缝监测仪

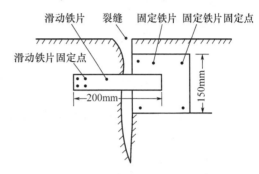
图12-10 薄铁片标志法监测裂缝示意图

2) 相邻地下管线的变形监测

城市地区地下管线网是城市生活的命脉,与人民生活和国民经济紧密相连。隧道相邻地下管线的监测不仅关系到隧道工程本身的安全,同时也关系到国家和人民的利益。城市市政管理部门和煤气、输变电、自来水、电话公司等对各类地下管线的允许沉降量制定了十分严格的规定,工程建设所有有关单位必须遵循。因此,在地铁盾构隧道掘进中,必须对相邻地下管线进行监测。相邻地下管线的监测内容主要为管线垂直沉降,其测点布置和监测频率应在对管线状况进行充分调查、与管线单位充分协商后确定,调查内容包括以下几方面:①管线埋置深度和埋设年代,在城市测绘部门提供的综合管线图上有所反映,但并不十分全面,如能结合现场踏勘更好。管线种类,如输变电缆的电压,煤气管道是主管还是支管、是否加压、高压还是低压等;线接头,如上、下水管是石棉填塞接头,还是螺纹接头,管线走向,管线与隧道的相对位置等。②管线所在道路的地面人流与交通状况,以便制定适合的测点埋设和监测方案。③隧道施工过程中,采用土力学与地基基础的有关公式预估地下管线的最大沉降,为量测数据分析提供依据。

目前,管线垂直沉降布点方法主要采用间接测点和直接测点两种形式。间接测点又称为监护测点,常设在管线轴线相对应的地面或管线的窨井盖上,由于测点与管线本身存在介质,因而测试精度较差;但可避免破土开挖,可以在人员与交通密集区域,或设防标准较低的场合采用。直接测点是通过埋设一些装置直接测读管线的沉降,常用方案有以下几种。

(1) 抱箍式。由扁铁做成的稍大于管线直径的圆环,将测杆与管线连接成为整体,测杆伸至地面(图12-11),地面处布置相应窨井,保证道路、交通和人员正常通行。抱箍式测点具有监测精度高的特点,能测得管线的沉降和隆起;其不足是埋设必须凿开路面,并开挖至管线的底面,这对城市主干道路是很难办到的;但对于次干道和十分重要的地下管线,如高压煤气管道,按此方案设置测点并进行严格监测,是必要可行的。

(2) 套筒式。采用一硬塑料管或金属管打设或埋设于所测管线顶面和地表之间(图12-12),量测时,将测杆放入埋管,再将标尺搁置在测杆顶端,进行沉降量测。只要测杆放置的位置固定,观测结果就能够反映管线的沉降变化。按套筒方案埋设测点的最大特点是简单易行,特别是对于埋深较浅的管线,先通过地面打设金属管至管线顶部,再清除整理,可避免道路开挖;其缺点在于监测精度较低。

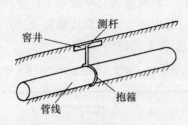

图 12-11 抱箍式布点法示意图

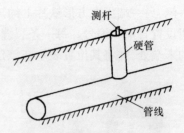

图 12-12 套筒式布点法示意图

管线垂直沉降监测与房屋和重要结构物的沉降监测方法相同,使用精密水准仪采用水准测量的方法进行。

**3. 隧道变形的监测**

1) 隧道沉降和水平位移监测

地铁盾构隧道掘进中,会使得周围建筑物产生一定的变形,同时隧道本身也会有沉降和水平位移,所以在施工过程中,必须对隧道本身进行沉降和水平位移监测。

传统的隧道沉降和水平位移监测方法是在隧道的顶部或腰线处设立观测点,然后用常规的水准测量方法进行沉降量的测量。同时,以隧道轴线和其轴线的垂直方向建立坐标系,用导线测量的方法测量所有观测点的坐标,以此来推算隧道水平位移量。

目前,为了能够连续准确地监测到隧道的沉降及水平位移变形情况,已经有较为先进的方法。此方法的主要原理是采用具有先进功能和高精度的自动跟踪全站仪,以定时(如 30min/次)的方式自动进行。监测结果可通过电缆从全站仪传送到计算机,在计算机上可得到隧道沉降及水平位移实时的监测结果。这种全站仪具有独特的自动跟踪功能,仪器能自动识别目标(棱镜),自动精确照准;目标一旦被识别,仪器就自动跟踪。它可与多个棱镜(多个目标)一起作业,全站仪就可以自动精确照准目标和调焦;然后进行测量,并具有重复测量(监测、组合测量、正倒镜测量)和自动存储所需结果的功能。由于它对目标进行的是 $XYZ$ 三维坐标的测量,利用此特点,一次就可完成隧道沉降($Z$ 方向)及水平位移($X$ 方向)的监测。

这种方法具有以下明显优点。

(1) 与手动照准比较,省时省力,且无精度损失,监测成果精度均匀。

(2) 监测时对光和亮度的要求少,可在弱光或无光条件下监测。

(3) 可实现数据的同步采集和分析,并可以通过专业软件在计算机上生成数据图表。

2) 隧道断面收敛位移监测

常规收敛位移监测采用收敛计进行测量,但最大的问题是首先重复精度不高,而且因操作人而异;其次是工作量大,效率低。目前,用断面自动扫描的方法进行隧道断面收敛变形监测。

这种方法是利用免棱镜自动跟踪全站仪和专业的断面测量系统软件(如 Tpspros 软件)组成的仪器系统来实现断面自动扫描,以此进行隧道断面收敛变形监测。

这种免棱镜自动跟踪全站仪具有以下特点。

(1) 可在弱光或无光的条件下监测。

(2) 具有激光对中和激光测距功能。

(3) 在目标点不必设置反射棱镜,仪器自身可向目标点发射激光,并靠接收目标点反射光线就可工作,即具有免棱镜的反射工作方式。

(4) 独特的自动跟踪功能,仪器能自动识别目标(棱镜),自动精确照准。

这种方法实施时,在隧道的指定断面处,将全站仪架设在断面左右对称(近似)的中心轴线上,在断面上进行0°~360°方向的连续测距,并将测量数据直接传送到与之相连的计算机中。Tpspros 软件可以对数据进行平滑处理,删除一些因测量时测距的激光束打到附在隧道壁上的电缆等附加物上造成的误差点;然后计算出被测断面轮廓线的几何数据;再自动将上述几何数据和断面的理论轮廓线或上一次测量所得的轮廓线对比,计算出变化量,进而得出一些统计数据。

3) 隧道应变和预制管片凹凸接缝处法向应力测量

应变和应力测量是在隧道的结构物上,焊接应变计和应力计等一些传感器,根据传感器测量的结果计算结构构件的轴力和弯矩,判断结构物的安全性能。

## 12.3 地铁盾构隧道监测方案设计

### 12.3.1 方案设计的原则

隧道监测的目的是掌握隧道施工过程中的动态信息并及时反馈,指导施工;通过对各种支护应力等方面的量测,掌握各种支护的应力情况,以便进一步完善和修改支护系统设计。因此,隧道监测方案设计的原则是在熟悉隧道施工方案、了解施工区域内土壤及地下水和隧道施工影响范围内现有结构物情况的基础上,根据工程的特殊要求,设计出确保工程安全的、经济有效的、便于监测工作的实施和工程项目施工的监测方案。

### 12.3.2 方案设计前的准备工作

根据方案设计的原则,做好一个监测方案需要熟悉很多有关隧道施工方案和施工区域内土壤及地下水以及隧道施工影响范围内现有结构物的资料,所以,方案设计前的准备工作包括以下几项。

(1) 收集各种资料。资料主要包括:隧道施工方案,施工区域内地质分析报告,施工影响范围内结构物的设计图纸和竣工资料,施工区域内的管线图,施工区域内的交通情况等。

(2) 实地进行踏勘。实地进行踏勘主要是进行施工影响范围内结构物和管线的调查。调查管线的位置、种类、大小;结构物形状以及其是否有裂缝等情况。调查的主要目的是便于监测点的布置和施工对其影响的评价。

### 12.3.3 方案设计的内容

监测方案设计的内容会根据不同的工程项目、不同的地质情况有所不同,但是主要包含以下几方面。

(1) 工程项目概况。其主要介绍工程项目的基本情况和施工区域内的地质情况。

(2) 监测的目的和意义。详细阐述监测对安全施工、保障人民财产的重要性以及进行各项科学研究的重要意义。

(3)施工过程中对各种设施的影响评价。分析隧道项目施工对周边结构物、管线的影响程度,分析盾构推进引起的地表位移特征,并估算地表沉降量,分析隧道本身的变形特征。

(4)监测的具体内容。根据具体工程项目和地质的具体情况,确定监测的具体项目内容,同时,可以包含对于一些具体施工工艺和参数的测定。

(5)监测点的布置。根据收集的资料和踏勘的实际情况,具体确定监测点的数量和位置,绘制监测点位分布图。

(6)监测方法。针对每一项监测内容,提出采用何种监测方法以及如何实施监测工作,使用何种监测仪器,并详细阐述使用方法的实施效果。

(7)监测频率和报警值的确定。根据规范,结合实际情况确定每一监测项目的监测频率和报警值。

(8)监测的组织结构和质量保证体系。为保障监测工作的顺利实施和监测结果的准确性,要制定科学的质量保证体系。

(9)监测成果。明确每次监测应提交的监测报告内容和最终监测报告内容,以及提交的时间等。

## 12.4　监测数据整理与分析

### 12.4.1　监测数据整理

监测数据整理的主要工作是对现场监测所取得的资料加以整理、编制成图表和说明,使它成为便于使用的成果。其具体内容如下:

(1)校核各项原始记录,检查各次变形监测值的计算是否有误。

(2)变形值计算。

(3)绘制各种变形过程线、建筑物变形分布图。

### 12.4.2　监测数据分析

监测数据分析是分析归纳地表、管线及周边建筑物的变形过程、变形规律和变形幅度;分析变形的原因,变形值与引起变形因素之间的关系,并找出它们之间的函数关系,进而判断地表、管线及周边建筑物的情况是否正常。在积累了大量监测数据后,可以进一步找出地表、管线及周边建筑物变形的内在原因和规律,从而修正设计的理论以及所采用的经验系数。这一阶段的工作可分为:

(1)成因分析(定性分析)。对结构本身(内因)与作用在结构物上的荷载(外因)以及监测本身,加以分析、考虑,确定变形值变化的原因和规律性。

(2)统计分析。根据成因分析,对实测数据进行统计分析,从中寻找规律,并导出变形值与引起变形的有关因素之间的函数关系。

(3)变形预报和安全判断。在成因分析和统计分析的基础上,可根据求得的变形值与引起变形因素之间的函数关系,预报未来变形值的范围和判断建筑物的安全程度。

### 12.4.3　绘制监测点变形过程线

监测点的变形过程线是以时间为横坐标,以累积变形值(位移、沉陷、倾斜、挠度等)为纵坐标绘制成的曲线。监测点变形过程线可明显地反映出变形的趋势、规律和幅度,对于初步判断建筑物的工作情况是否正常是非常必要的。变形过程线绘制的步骤如下:

(1) 根据监测记录计算变形数值。
(2) 绘制监测点实测过程线。
(3) 实测变形过程线的修匀。

图 12-13 所示为根据某建筑物变形监测点实测数据,绘制的时间(或荷载)—沉陷量曲线图。绘制时间(荷载)—沉陷量曲线图时,常取横轴为时间 $t$,时间的单位视监测内容而定,一般以日或月为单位,很少用到以小时为单位。可以绘沉陷量最大、最小、平均 3 条曲线,必要时每个监测点画 1 条沉陷曲线。从曲线可表现出沉陷的开始、发展及趋于稳定的整个沉陷过程,故也叫它为沉陷过程曲线。

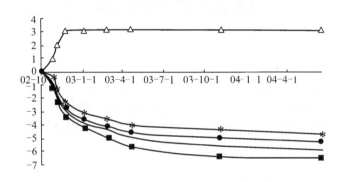

图 12-13 监测点时间(荷载)—沉陷量曲线图

由于监测是定期进行的,故所得成果在变形过程线上仅是几个孤立点。直接连接这些点自然得到的是折线形状,加上监测中存在误差,就使实测变形过程线常呈现明显跳动的折线形状,如图 12-14 所示。为了更确切地反映建筑物变形的规律,需将折线修匀成圆滑的曲线。常用的修匀方法为"三点法"。例如图 12-15 中 $(i-1)$、$i$、$(i+1)$ 为实测变形过程中相邻的 3 个点,其用"三点法"修匀的步骤如下:

(1) 用直尺将点 $i-1$ 和 $i+1$ 相连(图中虚线,实际工作时可不划出),求取此线与过 $i$ 点的纵坐标轴平行线之交点 $K$。
(2) 在直线 $iK$ 上求取 $I$ 点,使 $IK = pi/[p]iK$,则点 $I$ 为修正位置;式中:$[p] = p_{i-1} + p_i + p_{i+1}$,而 $p_{i-1}$、$p_i$、$p_{i+1}$ 分别为点 $(i-1)$、$i$、$(i+1)$ 根据实际情况决定的权。

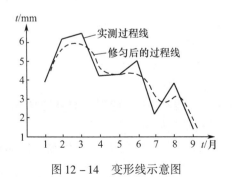

图 12-14 变形线示意图

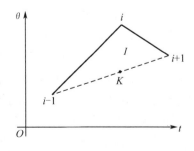

图 12-15 "三点法"修匀示意图

当 $p_i = p_{i-1} = p_{i+1}$ 时，$p_i/[p] = 1/3$；

当 $p_i = 2$，$p_{i-1} = p_{i+1} = 1$ 时，$p_i/[p] = 1/2$；

当 $p_i = 4$，$p_{i-1} = p_{i+1} = 1$ 时，$p_i/[p] = 2/3$；

由点1、2、3修正点2，由点2(原测点位)、3、4修正到点3…将各修正点用圆滑曲线连接起来，即得到修匀后的过程线。图12-14中虚线即为用"三点法"进行修匀后的过程线，修匀中假定权为当 $p_i = 4$，$p_{i-1} = p_{i+1} = 1$。

也可用样条正数法拟合，由计算机程序自动完成。

根据各监测点的分布以及各个周期的测量结果，还可以绘制某个监测断面的变形分布图、等值线图等。这些工作一般可采用专用的绘图软件进行，实现变形监测的可视化。

## 12.5 工程实例

### 12.5.1 工程概况

南京地铁一号线盾构15标沿途穿越金川河、玄武湖隧道、龙蟠路隧道、廖家巷密集建筑群、南京古城墙等及众多地面建筑和地下管线，该区间隧道上覆地层为冲积层、残积层和风化岩层，因此工程施工难度很大。为了保证盾构机推进时的安全，防止周围已建构筑物的安全，必须对其进行监测和分析。

### 12.5.2 施工监测项目

**1. 现场监测内容**

监测内容根据该工程的特征，在施工中对以下项目进行了监测。

(1) 地表沉降和地下管线安全监测。

(2) 地面房屋沉降和倾斜监测。

(3) 水位测试。

(4) 土体水平位移监测。

(5) 隧道沉降、净空水平收敛监测。

(6) 玄武湖公路隧道相关监测及其他盾构机掘进参数的采集(正面土压、推力、推进速度、同步注浆量、注浆压力、出渣量等)。

**2. 测点布置**

地表沉降和地下管线：地表沉降点在区间隧道两端各50m范围内及规划玄武湖隧道、金川河地段沿隧道轴线按10m间距布设，其余地段按20m间距布设。地表横向沉陷槽测点按50~80m间距布设一组。沉陷槽测点布设如图12-16所示。

沿区间隧道施工影响范围内(距隧道边线约15m)的主要地下管道(上、下水管、煤气管道、电力管道、通信管道等)上方地表每隔30m左右布设一个测点。

地面房屋沉降和倾斜监测：在区间隧道两侧距隧道边线约15m，特别是对隧道两侧10m范围内地面构筑物进行监测，测点主要布设在构筑物四角及其周围基础上。

水位测试及土体水平位移：在两个测试断面上共布设3个水位孔，5个土体水平位移孔，如图12-17所示。

隧道沉降、净空水平收敛：在盾构机始发处和到达处50m范围内及盾构隧道过玄武湖地

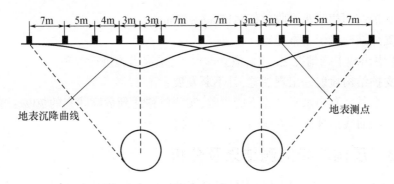

图 12-16 地表沉降槽监测点布置图

段每 20 环管片布设 1 个测试断面,其他地段原则上按 50~80m 间距布设测试断面,每侧面布设一组管片收敛和底板沉降测点,如图 12-18 所示。

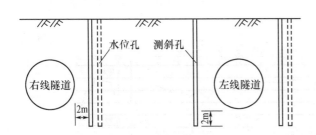

图 12-17 水位测试和土体水平位移测孔

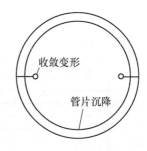

图 12-18 隧道位移监测点布设示意图

**3. 监测方法和频率**

1) 地面沉降和地下管线监测

采用精密水准测量方法进行。在开挖面距量测端面前 1 倍洞径与埋深之和开始量测,在开挖面通过量测断面 1 倍洞径与埋深之和范围内,每开挖循环或 1 天 1 次,5 倍洞径范围内每 2 天 1 次,5 倍洞径范围外每周 1 次,直至变形稳定或全部施工完成。

2) 地面房屋沉降和倾斜监测

监测方法和监测频率同地表沉降监测。

3) 水位测试

水位测试采用 DKY-51 型孔隙水压力仪进行量测。监测频率:每周测量 1 次。

4) 土体水平位移监测

土体水平位移监测也称地中水平位移监测,通过地面钻孔,用 BC-5 型倾斜仪量测钻孔各测点的倾斜度方式来量测。量测频率同地表沉降监测。

5) 隧道沉降、净空水平收敛监测

隧道沉降采用 ZeissNi004 精密水准仪和倒挂钢尺形式的精密水准测量方式。隧道净空收敛量测采用 JSS30/15A 收敛计量测。监测频率:每周测量 1 次。

**4. 地铁区间隧道施工中的信息反馈基本判断准则**

(1) 监控量测的控制标准:

- 地表下沉量不允许 > 30mm;
- 地表沉降槽曲线最大坡度 ≤1/300;

- 初期支护结构相对水平收敛值≤15mm～30mm；
- 初期支护结构趋于基本稳定。

（2）施工中出现下列情况之一时，应立即停工，采取措施进行处理：
- 初期支护结构喷射砼出现裂缝，且不断发展；
- 开挖一个月后洞内水平位移不能收敛，实测位移达到危险状态的70%；
- 位移时间曲线出现反弯突变的急剧增长现象。

### 12.5.3 盾构沉降监测结果及分析

许（许府巷）—南（南京站）区间右线盾构机主要在粉细砂层掘进，纵向地表沉降在 -2.8～-91.9mm，多数沉降稳定在15mm左右；许（许府巷）—玄（玄武门）区间左线纵向地表沉降变化在 -2.9～-71.3mm，多数沉降稳定在10～20mm；许—玄区间右线地表沉降变化在 -2.7～-46.4mm，多数沉降稳定在10～15mm。该地表沉降曲线见图12-19和图12-20。

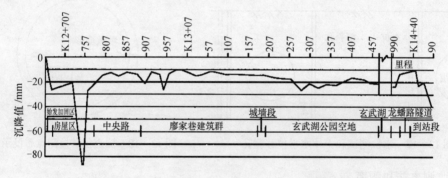

图12-19 许-南区间右线隧道轴线地表沉降曲线图

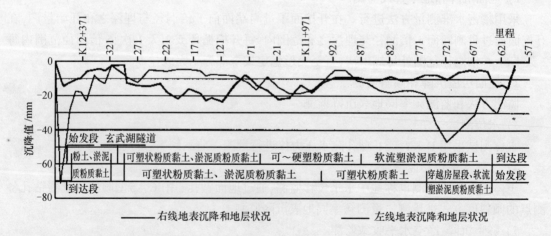

图12-20 许-玄区间隧道轴线地表沉降曲线图

对上面实测沉降曲线分析得出：
（1）盾构机掘进时沉降控制总体较好，绝大多数沉降基本控制在 -20mm 以下。
（2）盾构机始发段和到达段地表沉降较大，但在端头加固区内沉降很小。
（3）土体加固方案、加固范围、效果等对始发和到达端的地层沉降影响较大。

（4）在富水软弱地层中（软流塑淤泥质粉质黏土），地面房屋等附加荷载对地表沉降量有较大影响。

许—玄区间右线盾构机在软流塑淤泥质粉质黏土中掘进时引起地地面沉降比左线在同一里程段的沉降大了 3~4 倍。这主要与右线隧道上方有房屋有关，本来这种地层的后期固结沉降就大，在房屋附加荷载的作用下，盾构机掘进对地层的扰动相对较大，其后期固结沉降稳定时间长，后期固结沉降约占总沉降的 50% 以上。

 **思考题**

1. 施工监测的目的和意义有哪些？
2. 盾构隧道施工监测的项目主要有哪些？
3. 盾构隧道施工监测的方法一般有哪几种？
4. 简述盾构隧道施工监测数据处理的内容和方法。
5. 常用盾构掘进机的施工工艺有哪些？

# 第 13 章

# 水利工程变形监测

## 13.1 概　述

### 13.1.1 监测工作的重要性

自 1949 年以来,我国共修建 8.6 万余座堤坝,其中 15m 以上大坝有 1.9 万多座,30m 以上大坝有近 3000 座,这些工程在国民经济中发挥了巨大的作用。然而,相当一部分大坝存在某些不安全因素,这些因素不同程度地影响工程效益的发挥,甚至威胁下游千百万人民的生命财产安全。

世界范围内的最新统计结果表明,20 世纪已建坝总的失事比例约为 1%。一旦大坝失事,将引起难以估计的灾难,这已引起各国政府和人民的普遍关注。为了全面检查和评价水利工程的安全状况,我国水电部门多年来作了不懈的努力,对大坝等水工建筑物实行的定期检查制度是其中最主要的举措。

中国已建水库绝大多数是在 20 世纪五六十年代建造的,70 年代又掀起一次中、小型水库建设高潮。这两次水利建设高潮所建造的水库约 8 万座,为中国水利基本建设打下了有力的基础,对国民经济建设和发展起到了重要作用。然而,由于受当时客观条件限制,加之主观上缺乏一定的科学性,未按一定的基本建设程序,是靠大搞群众运动建造的,有不少水库存在防洪标准低、工程质量差和隐患多等问题,甚至成为病险水库。

中国的溃坝史上曾出现过两次高峰:一次是 20 世纪 50 年代末、60 年代初,主要是施工中的中、小型水库溃决;另一次是 20 世纪 70 年代,因社会动乱、管理不善也造成大批小型水库溃决。80 年代后,由于加强了水库大坝的安全管理和病险水库的除险加固,溃坝率已大大降低。

尽管如此,我们还必须清醒地认识到一个严峻的事实,中国在上述两个水利建设高潮中兴建的大坝,已运行了三四十年,有的将近半个世纪,本身在逐渐老化,加之不少水库本身就先天不足,老化更为显著。随着时间的推移,还会有新的病险水库产生。据不完全统计,目前水利大坝中病险水库约占 1/3。可见,水利大坝的安全现状是不容乐观的,应进一步加强监测和管理。

## 13.1.2 监测系统研究进展

**1. 监测数据的自动采集**

自动化是大坝安全监测的必然发展方向,它可以对大坝实施实时安全监控。美国、法国、意大利和瑞士等在20世纪60年代就开始大坝安全监控自动化系统的研究,已取得了很好的效果。日本梓川上3座拱坝的监测系统在20世纪60年代末已实现数据采集的自动化,1976年建成的岩屋堆石坝除设置了几种重要观测项目的自动检测装置外,还装备了工业电视系统,以监视闸门的工作状况和溢洪道流态。欧洲一些国家也在20世纪60年代采用遥测仪器实现了水平位移等重要观测项目的集中遥测,70年代随着电子技术的进步,数据采集的自动化技术达到了实用水平。意大利是最早进行大坝安全监测自动化研究的国家,早在1977年就提出了用确定性模型进行混凝土坝位移监控的方法,在塔尔瓦奇亚双曲重力拱坝上采用1台模拟计算机实现对垂线位移监控的试验,并取得了成功。

我国在这方面起步较晚,在整体水平上与这些国家水平相比还有一定的差距,尤其在土石坝监测领域。到20世纪80年代末,我国还没有一套完整的自动化安全监测系统,1992年12月我国才在河北省武仕水库安装调试成功了第一套实时安全监测系统。20世纪90年代,我国的自动化监测得到了飞速的发展,一些新建的大坝都安装了自动化监测设备,绝大部分的大型水库大坝都进行了监测设施的自动化改造,这些系统已经在我国的大坝安全监测和管理中发挥着重要的作用。

在大坝安全监测自动化研究过程中,一些科技发达和拥有较多大坝的国家,近年来在大坝监测仪器的改进和自动化系统的研制方面下了不少功夫,取得了丰硕的成果。这些成果不仅提高了测值的可靠性和准确性,而且使所采集的信息在空间上和时间上的连续程度大为增强,减轻了观测人员的劳动强度,改善了观测条件,节约了人力。另外,这些成果的最显著成就是实现了大坝实时在线安全监控,将数据采集、记录、分析处理以至报警等多个环节连接成一个短历时过程,使大坝安全监测的效率进一步得到提高。我国在这方面的研究成果也很多,已有多座大坝实现了自动化监测,具有高可靠性的分布式大坝安全监测自动化系统将成为以后发展的主流。

**2. 监测信息处理系统的研究开发**

监测数据的自动采集只是完成了大坝安全监测工作的一部分,进一步利用电子计算机对监测数据进行分析处理,以便根据计算成果判断大坝的工作性态是否正常,这才是大坝安全监测的最终目标。所谓大坝安全的在线监控,就是在不脱机情况下连续实现监测数据自动采集、自动处理和评判大坝安全状况,采取有效措施保障大坝的安全。由此可见,实现大坝安全在线监控是大坝安全监测系统自动化的重要一环,有了这个环节,才能及时、有效地发挥监测系统的作用。

大坝监测自动化的实现主要经历了3个阶段:第一阶段是数据采集和整理的自动化,即从传感器到检测器到计算机(或微处理器)实行数据的采集、检测、显示、传输、存储、打印的自动化;第二阶段是资料分析自动化,即人工测读数据整理成报表后,由有关机构用计算机软硬件实现数据存储、检验、制表、绘图、分析、建模、反馈的自动化;第三阶段是全过程自动化,即综合完成前两种方式的功能,实现实时在线监控,迅速判断大坝安全性态。我国研究开发大坝安全监测自动化系统也经历了这样一个发展过程,从20世纪70年代末到80年代中期,主要研制了用于差动电阻式仪器的自动检测系统,实现了这类仪器的高精度远距离测量和测量数据的初步处理。"七五"期间,着重研究开发大坝安全自动监测微机系统,实现了变形、应力、温度、渗流等监测项目的自动测量和自动处理,研制了大坝安全在线监控和监测数据离线处理的整套软件,达到了相当高的水平。

在大坝监测数据管理系统中,以意大利研究开发的微机辅助监测系统(MAMS)较为典型。此系统可通过安设在坝体、基岩或坝区各观测点上的传感器自动采集效应量和环境量,传送到坝上监控站,经过初步处理后的数据再遥传到计算机中心进行分析、反馈,形成一个大坝监控全过程自动化的系统。20世纪90年代,中国的某些特大型水利水电工程及网、省电力部门也组织开发了一批具有决策支持和网络功能的大坝监测信息处理系统。

20世纪90年代计算机网络的发展和Internet技术的普及为大坝安全监控管理拓展了空间,流域或省(网)局等大范围的管理已成为可能。建立以网省局为中心,水电厂为分中心的大坝安全监控网终系统,将网省局所属水电厂大坝安全自动化系统进行网络互联,并增加数据库管理,监测数据的在线、离线分析,反演分析,安全评估,决策支持,Web测览器和Internet连接等功能模块。大坝安全监控网络系统将在我国大坝安全管理、水电厂防汛、水库调度等发挥重要的作用,取得了显著的经济和社会效益,并提高我国大坝运行管理和监测技术水平。我国在此领域应加大科技开发投入和加快发展步伐。

**3. 综合评判专家系统的开发研究**

"大坝安全监测专家系统"首先通过访问专家,并依据有关大坝安全法规、设计规范和专家知识等,归纳整理成知识库,综合应用国内外在这一领域中的先进科研成果,建立具有多功能的方法库,结合具体工程,及时整理和分析有关资料,建立数据库;然后应用模式识别和模糊评判,通过综合推理求解,对大坝安全状态进行综合评判和辅助决策服务,实现实时分析大坝安全状态、综合评价大坝安全状态等目标。因此,专家系统对确保大坝安全、改善运行管理水平等都将起到重大作用。同时,专家知识和实践经验是宝贵的财富,通过建立专家系统将专家的知识整理成知识库,使其体系化、完整化并发挥更大的作用,从而避免由于专家年龄老化导致这些知识的消失。因此,建立专家系统又具有重大的实际意义和科学价值。

在大坝安全监测领域,专家系统研究尚属起步阶段。意大利在大坝安全评判分析系统的研究方面起步较早,其开发的MISTRAL信息管理系统和DAMSAFE决策支持系统在系统功能和实用程度方面都得到同行的高度评价。在我国,一些大坝已开始进行专家系统的研制工作,从最新的科研报告来看,目前我国的专家系统研究水平已超过国外,但硬件环境方面还存在一些问题。

## 13.2 监测项目及要求

### 13.2.1 概述

水工建筑物必须设置必要的监测项目,用以监控建筑物的安全、掌握其运行规律、指导施工和运行、反馈设计。

**1. 工作原则**

监测工作应遵循以下原则。

(1)监测仪器和设施的布置,应明确监测目的,紧密结合工程实际,突出重点,兼顾全面,相关项目统筹安排,配合布置。应保证具有在恶劣气候条件下仍能进行重要项目的监测。

(2) 仪器设备要耐久、可靠、实用、有效,力求先进和便于实现自动化监测。

(3) 仪器的安装和埋设必须及时,必须按设计要求精心施工,应保证第一次蓄水期能够获得必要的监测成果,并应做好仪器的保护;埋设完工后,及时作好初期测读工作,并绘制竣工图,填写考证表,存档备查。

(4) 仪器监测严格按照规程规范和设计要求进行,相关监测项目力求同时监测;针对不同监测阶段,突出重点进行监测;发现异常,立即复测;做到监测连续、数据可靠、记录真实、注记齐全、整理及时,一旦发现问题,及时上报。

(5) 仪器监测应与巡视检查相结合。

**2. 基本要求**

安全监测工作可分为 5 个阶段,各阶段的工作应满足以下要求。

(1) 可行性研究阶段。提出安全监测系统的总体设计专题,监测仪器及设备的数量,监测系统的工程概算。

(2) 招标设计阶段。提出监测系统设计文件,包括监测系统布置图、仪器设备清单、各监测仪器设施的安装技术要求、测次要求及工程预算等。

(3) 施工阶段。提出施工详图,应做好仪器设备的检验、埋设、安装、调试和保护,应绘制竣工图,编写埋设记录和竣工报告;应固定专人进行监测工作,保证监测设施完好和监测数据连续、可靠、完整;应按时进行监测资料分析,评价施工期大坝安全状况,为施工提供决策依据。

(4) 首次蓄水阶段。应制定首次蓄水的监测工作计划和主要的设计监控技术指标;按计划要求做好仪器监测和巡视检查;拟定基准值,定时对大坝安全状态作出评价并为蓄水提供依据。

(5) 运行阶段。应进行经常的和特殊情况下的监测工作;定期对监测设施进行检查、维护和鉴定,以确定是否应报废、封存或继续观测、补充、完善和更新,定期对监测资料进行整编和分析。对大坝的运行状态作出评价,建立监测技术档案。

**3. 工作状态划分**

应定期对监测结果进行分析研究,并按下列类型对大坝的工作状态作出评估。

(1) 正常状态,指大坝(或监测的对象)达到设计要求的功能,不存在影响正常使用的缺陷,且各主要监测量的变化处于正常情况下的状态。

(2) 异常状态,指大坝(或监测的对象)的某项功能已不能完全满足设计要求,或主要监测量出现某些异常,因而影响正常使用的状态。

(3) 险情状态,指大坝(或监测的对象)出现危及安全的严重缺陷,或环境中某些危及安全的因素正在加剧,或主要监测量出现较大异常,若按设计条件继续运行,将出现大事故的状态。

**4. 符号规定**

在水工建筑物变形监测中,规范已经对变形的符号作了明确的规定,因此,在监测系统设计以及资料分析处理过程中,应当注意。符号的详细规定见表 13-1。

表 13-1　变形监测符号

| 变形 | 正 | 负 |
|---|---|---|
| 水平 | 向下游、向左岸 | 向上游、向右岸 |
| 垂直 | 下沉 | 上升 |
| 挠度 | 向下游、向左岸 | 向上游、向右岸 |
| 倾斜 | 向下游转动、向左岸转动 | 向上游转动、向右岸转动 |
| 滑坡 | 向坡下、向左岸 | 向坡上、向右岸 |
| 裂缝 | 张开 | 闭合 |
| 接缝 | 张开 | 闭合 |
| 闸墙 | 向闸室中心 | 背闸室中心 |

### 13.2.2　监测项目

对于不同类型、不同等级的水工建筑物,其安全监测的项目和精度要求有一定的差异,具体要求如表 13-2 所列。

表 13-2　水工建筑物监测项目

| 类别 | 项目 | 按工程分类 | | | | | | 按级别分类 | | | |
|---|---|---|---|---|---|---|---|---|---|---|---|
| | | 土石坝 | 堆石坝 | 混凝土坝 | 水闸、溢洪道 | 隧洞、地下厂房 | 水库 | 1 | 2 | 3 | 4 |
| 水文 | 水位 | √ | √ | √ | √ | √ | √ | √ | √ | √ | √ |
| | 降水 | √ | √ | √ | √ | | √ | √ | √ | | |
| | 波浪 | √ | | | | | √ | | | | |
| | 冲淤 | | | √ | √ | √ | | √ | | | |
| | 气温 | √ | √ | √ | √ | | | √ | √ | √ | |
| | 水温 | | | √ | | | | √ | | | |
| 变形 | 表面 | √ | √ | √ | √ | | | √ | √ | √ | |
| | 内部 | √ | | | | | | | | | |
| | 地基 | | | √ | | | | √ | √ | | |
| | 裂缝 | √ | √ | √ | √ | √ | | √ | √ | √ | √ |
| | 接缝 | | √ | √ | | √ | | | | | |
| | 边坡 | √ | √ | √ | √ | | | √ | | | |
| 渗流 | 坝体 | √ | √ | √ | | | | √ | √ | | |
| | 坝基 | √ | √ | √ | √ | | | √ | √ | | |
| | 绕渗 | | √ | √ | √ | | | √ | | | |
| | 渗流量 | √ | √ | √ | √ | | | √ | √ | √ | |
| | 地下水 | | | | √ | √ | | √ | | | |
| | 水质 | √ | √ | √ | √ | | | √ | | | |

（续）

| 类别 | 项目 | 按工程分类 | | | | | | 按级别分类 | | | |
|---|---|---|---|---|---|---|---|---|---|---|---|
| | | 土石坝 | 堆石坝 | 混凝土坝 | 水闸、溢洪道 | 隧洞、地下厂房 | 水库 | 1 | 2 | 3 | 4 |
| 应力 | 土壤 | | | | | | | | | | |
| | 混凝土 | | | | | | | √ | | | |
| | 钢筋 | | √ | √ | | √ | | √ | √ | | |
| | 钢板 | | | | | | | √ | | | |
| | 接触面 | √ | | | | | | | | | |
| | 温度 | | | √ | | | | √ | √ | | |
| 水流 | 压强 | | | | √ | √ | | √ | | | |
| | 流速 | | | | √ | √ | | | | | |
| | 掺气 | | | | | | | | | | |
| | 消能 | | | | √ | | | √ | | | |
| 地震 | 振动 | | | | | | | | | | |

## 13.2.3 监测周期

安全监测周期的确定应根据规范的整体要求，以及工程建筑物的实际情况确定。其一般规定如表 13-3 所列。

表 13-3 安全监测次数

| 类别 | 项目 | 施工期/(次/月) | 蓄水期/(次/月) | 运行期/(次/年) |
|---|---|---|---|---|
| 变形 | 表面 | 4～2 | 10～4 | 6～2 |
| | 内部 | 10～4 | 30～10 | 12～4 |
| 渗流 | 渗流 | 10～4 | 30～10 | 6～3 |
| | 水质 | 6～3 | 12～6 | 12～3 |
| 应力 | 应力 | 6～3 | 30～4 | 12～4 |
| | 温度 | 15～4 | 30～4 | 6～2 |

通常在施工期，由于坝体等建筑物的填筑速度较快，荷载的变化较大，变形的速度也相应较快。这时，为了解变形的过程，反馈施工质量和控制施工进度，变形和应力的测次应相应增加，一般取规范要求的上限。

在蓄水期，由于水库水位上升很快，且大坝等水工建筑物尚未经受过这种荷载的检验，是否存在工程隐患尚不十分明确，因此，在这个阶段应加强监测工作，以了解建筑物的施工情况，以及现实情况与设计标准是否一致。因此，水库蓄水过程中，一般取测次的上限，待完成蓄水后，水工建筑物无异常情况，工作稳定时，可逐步减少测次。

在运行期，当观测值变化速率较大时可取测次的上限，性态趋于稳定时可取下限。若遇到工程扩建或改建、提高库水位及长期放空水库又重新蓄水时，则需重新按照施工和蓄水期的要求进行监测。

监测项目、周期、精度等应严格按照规范及设计的要求执行,若因情况发生变化需要变更时,应报上级主管部门批准。

## 13.3 监测系统设计

### 13.3.1 监测断面布置

**1. 土石坝(含堆石坝)**

(1)观测横断面。布置在最大坝高、原河床处、合龙段、地形突变处、地质条件复杂处、坝内埋管或运行可能发生异常反应处。一般不少于2~3个。

(2)观测纵断面。在坝顶的上游或下游侧布设1~2个,在上游坝坡正常蓄水位以上布设1个,正常蓄水位以下可视需要设临时断面,下游坝坡布设2~5个。

(3)内部断面。一般布置在最大断面及其他特征断面处,可视需要布设1~3个,每个断面可布设1~3条观测垂线,各观测垂线还应尽量形成纵向观测断面。

界面位移一般布设在坝体与岸坡连接处、不同坝料的组合坝型交界处及土坝与混凝土建筑物连接处。

**2. 混凝土坝(含支墩坝、砌石坝)**

(1)观测纵断面。通常平行坝轴线在坝顶及坝基廊道设置观测纵断面,当坝体较高时,可在中间适当增加1~2个纵断面。当缺少纵向廊道时,也可布设在平行坝轴线的下游坝面上。

(2)内部断面。布置在最大坝高坝段或地质和结构复杂坝段,并视坝长情况布设1~3个断面。应将坝体和地基作为一个整体进行布设。拱坝的拱冠和拱端一般宜布设断面,必要时也可在1/4拱处布设。

**3. 近坝区岩体及滑坡体**

(1)两坝肩附近的近坝区岩体。垂直坝轴线方向各布设1~2个观测横断面。

(2)滑坡体顺滑移方向布设1~3个观测断面,包括主滑线断面及其两侧特征断面。

(3)必要时可大致按网格法布置。

### 13.3.2 水平位移监测点布置

**1. 位移标点**

(1)土石坝。在每个横断面和纵断面交点等处布设位移标点,一般每个横断面不少于3个。位移标点的纵向间距,当坝长小于300m时取30m~50m,坝长大于300m时,一般取50m~100m。

(2)混凝土坝。在观测纵断面上的每个坝段、每个垛墙或每个闸墩布设1个标点,对于重要工程也可在伸缩缝两侧各布设1个标点。

(3)近坝区岩体及滑坡体。在近坝区岩体每个断面上至少布设3个标点,重点布设在靠坝肩下游面。在滑坡体每个观测断面上的位移标点一般不少于3个,重点布设在滑坡体后缘起至正常蓄水位之间。

**2. 工作基点**

（1）土石坝。在两岸每一纵排标点的延长线上各布设1个工作基点。当坝轴线为折线或坝长超过500m时，可在坝身每一纵排标点中部增设工作基点兼作标点，工作基点的间距取决于采用的测量仪器。

（2）混凝土坝。可将工作基点布设在两岸山体的岩洞内或位移测线延长线的稳定岩体上。

（3）近坝区岩体及滑坡体。选择距观测标点较近的稳定岩体建立工作基点。

**3. 校核基点**

（1）土石坝。一般仍采用延长方向线法，即在两岸同排工作基点连线的延长线上各设1~2个校核基点，必要时可设置倒垂线或采用边角网定位。

（2）混凝土坝。校核基点可布设在两岸灌浆廊道内，也可采用倒垂线作为校核基点，此时校核基点与倒垂线的观测墩宜合二为一。

（3）近坝区岩体及滑坡体。可将工作基点和校核基点组成边角网或交会法进行观测。有条件时也可设置倒垂线。

### 13.3.3　垂直位移测点布置

在通常情况下，垂直位移采用精密水准测量方法观测。对于混凝土大坝，一般采用一等水准测量的精度要求进行观测，对于土石坝和滑坡体一般采用二等水准测量的精度要求进行观测。为保证测量成果的可靠性，水准线路应构成附合、闭合线路，或组成水准网。对于中小型工程和施工期的工程，可根据位移的实际情况适当降低观测精度。

水准测量的基准点应根据工程建筑物的规模、受力区范围、地形地质条件及观测精度要求等综合考虑，原则上要求这种类型的点能长期稳定，且变形值小于观测误差。为达到上述要求，一般在大坝下游1~3km处布设一组或在两岸各布设一组（3个）水准基点，各组内的3个基准点组成50~100m的等边三角形，以便检核基准点的稳定性。对于山区高坝，可在坝顶及坝基高程附近的下游分别建立水准基点。

水准基点的形式可采用土基标、地表岩石标、深埋钢管标、双金属管标等，具体形式可根据实际情况确定。

一般分别在坝顶及坝基处各布设一排沉降监测标点，在高混凝土坝中间高程廊道内和高土石坝的下游马道上，也应适当布置观测标点。另外，对于混凝土坝每个坝段相应高程各布设1点；对于土石坝沿坝轴线方向至少布设4~5点，在重要部位可适当增加；对于拱坝在坝顶及基础廊道每隔30~50m布设1点，其中在拱冠、1/4拱及两岸拱座应布设标点，近坝区岩体的标点间距一般为0.1~0.3km。

沉降标点可根据实际需要采用综合标、混凝土标、钢管标、墙上标等形式。

### 13.3.4　监测方法

水工建筑物的水平位移和垂直位移监测方法分别见表13-4和表13-5。

表 13-4　水工建筑物水平位移监测方法

| 部位 | 方法 | 说明 |
| --- | --- | --- |
| 重力坝 | 引张线<br>视准线<br>激光准直 | 一般坝体、坝基均适用<br>坝体较短时用<br>包括大气和真空激光,坝体较长时用真空激光 |
| 拱坝 | 视准线<br>导线<br>交会法 | 重要测点用<br>一般均适用,可用光电测距仪测量导线边长<br>交会边较短、交会角较好时用 |
| 土石坝 | 视准线<br>大气激光<br>卫星定位<br>测斜仪或位移计<br>交会法 | 坝体较短时用<br>有条件时用,可布设管道<br>坝体较长时用<br>测量内部分层及界面位移用<br>交会边较短、交会角较好时用 |
| 近坝区岩体 | 测斜仪<br>交会法<br>卫星定位<br>多点位移计 | 一般均适用<br>交会边较短、交会角较好时用<br>范围较大时用<br>也可用于滑坡体和坝基 |
| 高边坡、滑坡体 | 视准线<br>卫星定位<br>直线测距<br>边角网<br>同轴电缆 | 一般均适用<br>范围较大时用<br>用光电测距仪或钢钢线位移计、收敛计<br>一般均适用,包括三角网、测边网和测边测角网<br>可测定位移深度、速率及滑动面位置 |
| 断层、夹层 | 断层监测仪<br>变位计<br>测斜仪<br>倒垂线 | 可测断层的三维位移<br>可测层面水平及垂直位移<br>一般均适用<br>必要时用 |
| 校核基点 | 岩洞稳定点<br>倒垂线<br>边角网<br>延长方向线<br>伸缩仪 | 也可精密量距和测角<br>一般均适用<br>有条件时用<br>有条件时用<br>用于基准点传递和水平位移监测 |

表 13-5　水工建筑物垂直位移监测方法

| 部位 | 方法 | 说明 |
| --- | --- | --- |
| 混凝土坝 | 一等或二等水准<br>三角高程<br>激光准直 | 坝体、坝基均适用<br>可用于薄拱坝<br>两端应设垂直位移工作基点 |
| 土石坝 | 二等或三等水准<br>三角高程<br>激光准直 | 坝体、坝基均适用<br>一般采用全站仪观测<br>两端应设垂直位移工作基点 |

(续)

| 部 位 | 方 法 | 说 明 |
|---|---|---|
| 近坝区岩体 | 一等或二等水准<br>三角高程 | 观测表面、山洞内及地基回弹位移<br>观测表面位移 |
| 高边坡及滑坡体 | 二等水准<br>三角高程<br>卫星定位 | 观测表面及山洞内位移<br>一般利用全站仪观测<br>范围较大时用 |
| 内部及深层 | 沉降板<br>沉降仪<br>多点位移计<br>变形计 | 固定式,观测地基和分层位移<br>活动式或固定式,可测分层位移<br>固定式,可测各种方向及深层位移<br>观测浅层位移 |
| 高程传递 | 垂线<br>铟钢带尺<br>光电测距仪<br>竖直传高仪 | 一般均适用<br>需利用竖井<br>需利用旋转镜和反射镜<br>可实现自动化测量,但维护较困难 |

## 13.4 小浪底大坝安全监控系统设计

### 13.4.1 工程概况

小浪底水利枢纽是我国目前在建的最大水利枢纽工程之一,工程位于河南省洛阳市以北约40km的黄河干流上,是一座以防洪、防凌、减淤为主,兼顾发电、灌溉、供水等综合利用的水利枢纽工程(图13-1)。枢纽由大坝、泄洪排沙建筑物、水电站等组成。大坝为壤土斜心

图13-1 小浪底水利枢纽工程

墙堆石坝,最大坝高154m,总库容126.5亿 m³。泄洪排沙建筑物由3条孔板泄洪洞、3条明流泄洪洞、3条排沙洞和正常溢洪道及非常溢洪道组成。水电站系统由6条引水洞发电、地下厂房和3条尾水洞组成,电站装机6台,总容量1800MW,地下厂房长250.15m,宽26.20m。

根据该工程各建筑物的布置及其所担负的作用,将其划分为3部分:大坝及其基础,泄洪、排沙建筑物及北岸山体,发电系统。该工程安装埋设各类传感器和监测点总计2961支(点),其中纳入自动化数据采集的测点为861支(点),采用人工测读数据的测点为2100支(点)。枢纽共设置60座地面和地下观测站(房)。对于自动化系统联网的测点,采用美国Geomation公司的2380测控单元系统进行自动数据采集,并通过电缆与本系统的硬件接口连接。

该工程的重点工程部位是大坝和北岸山体。大坝及其基础的关键问题有:坝体变形及稳定,坝基、坝体和绕坝渗流及稳定,主坝、围堰和混凝土防渗墙的防渗效果,以及F1断层的渗流等。泄洪、排沙建筑物和北岸山体的关键问题有:进水口高边坡(塔后高边坡)和出水口高边坡(消力塘上游高边坡)的变形及稳定,进水塔塔体的变形及稳定,北岸山体在蓄水后的整体变形及其对关联建筑物的影响,泄洪及排沙洞室群围岩的渗流和洞室结构的变形及稳定。发电系统的关键问题有:引水、发电和尾水建筑物所构成的大型地下洞室群的围岩渗流和洞室结构的变形及稳定性。

### 13.4.2 大坝监测项目

**1. 工程特点**

该工程的坝址处河床宽约400~600m,河床覆盖层深一般30~40m,最深达80m左右。坝址区出露基岩为二、三迭系砂岩和黏土岩互层,岩层基本倾向下游,倾角6°~16°,坝肩及两岸基岩自上而下发育多层泥化夹层,夹层抗剪强度低。坝址区断裂构造发育,沿坝轴线有较大断层13条,其中以位于河床右岸岸边、走向大致与河道平行的F1断层对大坝影响最大。

大坝设有双重防渗体系,通过斜心墙下1.2m厚的主坝混凝土防渗墙截断深厚的河床砂卵石层,作为坝基主要的防渗措施;以斜心墙、内铺盖、上游围堰壤土斜墙、天然淤积连成一体,成为一完整的水平防渗体系,作为大坝的辅助防渗措施。两岸基岩设置灌浆帷幕和排水帷幕。

大坝是本枢纽的主要挡水建筑物,基于以上问题,大坝及其基础是本枢纽安全监测的重点。

**2. 基本监测断面**

大坝监测设有变形、渗流、应力/应变及震动反应等监测项目。

大坝观测仪器主要布置在3个横断面和2个纵断面上,3个横断面分别是A-A(D0+693.74)、B-B(D0+387.5)、C-C(D0+217.5),其中A-A观测断面位于F1断层破碎带处,F1断层对大坝的影响较大,是重点观测部位;B-B观测断面位于最大坝高处,而且覆盖层最深(70多米),是坝体的典型观测断面;C-C观测断面位于左岸,该断面防渗体基本上处于岩石基础和河床覆盖层的交界部位,同时断面下游坝轴线上有一基岩陡坎,使其变形比较复杂,有引起裂缝的可能。两个纵断面为沿斜心墙轴线的断面D-D及沿坝轴线的断面E-E。图13-2为小浪底大坝外部监测系统布置示意图。

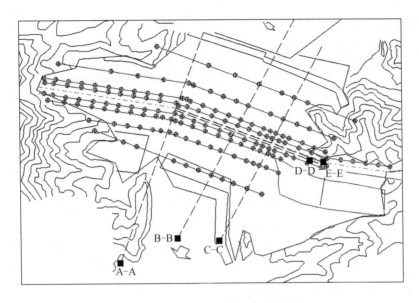

图 13-2 小浪底大坝外部监测系统布置

**3. 监测项目**

1) 变形监测

变形监测主要包括大坝的外部变形和内部变形,以及斜心墙和坝壳接触面间、岩体与坝体接触面间的相对变形。

大坝的外部变形监测分为水平变形(沿水流方向及坝轴线方向)和竖直变形(沉陷和固结)两部分。坝体表面的监测标点既可作为水平变形测量的标点,又可当作竖直变形测量的标点。大坝外部变形共布设测线 8 条、156 个测点,顺河流方向的水平位移采用视准线法或小角度法监测;沿坝轴线方向的水平位移采用量距法进行监测;坝体的沉陷采用二等精密水准进行施测。

坝体内部变形监测主要有水平位移监测、垂直位移监测及界面相对错动监测,主要采用 4 种方法进行监测:测斜仪、堤应变计、界面应变计及钢弦式沉降计。

大坝共设有 17 支测斜管,分别以垂直向、倾斜向及水平向 3 种方式埋设,并在一定的间距安装有沉降环,以测量坝体 3 个方向的变形。

大坝共布置有 5 套堤应变计串。有 3 套堤应变计串沿纵向布置在防渗体轴线附近,另外 2 套堤应变计串沿横向布置在大坝的主要监测断面 B-B 上。

大坝共布设界面变位计 13 支,其中沿斜心墙上、下游边坡埋设 6 支,一端锚固于斜心墙,另一端锚固于反滤层中。另外,考虑到大坝左岸坝肩岸坡较陡,为监测坝肩不均匀沉降可能引起的防渗体与基岩的错动,沿二者结合面布置有 7 支界面变位计,其一端锚固于岸坡基岩上,另一端锚固于斜心墙中。

钢弦式液体沉降计共设 8 条测线,均沿纵向布置。上游坝壳内设 3 条测线,用以监测上游坝坡的沉降;斜心墙上表面布置 2 条测线,用以监测斜心墙表面的沉降变形;斜心墙内设 3 条测线,基本在斜心墙的中心线上。

2）渗流监测

坝基渗流是该工程的重点监测项目,监测的重点部位是沿整个大坝防渗线及斜心墙基础面的渗压力。监测项目包括绕坝渗流、坝体内的孔隙水压力和浸润线分布。对F1断层两侧及右岸滩地也需要监测其渗流稳定性。

坝体渗压监测仪器主要布置在3个横向监测断面内,另外,在B-B观测断面上游堆石体内布置了6支渗压计。为了监测天然淤积的防渗效果,在坝前围堰上游布置有2支渗压计。

为了监测F1断层及其两侧破碎带的渗流稳定性,沿F1断层坝基下共布设有15支渗流观测仪器。

大坝右岸岩层存在有承压水层,由于F1断层透水性差,使F1断层成为相对隔水边界,水库蓄水后承压水位将提高,对大坝稳定不利。为了监测承压水情况和排水对释放承压水的效果,布设有6支测压管和部分深层渗压计测点。

两岸绕坝渗流监测主要是通过在两坝肩布设测压管进行监测,结合其他两岸的渗流测点基本能够控制和掌握绕坝渗流的情况。

大坝渗流量监测采用分区、分段的方法来监测。整个大坝分为3个区,即左岸、右岸和河床部分。两岸的渗流由斜心墙后伸出的混凝土截渗墙引向下游,截渗墙嵌入基岩0.5m,末端作引水渠和量水堰;河床部分的渗流用设在下游围堰排水涵洞内的量水堰量测。全坝共设置9个量水堰。

3）土压力监测

土压力监测分为土体中应力和边界土压力两类。前者测点设置在坝体主观测断面内,后者设置在基础界面上。

坝体应力观测采用土压力计。由于大坝河谷较宽,故考虑按平面问题布设测点。结合坝体的计算情况,沿坝高设两排共11组土压力计组。

4）地震反应监测

坝址区基本烈度为7度,地震反应监测对象主要是3度以上的地震反应。设置两个横向、一个纵向观测断面和一个基础效应台,共设10个监测点,仪器采用数字式三分量强震仪。

5）混凝土防渗墙监测

混凝土防渗墙监测分为主坝防渗墙和围堰防渗墙监测。主坝防渗墙墙外设渗压计和边界土压力计,墙内设应变计、钢筋计、无应力计等进行应力/应变监测;另设倾角计和堤应变计进行墙体变形监测。

作用于防渗墙上的外力有水压力和土压力。水压力监测采用渗压计,土压力监测采用边界土压力计,共设6支土压力计,上游侧2支,下游侧3支,墙顶设1支。

墙体的应力监测采用混凝土应变计、钢筋计,并埋设有无应力计。观测仪器沿3个高程布置,每个高程上下游侧布置2支钢筋计,墙体中部布置混凝土应变计,共有6支钢筋计,3支混凝土应变计和2支无应力计。墙体的变形监测采用倾角计进行监测,墙体沿高程共布置有6支倾角计。

大坝监测仪器布置情况如图13-3所示。

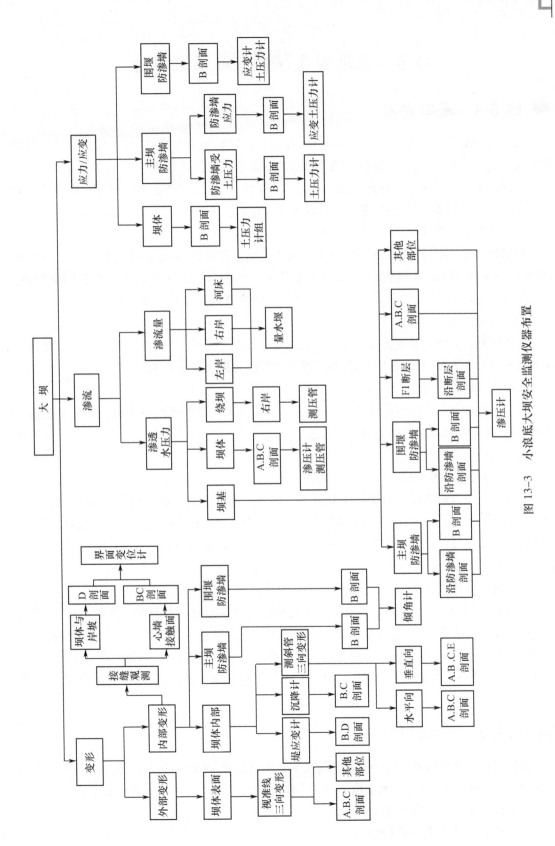

图 13-3 小浪底大坝安全监测仪器布置

## 13.5　大坝安全评判专家系统设计

### 13.5.1　基本要求

由于大坝安全监测系统规模大、测点多，并且监测对象复杂多样，因此大坝安全评判专家系统是一个集坝工知识、力学分析、水工监测、馈控技术和现代计算机技术等为一体的高科技的集成网络系统。系统应具有先进性、实用性、可靠性、便于操作和能够扩充等先进特征。为保证专家系统有效地实现，系统必须满足以下基本要求。

(1) 合理的开发环境。

在选择开发环境时，应注意硬件和软件两个方面。在硬件方面，由于计算机技术发展迅速，系统应在当时最高档次的微机或工作站上开发。在软件方面，由于目前已普遍采用图标化的操作界面，因此操作系统宜采用目前较先进且通用的 Windows 系统或 NT 系统。

(2) 完整的系统功能。

大坝安全评判专家系统应等价于一个大坝安全评判专家小组，因此该系统应具备专家小组所具有的数据采集、数据分析处理、逻辑推理、判断、辅助决策等功能。

(3) 先进的处理方法。

对监测数据和工程结构的分析，应采用国际上公认为先进的并经实践检验认为是成熟有效的方法，对有些尚属探讨性的理论与方法应慎重选择。对于系统中引进的应用软件，应力求采用国际上公认的软件。

(4) 美观的用户界面。

美观的用户界面不仅可以使程序生动、活泼、内容丰富，而且能提供用户许多视觉信息，提高工作效率。为达此目的，宜采用面向对象的程序设计方式，采用中文提示、菜单选项的方法，使系统操作简便，减少操作错误。在屏幕内容上，应力求数据与图形并存，以增强成果的直观效果。

(5) 可靠的评判结果。

专家系统的评判结果应具有可靠性，否则，难以达到安全评判的目的。因此，知识库应包含目前本领域权威专家的知识，并根据各位专家的知识水平进行综合评判。专家系统的评判结果应与专家小组的评判结果十分相近，系统对所得结果应进行解释，以便用户对结果的可信度进行判断。另外，推理机知识库中还应包含有关规范的知识内容，以使评判结果具有合法性。

### 13.5.2　基本结构

根据目前我国及世界上大坝安全监测技术的发展水平，考虑到当今计算机和人工智能的发展情况，大坝安全评判专家系统由下列几大模块组成。

(1) 数据库及其管理子系统。

(2) 模型库及其管理子系统。

(3) 方法库及其管理子系统。

(4) 知识库及其管理子系统。
(5) 综合分析推理子系统。

上述结构的专家系统在我国称为"一机四库"体系结构(图 13-4),其核心是综合分析推理子系统,数据库、方法库、模型库、知识库为推理机服务。下面介绍各功能模块的主要功能和要求。

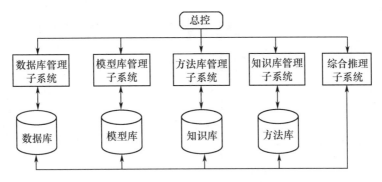

图 13-4　大坝安全评判专家系统结构

**1. 系统总控**

建立各子系统之间的联系,提供系统主菜单及选单功能,控制各库和各子系统的协调运行。

**2. 数据库及其管理子系统**

数据库及其管理子系统是面向数据信息存储、查询的计算机软件系统,是整个专家系统运行的基础。数据库的主要内容包括工程档案库、观测仪器特征库、观测数据库等。数据库的管理工作主要包括数据资料的采集、录入、存储、整编、查询、传输、报表和图示等。

**3. 方法库及其管理子系统**

方法库及其管理子系统是用于方法信息的存储和调用管理的计算机软件系统。方法库的方法主要包括观测数据预处理和检验、观测数据统计分析、监控数学模型、结构分析程序集、渗流场分析程序集、反分析程序集、综合分析模块、辅助决策模块等。方法库的管理工作主要包括方法的添加、删除、修改、调用等。

**4. 模型库及其管理子系统**

模型库及其管理子系统主要提供各类建模程序和储存建筑物不同部位及测点的各类模型数据,并对模型数据进行系统管理。模型库的主要模型包括统计模型、确定性模型、混合模型、空间位移模型等。模型库的管理工作主要包括模型的建立、查询、修改、删除等。

**5. 知识库及其管理子系统**

知识库及其管理子系统是用于知识信息的存储和使用管理的计算机软件系统。本模块的主要知识内容包括建筑物的监控指标、日常巡视检查评判标准、观测中误差限值、力学规律指标、领域专家的知识和经验、规程规范的有关条款等。对知识库的管理主要是对知识库进行输入、查询、修改、删除等。

**6. 综合分析推理子系统**

综合分析推理子系统对工程观测信息进行综合分析和处理,其功能主要包括把各类经整编后的观测数据和观测资料与各类评判指标进行比较,从而识别观测数据和资料的正常或异常性质。在判断观测数据和资料为异常时,进行成因分析和物理成因分析,并根据分析成果,发出报警信息或提供辅助决策信息。综合分析推理子系统需要与数据库、模型库、方法库、知识库进行频繁的信息交互。综合分析推理流程如图13-5所示。

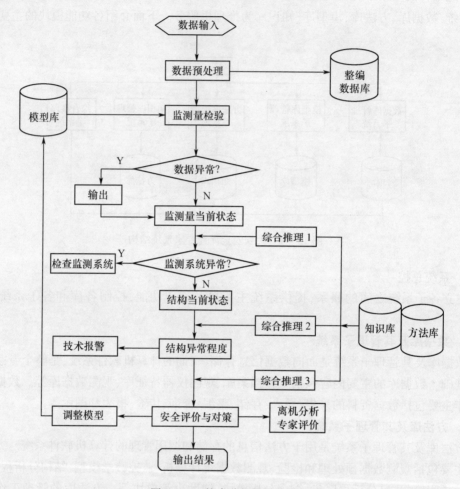

图13-5 综合分析推理流程

### 13.5.3 系统设计中的几个问题

**1. 数据传输与协同性**

由于专家系统各功能模块之间要进行频繁的数据交换,因此为保证数据通信的正确性,应建立一个明确而详细的数据通信协议,以保证数据的协调一致。

**2. 技术标准的一致性**

由于专家系统涉及多个学科,因此为保证系统的先进性,一般由多个单位合作开发。这样就会遇到各单位之间技术标准的一致性问题,如在结构分析中,正分析所采用的方法和标准应与反分析所采用的方法和标准一致,否则,正、反分析所得成果可能会有较大的差异,导致综合推理的失败。

**3. 系统的安全与保密**

为保证系统能安全运行,资料不遭人为破坏,或保密资料不被非法窃取,系统的每个部分应设置关口,并规定使用者的权限,对使用者权力以外的操作系统不予执行,并提出警告。另外,在数据库的共享权限上进行严格的设置。

 **思考题**

1. 水工建筑物变形监测的工作原则有哪些?
2. 水工建筑物的结构性态是如何划分的?
3. 水工建筑物变形监测的主要项目有哪些?其监测周期是如何规定的?
4. 土石坝和混凝土坝的监测断面应如何布置?
5. 对于混凝土坝,其水平位移和垂直位移的监测方法有哪些?
6. 大坝安全监控专家系统一般由哪几个基本功能模块组成?

# 第 14 章

# 边坡工程监测

## 14.1 概 述

在水利水电、能源、交通、矿山等领域大型工程的建设中,会出现大量的边坡,如大坝坝基和闸室开挖产生的边坡、露采矿山产生的边坡、道路建设产生的边坡等。边坡滑坡是一种危害性极其严重的自然灾害,不仅影响工程的施工安全,更威胁人民生命和财产的安全。近年来,边坡滑坡事故时有发生,如贵州山体滑坡、四川涪陵小西坝滑坡、湖北巴东白岩沟滑坡、重庆武隆山体滑坡都造成多人死亡;1985 年 6 月 12 日的长江西陵峡新滩滑坡造成新滩镇全部被毁;1963 年意大利 Vajaut 拱坝南岸发生大滑坡,使 5000 万 $m^3$ 的库水被挤出,导致 3000 多人死亡。经历了多次的惨痛教训,人们认识到边坡安全监测的重要性,因此边坡工程,特别是高边坡工程的安全监测得到了迅速发展。

在边坡工程施工和使用过程中,对其进行监测主要有以下几个目的。

(1) 掌握边坡变形的大小和状态,评价边坡工程的稳定性。

边坡工程是风险性较高的建设工程,边坡滑坡的危害性极大,在边坡工程施工和使用过程中,进行安全监测是非常必要的。通过监测,可以获得变形量和变形速率的大小,掌握变形的基本趋势,评价边坡的稳定性,对可能出现的险情及时提供报警值,避免极限状态和破坏的发生,为施工单位和施工监理改进施工组织、控制施工进程提供依据,为业主掌握边坡施工动态和安全使用边坡提供支持。对已经或正在滑动的边坡,通过监测更好地掌握其演变过程,及时捕捉崩滑灾害的特征信息,为边坡滑动和崩塌的分析评价及综合治理提供可靠的资料和依据。对已经发生滑动破坏和加固处理后的边坡,通过监测检验滑坡分析和治理的效果,为有关部门的正确决策提供帮助。

(2) 为防治滑坡及可能的滑动和蠕动变形提供技术依据。

既然边坡滑坡具有很大的危害性,就应该采取有效措施防患于未然,减轻其危害程度。对已存在的边坡或正在建设的边坡工程,其蠕动变形或微小的滑动不经过精密监测是无法发现的,如果这些微小的变形不能及时地得到认识和控制,就有可能演变成严重的崩滑灾害。通过监测可以掌握边坡的蠕动变形或微小的滑动,对岩土体的时效特性进行相关的研究,掌握滑坡的变形特征和规律,预测滑坡体的边界条件、规模、失稳方式、滑动方向、发生时间等,避免和减轻滑坡所造成的人员和经济损失。例如，湖北省秭归县鸡鸣寺1991年6月29日滑坡，经监测预报无一人伤亡；秭归县马家坝1986年7月16日滑坡，经监测捕捉到滑动前兆后报警，使900多人幸免于难；瑞士阿尔卑斯山1991年5月15日滑坡，监测预报成功。

(3) 为进行有关位移反分析及数值模拟计算提供各种假设和参数。

边坡工程按岩土介质可分为土质边坡和岩质边坡两大类。对于不同的边坡工程，由于岩土介质的复杂性和特殊性，岩土体的一些参数难以通过试验准确获得，理论计算获得的一些参数也经常与实际情况发生矛盾，需要通过实际监测数据（特别是位移量）建立相关的计算模型，进行有关反分析及数值模拟计算，验证设计所采取的各种假设和参数，必要时对设计方案和施工工艺进行修正和完善。

(4) 不断积累工程经验，提高边坡工程设计和施工的水平。

不同的边坡工程，其地质构造和应力分布不同，难以形成一个固定统一的理论模型，边坡工程设计尚处于半理论半经验状态。每一个边坡工程具有各自的特点，其岩土介质、施工工艺、环境条件不同，滑坡受多种时间和空间因素的影响，是个较为复杂的问题。通过监测可以准确把握所测边坡滑坡的特点和规律，提高所测边坡工程设计和施工的水平，也为其他边坡工程的设计和施工积累宝贵的经验。

## 14.2 监测内容与方法

### 14.2.1 监测内容

边坡工程监测的对象主要为：地表变形，包括边坡地表的二维或三维位移、危岩陡壁裂缝等；地下变形，包括边坡地下的二维或三维位移、危岩界面裂缝等；物理参数，包括应力/应变和地声变化等；水文变化，包括河或库水位、地下水位、孔隙水压力、泉流量、水温等；环境因素，包括降雨量、地温、地震等。各个监测对象包含不同的监测内容，根据不同的监测内容和监测方法需要使用相应的监测仪器和仪表，具体见表14-1。

表14-1 边坡工程施工监测的内容

| 序号 | 监测内容 | 监测方法 | 监测仪器和仪表 |
|---|---|---|---|
| 1 | 地表位移、裂缝 | 前方交会法、视准线法、水准法、测距三角高程法等 | 经纬仪、水准仪、全站仪、自动全站仪等 |
| | | 近景摄影测量法 | 陆摄经纬仪等 |
| | | 测缝法 | 游标卡尺、测缝仪、伸缩自记仪等 |
| | | GPS法 | GPS接收机等 |
| 2 | 地下位移、裂缝 | 测斜法 | 测斜仪、多点倒锤仪、倾斜计等 |
| | | 沉降法 | 下沉仪、收敛仪、水准仪等 |
| | | 重锤法 | 重锤、坐标仪、水平位错计等 |
| | | 测缝法 | 三向测缝仪、位移计、伸长仪等 |
| 3 | 地声 | 量测法 | 声发射仪、地震仪等 |
| 4 | 应变 | 应变计量测法 | 管式应变计、位移计、滑动测微计等 |

(续)

| 序号 | 监测内容 | 监测方法 | 监测仪器和仪表 |
|---|---|---|---|
| 5 | 地下水位 | 水位自记仪法 | 地下水位自记仪等 |
| | 孔隙水压力 | 压力计量测法 | 孔隙水压力计等 |
| | 河、库水位 | 量测法 | 水位标尺等 |
| | 泉流量 | 量测法 | 三角堰、量杯等 |
| 6 | 降雨量 | 雨量计法 | 雨量计、雨量报警器等 |
| | 地温 | 记录仪法 | 温度记录仪等 |
| | 地震 | 地震仪法 | 地震仪等 |

## 14.2.2 监测方法

我国目前的边坡监测方法,已由过去利用人工皮尺等简易工具的方法过渡到仪器仪表监测,并向自动化、高精度和远程监测发展。

**1. 简易监测法**

采用简易工具和装置,监测和记录边坡地表的裂缝、鼓胀、沉降、坍塌以及地下水位、地温等变化情况,同时记录监测的时间和监测点的位置、变形形态等信息。如图14-1所示,可以在边坡体关键裂缝处埋设骑缝式简易监测桩;在房屋、挡土墙、浆砌块石沟等建(构)筑物的裂缝处设置玻璃条、水泥砂浆片、纸片等;在陡坎、陡壁软弱夹层出露处埋设简易监测桩,采用标尺等长度量具进行测量;在岩石、陡壁裂缝处刻槽进行监测。这些方法更适合于有滑坡发生的边坡,便于从宏观上把握滑坡的动态变形趋势。

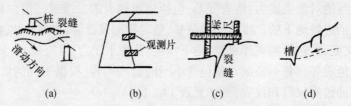

图14-1 简易监测工具和装置
(a) 设桩监测;(b) 设片监测;(c) 设尺监测;(d) 刻槽监测。

**2. 设站监测法**

这种方法是在变形区外稳定的控制点上安置监测仪器,对边坡体上选埋的变形监测点进行定期监测,获得监测点的变形信息。为了保证变形监测成果的正确可靠,控制点作为监测基准,其稳定性应该首先得到保证。因为边坡的监测周期一般较长,所以应该定期地对控制网点进行监测,分析和评判其稳定状况。

由于高精度全站仪的普及及应用,地表水平位移监测可以采用极坐标法、测角前方交会法、测边前方交会法、边角前方交会法、视准线法等多种,因此通过角度和边长测量,可以求得监测点的二维坐标,进而可求得监测点的水平位移。如果采用自动全站仪(如TCA2003),可以实现水平位移的自动化监测。地表垂直位移监测可以采用精密水准测量或三角高程测量方法。上述大地测量方法技术成熟,监测范围广,监测精度高,且监测所得的是绝对位移量,目前在地表水平位移监测中仍然占据主导地位;但受通视条件特别是气象条件影响较大,连续监测的能力较差。当采用精密三角高程方法监测地表垂直位移时,如果视线太长,竖直折光的影响将增大,对垂直位移监测的精度会有一定的影响。

近景(一般指100m以内的摄影距离)摄影测量法在地表水平位移监测中也有较多的应用,目前已大量应用于船闸等高边坡的变形监测。该方法就是将摄影仪安置在两个不同位置的固定测站上,同时对边坡范围内的监测点摄影构成立体像对,利用立体坐标仪量测像片上各监测点的三维坐标。这种方法可以同时测定许多监测点在某一瞬间的空间位置,其监测的绝对精度虽不及某些传统的测量方法,但可以满足边坡体处于速变、剧变阶段的监测要求,适合于地表水平位移和裂缝变化速率较大的监测。

GPS具有不受点间通视限制、全天候作业、测程大、精度高等优点,目前已经在许多重要工程的变形监测中得到应用,如长江三峡工程坝区的GPS监测网、小湾电站2号边坡的变形监测等。由于GPS接收机价格较贵,每个监测点上都布置GPS接收机是不现实的,因此其应用受到了一定的限制。近些年来,一些学者成功研究了GPS"一机多天线"技术,该技术有效地节省了监测设备的投资,极大地拓展了GPS在变形监测中的应用领域,可实现自动化监测和遥测等目标。

**3. 仪表监测法**

采用精密仪表监测边坡地表及深层的位移、沉降及倾斜、裂缝相对变化(张、闭、沉、错)、地声、应力/应变和环境因素等。按采用的仪表可分为机械式仪表监测法(简称为机测法)和电子仪表监测法(简称为电测法),两种方法都具有仪器便于携带、监测精度高、测程可调、监测成果直观等优点,适用于边坡变形的中、长期监测。电测法一般采用二次仪表监测,将电子元件制作的传感器埋设于边坡变形部位,通过电子仪表测读,并将电信号转换成测读数据。电测法技术先进,仪表灵敏度高,监测内容广;但电子仪表对使用环境要求较高,如果传感器长期在恶劣环境下工作就容易受潮生锈,电子元件也容易老化而变得性能不稳定,监测成果的可靠度反而不及机测法,所以电测法一般不适应在潮湿、地下水浸蚀、酸性及有害气体的恶劣条件下工作。在选用电测仪表时要结合具体的监测环境,保证监测仪表的长期稳定性和监测成果的可靠性。如果将机测法和电测法结合使用,则将增加监测成果的直观性和可靠性,也能达到相互补充和校核的效果。

目前,用于滑坡地表和地下位移监测的仪器仪表很多,如多点位移计、收敛计、测缝计、沉降仪等。多点位移计(图14-2),又称为钻孔伸长计或钻孔位移计,主要用于监测深度大于20m的地下岩土体的变形,可在同一个钻孔中沿长度方向设置多个不同深度的测点,最多可达10个。收敛计又称为带式伸长计或卷尺式伸长计,主要用于监测建筑物、边坡及周边岩土体锚栓测点间的相对表面位移。测缝计是监测结构接缝开度或裂缝两侧块间相对位移的仪器,按测量原理可分为差动电阻式、钢弦式、电位器式等,主要用于监测边坡基岩的变形。沉降仪是监测边坡岩土体垂直位移的主要仪器,有横梁管式、干簧管式、水管式、电磁式、钢弦式等。

地下倾斜监测仪器主要有钻孔倾斜仪(活动式和固定式)、倾斜计、T字形倾斜仪、杆式倾斜仪及倒垂线5种。目前,钻孔倾斜仪使用较为广泛,该仪器监测精度高,受外界因素干扰少,测读方便,数据直观;但测程有限,由于需要钻孔与埋设管道,因此准备时间较长,投入成本较大。测斜管的埋设、测斜仪的测量原理与方法参见第10章。倾斜计结构、埋设与监测方法见图14-3。

倒垂线一般由监测单位自行设计和安装。倒垂线的锚块埋设于地下深处的基岩内,具有良好的稳定性,可作为变形监测的基准。图14-4所示为一倒垂装置,它由孔底锚块、不锈钢丝、浮托设备、孔壁衬管和观测墩等部分组成。钢丝的一端与锚块固定,另一端与浮托设备相

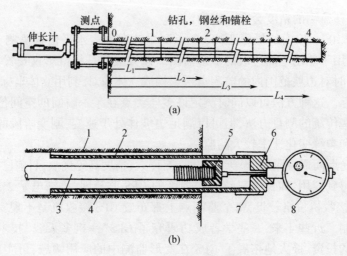

图 14-2 多点位移计示意图

(a) 多点钢丝型；(b) 岩石锚杆型。

1—钻孔；2—砂浆；3—岩石锚杆；4—钢管；5—端盖；6—黄铜塞；7—接头；8—测微表。

连,在浮力作用下,钢丝被张紧,只要锚块不动,钢丝将始终位于同一个铅垂位置上,从而为变形监测提供一条测量基准线。倒垂线观测前,应首先检查钢丝是否有足够的张力,浮体有无与浮桶壁相接触,若浮体与浮桶壁相触,应把浮桶稍微移动直到两者脱离为止,待钢丝静止后用坐标仪精确观测 3 测回,每测回中使仪器从正、反两方向导入而照准钢丝,两次读数差不大于 $\pm 0.3$ mm,各测回间互差也不大于 $\pm 0.3$ mm,并取 3 测回的均值作为观测结果。坐标仪的零位漂移误差对各次观测影响不同,有时可达到相当大的数值,所以观测前应精确测定仪器的零位值,对观测结果施加零位改正。

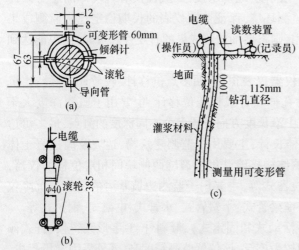

图 14-3 倾斜计示意图

(a) 在可弯曲管中放置倾斜计横截面；(b) 倾斜仪单体；
(c) 由放入型倾斜计在地面测量水平位移。

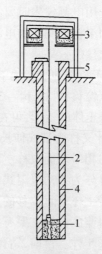

图 14-4 倒垂线结构示意图

1—孔底锚块；2—不锈钢丝；
3—浮托设备；4—孔壁衬管；
5—观测墩。

地下应力监测仪器主要有压应力计和锚索锚杆测力计等。地下应力监测的方法较多,如水压致裂法、应力恢复法等,不同方法所采用的专用设备不同。

环境因素监测仪器主要有雨量计、地下水位自记仪、孔隙水应力计、温度记录仪等,还有用于施工期间振动测量的测振仪器。仪器种类较多,一般根据实际监测工程的需要自制或选用。水压计的埋设如图14-5所示。

**4. 远程监测法**

随着电子技术、计算机技术、通信技术、GPS 技术的发展,各种先进的远程监测系统相继问世,为边坡工程的自动化遥测创造了有利条件。利用电子仪表

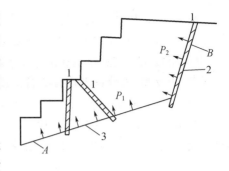

图 14-5 水压计埋设示意图

或 GPS 进行边坡的变形监测,能实现变形监测的全天候和连续化,实现变形监测数据的自动采集、存储、显示、打印,实现变形监测数据处理的自动化。但从目前的使用情况看,远程监测也还存在一些问题需要研究和解决,如仪器仪表在野外恶劣环境下的稳定性和保护方法、传感器的质量、数据通信和传输的方法及其可靠性、仪器仪表的费用投入等。随着研究的深入和经验的积累,远程监测在边坡特别是高边坡工程的变形监测中将得到较为广泛的应用。

## 14.3 监测技术设计

### 14.3.1 设计前应做的工作

边坡监测技术设计包括的内容较多,如工程概况,监测内容的确定,监测点位的布设,监测仪器仪表的选择和监测方法、精度的确定,监测频率和期限的确定,预警值和报警制度的制定等。在技术设计前应做好以下几方面的工作。

(1) 通过个人接触和会议等形式,与建设单位、设计单位、施工单位、监理单位进行沟通和协调,听取他们对边坡监测的意见和要求。

(2) 收集与边坡工程有关的资料,如施工区地形图、工程地质勘察报告、边坡工程设计图、边坡变形控制指标、边坡工程施工组织设计等,并组织监测人员进行认真分析和研究。

(3) 现场踏勘和调查,掌握监测区的地形和地质特征,分析危岩可能的崩滑位置和边坡可能的滑动方向,根据监测内容考虑监测点的布置和确定监测方法等系列问题。

### 14.3.2 监测内容和方法的确定

边坡监测的内容见表 14-1。对于一个具体的边坡工程,监测内容主要取决于工程的设计要求、地质条件、规模大小以及主管单位的要求等,通过对边坡地质背景与工况的深入了解,初步确定边坡变形的范围、方向和深度,本着少而精的原则,既要兼顾整体,更要突出重点,做到地表和地下监测相结合、几何量和有关物理参数监测相结合。

对不同类型和不同工况边坡监测方法的确定,应充分考虑地形、地质条件与监测环境,基于上述 4 种基本监测方法的特点、功能及适用条件,根据具体监测内容选择相适应的监测方法,仪器监测与宏观监测相结合,人工监测与自动监测相结合,通过不同方法的优化组合,获得较好的监测效果。

在监测仪器的选择方面,从经济因素和监测成果的可靠度方面考虑,一般以光学、机械和电子设备为先后顺序,考虑光学、机械和电子设备相互结合。不要一味追求仪器仪表的高精

度,一般来说,高精度的仪器仪表适合监测变形较小的边坡,对于正在形成的以及处于速变、临滑状态的滑坡,仪器仪表的精度可视变化情况适当放宽。

在确定具体的监测技术和精度要求时,应结合边坡工程的监测项目、设计要求、监测方法、监测部位等要素,充分参考现有的有关技术规范和规程,借鉴国内外有关同类型边坡的监测精度。例如,《水利水电施工测量规范》(SL52—93)要求:施工期间进行滑坡、高边坡稳定监测时,若采用前方交会法应符合表14-2的规定;对施工期间外部变形监测和水工建筑物永久变形监测的精度也作了一般的规定,见表14-3。

表14-2 前方交会法进行滑坡、高边坡监测的技术要求

| 方法 | 测角前方交会 | | | 测边前方交会 | | | 边角前方交会 | | | |
|---|---|---|---|---|---|---|---|---|---|---|
| 点位中误差/mm | 测角中误差/(″) | 交会边长/m | 交会角/(°) | 测距中误差/mm | 交会边长/m | 交会角/(°) | 测角中误差/(″) | 测距中误差/(mm) | 交会边长/m | 交会角/(°) |
| ±3 | ±1.0<br>±1.8 | ≤200 | 30~120 | ±2 | ≤500 | 70~110 | ±1.8 | ±2 | ≤500 | 40~140<br>60~120 |
| ±5 | ±1.8<br>±2.5 | ≤250 | 60~120 | ±3 | ≤500 | 60~120 | ±2.5 | ±3 | ≤700 | 40~140 |

注:要求有多余观测

表14-3 滑坡、高边坡变形监测的精度

| 监测对象 | 监测项目 | 位移量中误差/mm | | 备注 |
|---|---|---|---|---|
| | | 平面 | 高程 | |
| 施工期间外部变形 | 滑坡监测 | ±5 | ±5 | 相对于工作基点 |
| | 高边坡稳定监测 | ±3~±5 | ±5 | 相对于工作基点 |
| | 裂缝 | ±3 | | 相对于观测线 |
| 建筑物永久变形 | 滑坡监测 | ±0.5~±3 | ±3 | 相对于工作基点 |
| | 高边坡稳定监测 | ±0.5~±3 | ±3 | 相对于工作基点 |
| | 裂缝 | ±1 | | 相对于观测线 |

## 14.3.3 外部变形监测点的选埋

首先应确定边坡体变形监测的范围,在该范围中确定边坡体的主要滑动方向,按变形范围和主要滑动方向确定测线,再按测线选择测点的位置。测线可以采用十字形布设或放射形布设等,如图14-6所示。十字形布设主要适用于变形范围和主滑方向比较明确的边坡,在与主滑方向垂直的方向上布设若干条测线,沿测线布设监测点,当滑坡为带状时,测站点与照准点也可以沿测线布设,相应地采用视准线法或测线支距法进行监测。放射形主要适用于变形范围和主滑方向不十分明确的边

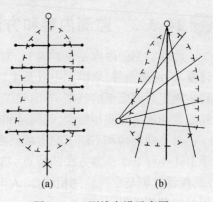

图14-6 测线布设示意图
(a) 十字形布设;(b) 放射形布设。
○ 测站  × 照准点  ● 监测点

坡,从两个测站上放射状布设交会角在30°~150°的若干条测线,两条测线的交点,即监测点。这种布设方法对面积不大、视野开阔的边坡更适用;当面积较大时,可采用任意格网法,其布设和观测方法与放射形方法相同,但需要适当增加测站点与照准点。

一般来说,滑坡监测点宜均匀地布设在滑动量较大、滑动速度较快的轴线方向和滑坡前沿区,滑坡范围内和范围外较为稳定的部位也应布设少量的监测点;高边坡稳定监测点宜呈断面形式均匀地布设在不同的高程面上;裂缝监测点应选择有一定代表性的位置,布设在裂缝的两侧。对于关键部位,如可能形成的滑动带、重点监测部位和可疑部位,应加密布点。值得一提的是,许多边坡仅进行外部变形监测是不够的,还需要进行深层位移监测和其他有关监测。

测站和照准点是变形监测基准点,一般建立在变形区以外稳固的基岩上,对监测点构成有利的作业条件,并建造具有强制归心装置的混凝土观测墩,在土质和地质条件不稳定地区应进行加固处理。垂直位移监测基准点,至少要布设一组,每组不少于3个固定点。

滑坡监测点与边坡体应牢固结合。对于土体,可以采用预制混凝土标石作为标志,标石埋深不宜小于1m。在冻土地区应埋入标准冻土线以下0.5m,也可埋设管径与监测标志配套的钢管,以便插入具有强制对中装置的活动标志。对于岩体,可采用砂浆现场浇筑的钢筋标志,凿孔深度不宜小于10cm。对于人员不易接近的危险地段,可埋设高1.2m的钢管,上端焊接简易的固定监测标志。对于监测周期不长、次数不多的小型滑坡监测点,可埋设硬质大木桩,但顶部应设置照准标志,底部应埋入标准冻土线以下。高边坡稳定监测点与边坡体应牢固结合,标志形式和埋设方法与滑坡监测点基本相同,标志应长期明显可见,尽量做到无人立标。裂缝监测标志的形式应专门设计,根据裂缝的走向、长度、宽度及其变化程度等具体情况选埋。采用近景摄影测量方法进行监测时,监测标志的大小应根据摄影站和被摄目标的远近进行计算,以便在照片上能够获得标志的清晰影像。采用GPS或GPS"一机多天线"技术进行监测时,应保证监测点上的接收机天线能连续接收卫星信号,并注意数据传输光缆的保护。

## 14.3.4 监测期限和频率的确定

不同的边坡工程,由于边坡类型、规模、所处阶段以及边坡变形速率等不同,其监测期限和频率也不尽相同。

施工阶段的边坡监测贯穿边坡施工的全过程,即从边坡开挖或爆破前进行第一次监测,直到整个边坡结构施工和表面处理完成,还要视变形情况适当延长。边坡规模越大,施工时间越长,监测期限就越长。

监测频率受施工进度、滑坡的活跃程度及季节变化等因素影响。岩石边坡在施工初期及大规模爆破阶段,一般以监测爆破震动为主,该阶段的监测频率一般结合爆破工程而定。正常情况下,在爆破完成后,以地表和地下位移监测为主,初测时一般1天监测1次或2天监测1次,施工阶段3~7天监测1次,施工完成后进入运营阶段,当变形及变形速率在控制的允许范围之内时,一般以每一个水文年为一周期,雨季可半个月或1个月监测1次,旱季可2个月左右监测1次。对于变形量增大和变形速率加快的边坡,或遇到暴雨、地震、解冻等情况时,应加大监测频率,必要时1天监测1次,并时刻注意其变形大小和发展趋势。

## 14.3.5 预警值和报警制度的制定

预警值的确定原则上是参照现行规范和规程的规定值、设计预估值和经验类比值,从变形总量和变形速率两方面加以控制,但现行规范和规程的规定值很少。每次监测时,密切观察滑前出现的征兆,监测后应及时整理有关数据,绘制监测点的滑动曲线,当发现变形异常时,应结合其他监测资料进行综合分析,必要时及时报警。报警可以采用在监测报表上做报警记号、口头报警、书面报告报警相结合的形式。

## 14.4 监测数据整理与分析

### 14.4.1 监测数据整理

边坡工程监测内容较多,监测前应根据不同的监测内容,设计各种不同的外业记录表格。记录表格的设计应以记录和数据处理的方便为原则,监测人员应在表格中记录监测中出现的或观察到的异常情况。为表明原始成果的真实性,记录表格中的原始数据不得随意更改,必须更改时,应加以说明。

外业观测完成后,应及时分类整理和检查外业观测资料,进行观测值的平均值等有关计算。外业观测成果应尽快进行计算处理,求得未知数的最或是值及其变形量、变形速率等,编制监测日报表或当期的监测技术报告,并尽快提交有关部门。日报表中不但要体现当期的监测结果,还要体现当期与以往相关成果的关系,方便其他单位或人员更直观地理解和把握。以某大型水电工程临时船闸上游引航道高边坡岩体表层水平位移监测为例,表14-4所列的报表形式可供参考。

表14-4 边坡表层水平位移监测报表

首期观测时间:××.××.×× 上期观测时间:××.××.×× 本期观测时间:××.××.××

| 测点 | 部位 | | $X$方向 | | | $Y$方向 | | | 备注 |
|---|---|---|---|---|---|---|---|---|---|
| | 桩号 | 马道 | 本次位移/mm | 位移速率/(mm/d) | 累积位移/mm | 本次位移/mm | 位移速率/(mm/d) | 累积位移/mm | |
| TP/B1GP4 | 4+786 | 122 | | | | | | | |
| TP/B2GP4 | 4+836 | 122 | | | | | | | |

注:本次位移=上期坐标-本期坐标;位移速率=本次位移/间隔天数;累积位移=首期坐标-本期坐标。
位移$X$方向向下游为"+",$Y$方向向临时船闸中心方向为"+"。
位移速率预警值为××mm/d,累积位移为××mm,"红色"表示超过预警值

对于监测周期较长的大型边坡工程,必要时需要提交阶段性的监测报表。为了使工程管理人员清楚地把握监测点的变化情况和变化趋势,在提交报表的同时,应提交监测点的点位布置图、位移向量图(图14-7)、监测点变形的时程曲线等。

监测工作全部结束后,应提交完整的监测技术总结报告,总结报告至少包括这样一些内容:①工程概况;②监测内容和控制指标;③监测点布置与埋设方法;④监测仪器仪表、监测方法、数据处理方法、监测精度;⑤监测周期与频率;⑥各项监测成果汇总表;⑦结合各项监测结果和有关图件进行变形分析;⑧结论与建议。

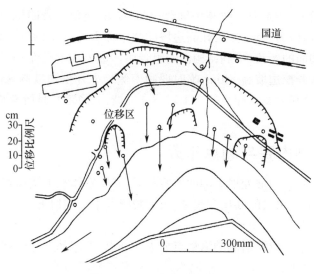

图 14-7　地表位移向量图

### 14.4.2　监测结果分析

当监测工作进行到一定阶段并获得一定数量的监测成果后,应进行变形分析,并向有关部门提交变形分析报告。变形分析应充分结合各项监测汇总资料和监测人员所作的监测日记,并以有关图件进行直观描述和判断。这些图件包括地表位移向量图、深度—水平位移过程线、深度—垂直位移过程线、时间—水平位移过程线、时间—垂直位移过程线、水位(或雨量)—位移过程线等。由于不同的边坡工程监测内容不同,因此所提交图件的种类和数量可能只有上述的一部分。

不同的边坡工程对变形监测分析的广度和深度要求不同,一般而言,要求根据变形监测汇总资料总结阶段性的累积位移、平均位移速率,指出超过累积位移和位移速率预警值的监测点点名、部位和时段,绘制位移向量图和位移随时间、深度、水位等的变化曲线,根据位移向量图描述累积位移的方向,根据变化曲线描述位移的变化过程和变化趋势,描述位移与影响因素之间的关系,总结出一定的特点和规律,得出一定的结论,提出一些对施工具有一定指导意义的建议和意见。对于要求较高的变形监测分析,不仅要进行上述有关分析,还需要结合监测资料进行有关反分析和对数值计算方法进行验证,需要建立回归分析模型或其他数学模型对变形进行超前预报,做这样的分析与预报要进行大量的理论分析和研究。

## 14.5　边坡监测实例

### 14.5.1　工程概况

某大型水利枢纽工程由大坝、水电站和通航建筑物等组成,具有防洪、发电和航运等综合功能。大坝为混凝土重力坝,发电厂房安装有多台水轮发电机组,通航建筑主要为永久船闸、升船机及临时船闸。永久船闸为双线连续五级船闸,可通行万吨级船队。升船机及临时船闸为单线一级垂直升船机和船闸,可通行 3000t 级轮船。

位于坝址左岸低山区的升船机及临时船闸,主要由临时船闸坝段、上下闸首、闸室、输水系统及上下游引航道组成，船闸中心线与坝轴线之间呈76°交角。升船机及临时船闸两侧为人工开挖的高边坡，高边坡为花岗斑岩，在高边坡的临空面上有众多的楔形体，这些楔形体的稳定性取决于相应结构面的产状，不利结构面的组合所形成的楔形体是边坡局部失稳的一大隐患。升船机北侧最大开挖边坡高140m，临时船闸南侧最大开挖边坡高86m，其边坡规模是少见的，对于这种深开挖和大面积卸荷的人工岩石高边坡，其稳定性是所有相关工程技术人员关心的重点问题。

## 14.5.2 监测内容与测点布置

升船机及临时船闸高边坡变形监测的内容包括：表层岩体水平位移和垂直位移、深层水平位移和垂直位移、马道上出露的断层和裂缝、边坡裂缝浅水位和地下水位、锚杆应力、边坡松弛范围等。

高边坡表层岩体水平位移监测的测量点分为基准点、工作基点、监测点。由于施工期间各部位场地十分复杂，因此为了正确可靠地测量出监测点的绝对水平位移，远离施工区埋设了10个稳定可靠的基准点，并每年对基准网复测一次进行检查。由于基准点离监测点较远，在离边坡较近的相对稳定的地方埋设了28个工作基点，作为水平位移测量的测站点。工作基点网每2个月复测一次，并进行稳定性分析。

高边坡表层岩体垂直位移监测测量点分为基准点、工作基点、监测点。远离施工区埋设了2个基准点和1个检核基准点，离边坡较近的相对稳定的地方埋设了17个工作基点，基准点和工作基点构成垂直位移监测网，每年复测一次，并进行稳定性分析。

监测点按断面选埋。断面选择分3个层次，即关键部位、重点部位和一般部位。关键部位指建筑物结构或基础地质条件最复杂、对建筑物安全起决定性作用的敏感部位。重点部位指建筑物结构或基础地质条件比较复杂、对建筑物安全起比较重要的作用又便于与关键部位进行比较分析的部位。除关键和重点部位外，还对另外一些一般部位设置监测项目和监测点。关键和重点部位由水工结构、地质和监测人员反复研究，并经过优化后确定。高边坡监测主要突出4个重要断面，其中1个位于临时船闸上闸首南坡4－4断面，另外3个位于升船机北坡10－10、11－11和7－7断面，桩号分别为5+086、5+135和5+220。现存的升船机及临时船闸高边坡表层岩体水平位移监测点共41个，分别为临时船闸上游引航道边坡7个点、升船机主机北坡15点、临时船闸闸室段7个点、临时船闸下游引航道边坡10个点、临时船闸和升船机中隔段2个点。垂直位移监测点共42个，升船机主机北坡16个点，其余与水平位移监测点数量相同。监测点的具体布置见图14－8。

## 14.5.3 监测方法

表层岩体水平位移监测：基准点与工作基点采用有强制归心装置的观测墩，监测网为一等边角网，采用全站仪 TC2003（$0.5''$，$1mm + 1 \times 10^{-6} \times D$）进行角度测量，采用精密测距仪 ME5000（$0.2mm + 0.2 \times 10^{-6} \times D$）进行边长测量，要求监测网最弱点相对于基准点的点位中误差$\leq \pm 1.0mm$。水平位移采用边角前方交会法进行监测，要求构成较好的交会图形，监测点相对于工作基点的点位中误差$\leq \pm 1.6mm$。

表层岩体垂直位移监测：垂直位移监测网为一等水准网，水准网采用精密水准仪 NI002（标称精度 $0.2mm/km$）和配套的铟钢水准标尺观测，要求监测网最弱点相对于基准点的高程中误差$\leq \pm 1.0mm$。垂直位移采用精密水准仪 NA02 和配套的铟钢水准标尺进行监测，要求

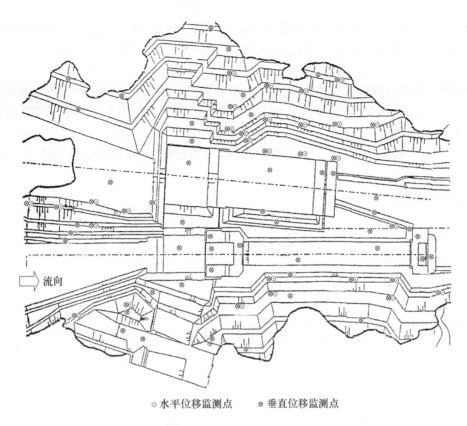

○ 水平位移监测点　　⊗ 垂直位移监测点

图 14 – 8　升船机及临时船闸高边坡表层岩体监测点布置图

监测点相对于工作基点的高程中误差≤±1.5mm。

其他项目监测：深层水平位移和垂直位移分别采用钻孔测斜仪和多点位移计监测，马道上出露的断层和裂缝采用钢丝位移计和错位计监测，边坡裂缝浅水位和地下水位采用渗压计和地下水位观测孔观测，锚杆应力采用锚杆应力计监测，边坡松弛范围采用钻孔声波法和地震法测试。

除了采用仪器仪表进行监测，日常的巡视观察也是重要的监测方法，观察记录也是评判高边坡稳定状况的重要依据。

## 14.5.4　监测数据处理与分析

以升船机及临时船闸高边坡表层岩体水平位移监测数据处理与分析为例。水平位移监测坐标系统采用大坝坝轴坐标系，为直观地表示表层岩体水平位移情况，计算位移量时，将坝轴坐标系中的位移量转换为临时船闸中心线和垂直于中心线方向的位移量。南坡监测点位移量的转换方式为

$$\begin{cases} \Delta X_{临船} = \Delta X_{坝轴}\sin\theta - \Delta Y_{坝轴}\cos\theta \\ \Delta Y_{临船} = -\Delta X_{坝轴}\cos\theta - \Delta Y_{坝轴}\sin\theta \end{cases} \quad (14-1)$$

北坡监测点位移量的转换方式为

$$\begin{cases} \Delta X_{临船} = \Delta X_{坝轴}\sin\theta - \Delta Y_{坝轴}\cos\theta \\ \Delta Y_{临船} = \Delta X_{坝轴}\cos\theta + \Delta Y_{坝轴}\sin\theta \end{cases} \quad (14-2)$$

式中：$\theta$ 为坝轴线与临时船闸中心线之间的交角；$\Delta X_{坝轴}$ 和 $\Delta Y_{坝轴}$ 为监测点在坝轴坐标系中的位

移量；$\Delta X_{临船}$ 和 $\Delta Y_{临船}$ 为监测点在临时船闸坐标系中的位移量，其中：$\Delta X_{临船}$ 表示沿临时船闸中心线方向位移，向下游为正；位移 $\Delta Y_{临船}$ 表示垂直于临时船闸中心线方向的位移，向中心线方向为正。

  计算出监测点各期的位移量后，进一步计算了累积位移量，并根据监测时间与累积位移量作出监测点位移时程曲线，根据时程曲线对位移变化的规律和趋势进行分析，根据其他监测资料的统计与分析，采用回归分析方法对引起位移的影响因子进行分析，计算各影响因子作用量的大小，并进一步对位移的变化进行预报。回归分析方法和变形预报的其他方法参见第 8 章。

## 思考题

1. 边坡工程监测的主要目的是什么？
2. 边坡工程监测的主要内容有哪些？主要利用哪些仪器仪表？
3. 边坡工程监测技术设计包括哪些主要内容？
4. 边坡工程外部变形监测点应如何选埋？
5. 边坡工程外部变形监测周期和预警值一般怎样确定？
6. 边坡工程外部变形监测分析时应结合哪些资料和图件？

# 第 15 章

# 软土地基沉降与稳定监测

## 15.1 概 述

一些带状工程,如铁路、公路、堤防工程等,线路较长,沿线可能经过厚度不等的软土地区。在工程的施工阶段,地基受不断增加的填土以及施工机械的碾压所产生的庞大荷载以及降雨、地下水、温度、时效等因素的综合影响,将产生程度不等的沉降变化。在工程的运营阶段,地基受建筑物的自身集中荷载和其他运动荷载等多种因素的影响,也会产生一定的沉降变化。过大的沉降量和沉降速率可能导致地基失稳甚至破坏,将危及工程的施工安全或建筑物的正常使用,对国家的经济和人民的生命财产构成严重威胁。

在软土地区进行铁路、公路、堤防等工程的施工,国家有关规范都明确要求对地基的沉降与稳定性进行监测。沉降与稳定性监测的目的主要有:

(1) 保证地基及建筑物的施工安全。

水网地区和软土地区地质条件差,由于不断填土产生的荷载使地基承受越来越大的压力,必然引起地基的沉降变化,如果不能有效地控制加载的过程,则沉降量和沉降速率就不能得到有效的控制,当沉降速率达到或超过某一极限时,地基就有可能失稳,进而造成破坏性的变化。地基的破坏必将导致上覆土体的内力状态发生改变,使土体产生较大的侧向位移,引起土体的滑坡和坍塌。在施工阶段,保证施工安全是第一位的。从理论上说,如果软土地基的设计和必要的处理是正确的,施工进度是有节制的,地基及建筑物的施工安全就是可以保证的。但是,软土地基及建筑物的施工安全受多种因素的影响,有些因素是人为的,有些因素是不明的甚至是难以把握的。因此,对软土地基及建筑物施工阶段的沉降与稳定性进行监测和分析,可以及时地判断地基及建筑物的稳定状况,保证地基及建筑物的施工安全。

(2) 预测和控制沉降,帮助施工单位调节填土速率。

沉降的预测和控制包括两个方面:①根据现有的监测资料和施工情况,采用合适的方法预测今后某一时期的沉降量及其趋势,计算沉降速率,帮助施工单位在沉降速率的控制范围内合理地安排和调节填土速率。②预测工后沉降,使工后沉降尽量控制在设计的允许范围之内。由于施工路线上可能存在,如桥梁等一些建筑物,因此也可以通过沉降预测预计建筑物两端土的填筑高度。

(3) 验证各种设计参数和设计沉降量。

各个地区软土的力学性质是有差异的,各个工程地基的处理方法以及新技术、新材料、新工艺的采用也是千差万别的,设计人员所采用的土力学等设计参数虽经过有关试验,但与现场实际仍存有一定的差异,土压力和沉降量的计算与现场实际也有一定的差异。由于填土是分层分阶段进行的,沉降与稳定性监测是根据填土进度等具体情况实施的(一般情况下是定期的,必要时可以改变监测周期),因此通过不同时期实际沉降量和设计沉降量的比较,可以验证有关设计参数,必要时对设计方案和施工工艺进行修正和完善,同时也为今后类似工程的施工积累经验。实际监测的沉降量也可以作为工后计量支付的重要依据。

## 15.2 高速公路软基监测

### 15.2.1 监测内容和方法

高速公路软基监测的基本内容见表15-1。对于一个具体工程,监测内容主要取决于工程的设计要求、地质条件、规模大小以及主管单位的要求等,既要满足工程建设需要,又要经济合理。

表15-1 高速公路软基监测内容和方法

| 序号 | 监测内容 | | 监测方法 | 监测仪器和设备 |
|---|---|---|---|---|
| 1 | 沉降 | 地面沉降 | 水准法、测距三角高程法等 | 水准仪、全站仪、沉降板等 |
| | | 地基深层沉降 | 水准法 | 深层沉降标、水准仪等 |
| | | 地基分层沉降 | 沉降仪量测法 | 沉降仪、分层沉降标等 |
| 2 | 水平位移 | 地面水平位移 | 极坐标法、前方交会法等 | 全站仪等 |
| | | 地下深层位移 | 测斜法 | 测斜仪、测斜管等 |
| 3 | 应力 | 地基孔隙水压力 | 水压力计量测法 | 孔隙水压力计等 |
| | | 地基土压力 | 土压力计量测法 | 土压力计等 |
| | | 地基承载力 | 现场试验法 | 载荷试验仪等 |
| 4 | 其他 | 地下水位 | 水位自记仪法 | 地下水位自记仪等 |
| | | 出水量 | 水量计量测法 | 单孔出水量计等 |

地面位移、沉降监测是高速公路软基监测的主要内容。目前,地面沉降监测仍以水准测量方法为主,根据具体情况和要求可以采用二等水准或三等水准,特殊位置可采用精密测距三角高程方法。根据通视情况,地面位移监测可采用极坐标法、前方交会法等。地面沉降和位移监测选择何种监测仪器和监测精度,参照有关规范和设计要求执行,或者通过对沉降和位移控制指标的具体分析后再作选择。交通部《公路软土地基路堤设计与施工技术规范》规定,"路堤中心线地面沉降速率每天不大于10mm,坡脚水平位移速率每天不大于5mm"。我国几条当时在建的高速公路对地面沉降和位移速率也作出了要求,将它们一并列于表15-2中。也有一些工程,分时期、分部位确定控制指标,如在路堤填筑期、预压期和面层填筑期采用不同的标准,一般部位和桥头等重点部位采用不同的标准等,在此不作详述。

表 15-2  高速公路地面沉降和位移速率控制指标

| 规范或路段 | 沉降速率/(mm/d) | 位移速率/(mm/d) |
| --- | --- | --- |
| 部颁路基施工技术规范 | ≤10 | ≤5 |
| 京津塘高速公路 | 10 | 5 |
| 苏嘉杭高速公路 | ≤10 | ≤5 |
| 深汕高速公路试验段 | 13~15 | 5~6 |
| 泉厦高速公路 | 10 | 2 |
| 佛开高速公路 | <10 | <5 |

地下位移、沉降、应力和水位等监测内容，应根据工程需要，本着少而精的原则有选择地开展，一般选择重点部位作为试验段进行监测试验。这一类监测项目所采用的监测仪器和监测方法，可参考第10章中所介绍的部分内容。

## 15.2.2　监测点的选埋

高速公路软基监测分断面展开，对于断面的位置，工程设计书一般只提出原则要求，如整个路段原则上每隔 100~200m 设置一个断面。但实际操作时要顾及多方面的因素，如不同地段的地形情况、地基的地质类型和处理方式、填筑高度以及附属建筑物等。因此，在确定断面的位置时，首先应收集有关资料，熟悉有关图纸，并到施工现场进行认真的踏勘，实地了解线路上的各方面情况，对桥头、涵洞等重要部位应适当增加监测断面，对填挖方交界的填方端、湖塘地段也要适当增加监测断面。此外，还需考虑经济上的因素，在布设合理的前提下讲究工作效率和经济效益。

采用常规大地测量方法进行地面变形监测，需埋设一定量的基准点和工作基点。基准点埋设在变形区外稳定的地方，平原地区可以用无缝钢管或预制混凝土板打入或埋入一定深度的硬土层中，一般要求埋深大于 8m；丘陵或有岩体露头的地区，可采用预制混凝土桩打入硬土层或直接建在露头岩体上。工作基点选在相对稳定的地方，与监测点之间的距离以大于 2 倍路基底宽为宜。工作基点也可以采用无缝钢管或预制混凝土板打入或埋入硬土层中，埋入深度一般不小于 2m。工作基点上一般建立具有强制对中装置的混凝土观测墩，观测墩高 1.2m 左右，观测墩底座一般要埋入地下 0.5m。

地面水平位移监测一般采用钢筋混凝土预制桩作为标志，也可以采用地面沉降监测的沉降板标志。监测标志一般埋设在路堤两侧趾部及趾部以外 10m 的范围内，一般在趾部及以外埋设 2~4 个点。标志可以采用开挖或打入方式埋设，埋入深度一般不小于 1.2m，桩顶露出地面的高度不大于 10cm。

地面沉降监测通常采用沉降板作为监测标志。沉降板可以由一根直径 3~4cm 带有螺口的直杆钢管和一块 60cm×60cm×9mm 的钢板组成，钢管底部用互成 120°的 3 根钢筋焊接在钢板上，沉降杆每段长度一般为 20~30cm，随填土升高而逐渐接高。每根沉降杆的顶部应设置保护盖。标志的埋设位置通常由工程设计给定，一般来说每个断面应在路中心布设 1 个沉降点，对桥头等重要部位应在两侧路肩及坡趾处（可与水平位移监测标志共用）布设沉降点，几个沉降点应位于一条线上，以便充分体现该断面的沉降情况。沉降板的底座埋设在路基底面或砂垫层上，埋设时要求沉降杆处于铅直状态，并保持管顶低于压实面 5～8cm。

地下水平位移通过在土体内埋设测斜管，采用测斜仪进行监测。我国几条高速公路软基试验工程观测资料均证实，地基在路堤荷载的作用下，土体最大的水平位移发生在地面以下 5～8m 的范围内，地面的位移要比最大点的位移小得多，因此土体深层位移也是重要的监测内容。由于测斜管埋设要求较高，观测工作量较大，所以一般不作为常规施工路段的监测项目，但沿河、临河等临空面较大的稳定性很差的路段，为防止路基施工失稳或有效地控制填土速率，需要进行该项监测。监测点一般选在路堤边坡坡趾或边沟上口外缘 1m 左右的位置，测斜管采用钻孔埋设，钻孔尽量垂直，其偏差率不大于 1.5%。测斜管底部应埋在硬土层以下 50cm 或基岩上，管内的十字导槽必须对准路基的纵横方向。

地基深层沉降是通过在土体内埋设深层沉降标，采用水准仪测量沉降标标杆顶端高程的变化。深层标用于测定某一层位以下土体的压缩量，其位置根据实际需要确定，一般埋设于路中心，不宜埋设于车道位置。深层标由保护管和主杆组成，埋设时要先埋保护管，再下主杆，到位后再将保护管拔离主杆标头 30～50cm，并随填土增高逐步接高。

地基分层沉降通过在土体内埋设分层沉降标进行监测。分层标一般埋设于路中心，一个监测断面埋设 1～2 根。分层标由套有感应线圈的波纹管和导管组成，波纹管为软塑料管，导管为硬塑料管。埋设时要先埋波纹管，当波纹管到达一定深度时插入导管，导管与波纹管一并压至孔底，波纹管露出地面一般为 15～20cm，导管为 30～50cm。分层标埋设深度可为整个软土层厚度，各分层测点间距一般为 1m，必要时加密。

应力监测的主要目的是了解地基随着荷载的不断增加而产生的受力变化，更全面地掌握地基变形的机理及其发展趋势。孔隙水压力计一般埋设于路中心，与位移、沉降监测点位于同一个断面上，一般每种土层均应有孔隙水压力监测点，土层较厚时一般每 3～5m 设一个监测点。土压力计埋设位置按试验要求而定，可水平向埋设，也可竖向埋设。

图 15-1 所示为试验断面上各种监测点的平面布置示意图，图 15-2 为对应的立面布置示意图。

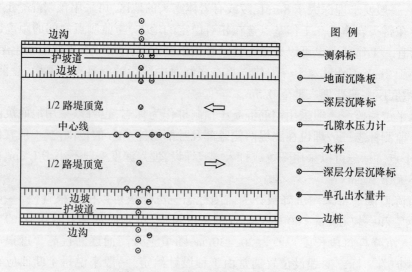

图 15-1　监测点平面布置示意图

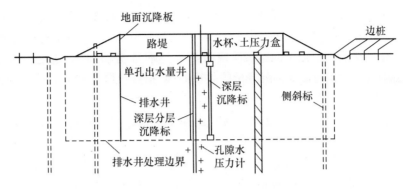

图 15-2 监测点立面布置示意图

### 15.2.3 监测周期的确定

一般来说,由于监测对象及其各种条件不同,关于监测周期的确定,目前还不能得出确切的计算公式,应该根据现有的规范和经验而定。对于软土地区公路施工阶段的地面变形监测,通常按加载阶段和变形是否稳定确定监测周期。公路施工一般分为填筑期、预压期和路面施工期 3 个阶段。第一阶段,荷载逐渐加大,变形速度较快,正常情况下每填筑 1 层或 7 天左右监测 1 次;第二阶段,预压初期每 7~10 天监测 1 次,以后可每月监测 1~2 次;第三阶段,路面每填筑 1 层监测 1 次,若 2 层施工间隔超过 15 天,应增加 1 次。但既定周期并不是一成不变的,当有特殊要求或发现有异常情况时,应适当缩短监测周期。

### 15.2.4 数据处理与分析

施工监测的主要目的是根据监测结果分析和判断软土地基的稳定性,指导施工单位更好地安排和调节施工进度,保证高速公路施工的安全。以沉降监测为例,每一周期监测完成后,应尽快进行有关数据处理,向有关单位提交监测成果报表。表 15-3 是某条高速公路某标段沉降监测成果报表的基本格式,供实际工作中参考。

表 15-3 ××至××高速公路××标段第××期沉降监测成果

| 监测桩号 | 沉降标埋设部位 | 地基处理方法 | 上期监测时间 | 本期监测时间 | 时段天数/d | 累积填土标高/m | 时段沉降/mm | 累积沉降/mm | 沉降速率/(mm/d) |
|---|---|---|---|---|---|---|---|---|---|
| LK5+680 左 | 水塘路段 | 土工格栅+预压 | | | | | | | |
| LK5+680 中 | 水塘路段 | 土工格栅+预压 | | | | | | | |
| LK5+680 右 | 水塘路段 | 土工格栅+预压 | | | | | | | |

提交监测成果报表时,应对监测结果的有关情况作出说明,如沉降速率是否超过预警值、沉降点的破坏和恢复情况等。此外,还应对沉降监测进行分析,分析时首先根据统计数据说明沉降是否满足有关规范和公路不同施工阶段的要求,为便于分析和充分描述沉降变化规律,可采用 Excel 绘制时间—填土高度—沉降量的关系曲线,描述沉降与时间及荷载的关系,必要时可结合路基岩土的类型分析路堤的稳定状态,提出等超载预压的具体地段及进行下一工序施工的时间。整个工程监测结束后,应提交技术总结报告,变形分析时应将监测资料与有关曲线有机地结合起来。例如,国内某条已建成的高速公路,某过渡段测点桩号 K17 + 238 的时间—填土高度—沉降量的过程线如图 15 - 3 所示。根据沉降监测统计资料,在路堤填筑期,相邻监测周期的沉降速率皆小于 10mm/d,可以正常施工,路堤填筑期历时 246 天,累积沉降 169.0mm,平均沉降速率为 0.69mm/d。在路堤预压期间,相邻监测周期的沉降速率皆小于 5mm/d,可以正常施工,预压期历时 183 天,累积沉降 45.0mm,平均沉降速率为 0.25mm/d。预压期结束后,沉降已经趋于稳定,可以进行面层填筑期的施工。该测点整个施工期累积沉降 235.0mm,路堤填筑期、预压期和面层填筑期的日均沉降量皆小于规定的要求,沉降量的变化过程线没有出现异常情况,该测点的沉降属于正常。

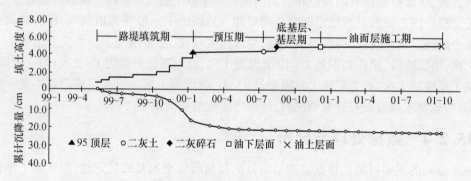

图 15 - 3 桩号 K17 + 238 时间 - 填土高度 - 沉降量过程线

## 15.3 堤防工程软基监测

### 15.3.1 监测内容和方法

堤防工程软基监测与高速公路软基监测的基本内容和方法有很多相似之处,见表 15 - 1。对于一个具体堤防工程,由于所处区域、所用材料等不同,监测内容差异很大,主要取决于工程设计的要求。目前,地面沉降和水平位移监测仍然是堤防工程软基监测的主要内容。

地面沉降监测仍以水准测量方法为主,辅以精密测距三角高程和连通管方法。沉降监测控制网可以按照二等水准要求进行观测,闭合差不大于 $\pm 0.72\sqrt{n}$ mm,沉降监测点可以按照三等水准要求进行观测,闭合差不大于 $\pm 1.4\sqrt{n}$ mm($n$ 为测站数)。当采用精密测距三角高程方法进行沉降监测时,要解决好下面几个问题。

(1) 仪器精度。仪器应当具有较高的标称精度,根据目前全站仪的普遍使用,测角精度最好在 2″及以上,测边精度最好在 2mm + 2 × $10^{-6}$ × $D$ 及以上。

(2) 测距长度。根据第 2 章有关理论分析,测距长度对三角高程测量精度有较大的影响,短距离三角高程测量可以获得较高的精度,因此应当适当控制测距长度。

（3）大气折光。大气折光是三角高程测量精度的重要影响源,特别是对单向三角高程测量,其影响是无法消除的,只能采用适当的方法予以减弱,如较为准确地确定测线上的大气折光系数和缩短测距长度等。

连通管可采用移动式或固定式,观测应在气温较为稳定的时间进行,观测时应注意保持水面稳定,应平行测读2次,2次读数差应不大于2mm。根据有关规范和以往的工程经验,在堤防工程施工阶段,多以沉降速率不大于10mm/d作为地基沉降的稳定性控制指标。

地面水平位移监测方法要视具体情况而定,特别是测区的通视情况,可采用极坐标法、前方交会法、视准线法等;对于土石坝,还可以采用倒垂线法或引张线法。地面水平位移包括沿堤(坝)轴线方向的纵向位移和垂直于轴线方向的横向位移,必要时应当将监测成果作坐标系变换。水平位移监测的精度根据具体情况而定,对于防洪大堤,监测网视情况可以按照四等三角的精度观测,监测点按照一级导线的精度观测;土石坝水平位移监测精度要求相对高一些,可按照有关规范和设计要求执行。根据有关规范和以往的工程经验,在堤防工程施工阶段,多以水平位移速率不大于5mm/d作为稳定性控制指标。

堤防工程软基监测还包括表面裂缝、地下分层沉降、地下深层和分层位移、应力/应变、渗流、水文气象等监测内容,一般根据工程需要,选择重点部位进行监测试验。这一类监测项目所采用的监测仪器和监测方法,可参考其他有关章节。

## 15.3.2 监测点的选埋

监测点可以按横断面或纵断面选埋。对于长度较长的防洪大堤,一般按横断面选埋。对于土石坝,当采用视准线法进行监测时,一般按纵断面选埋,即沿着或平行于坝轴线选埋。视准线监测方法不太适合防洪大堤,但比较适合长度相对较短的土石坝。视准线监测方法参见第3章,土石坝变形监测参见第13章。对于防洪大堤,工程设计书一般只提出横断面设置的原则要求,如每隔300～500m设置一个断面,实际选择断面时应根据有关资料和现场踏勘,充分考虑不同地段的地形和地质条件,原湖塘地段应作为重点监测对象,适当增加监测断面。

防洪大堤是带状工程,采用常规大地测量方法进行地面变形监测时,需沿着大堤走向埋设一定量的基准点和工作基点。由于大堤横断面较宽,填土较高,两大堤之间一般作为挖方地段很难通行,所以基准点只能埋设在每条大堤外侧变形区外稳定的地方,平原地区可以用无缝钢管或预制混凝土板打入或埋入一定深度的硬土层中,丘陵或有岩体露头的地区,可采用预制混凝土桩打入硬土层或直接建在露头岩体上。工作基点一般也选在每条大堤外侧相对稳定的地方,当两条大堤之间有隔堤时,也可选埋在隔堤上。由于防洪大堤施工区通视条件较差,相邻监测断面相隔较远,因此极坐标法是水平位移监测较为适用的方法,每个监测断面上应尽可能选埋工作基点。在软土地区,工作基点可以采用无缝钢管或预制混凝土板打入或埋入硬土层中。为提高工作效率和监测精度,工作基点最好建立具有强制对中装置的混凝土观测墩,墩身应视大堤高度适当加高,观测墩底座一般要埋入地下0.5m。

地面沉降监测采用沉降板作为监测标志。沉降板可以由一根带有螺口的直杆钢管和底板组成,直杆钢管直径约3～4cm,底板可为一块60cm×60cm×9mm的钢板或60cm×60cm×3cm的钢筋混凝土底板,钢管与底板垂直焊接,同时用互成120°的3根钢筋加固焊接。沉降杆每段长度可为50～80cm,随填土升高而逐渐接高,每根沉降杆的顶部应设置保护盖。标志的埋设位置通常由工程设计给定,一般来说每个断面应在堤顶轴线、两侧平台、堤脚等部位布设沉降点,几个沉降点应位于一条线上。沉降板的底座埋设在堤基底面上,埋设时要求沉降杆处于铅直状态。

地面水平位移监测可以采用钢筋混凝土预制桩作为标志,也可以采用沉降板作为标志。若以沉降板作为标志,需要用约10cm长的钢管做成螺口管套,管套焊接在一块比仪器基座略大的钢板上,钢板上做好插孔,便于用连接螺丝与仪器基座相连和安置活动照准标志。监测标志一般埋设在堤脚、坡脚、河口等位置,可以采用开挖方式埋设,埋入深度一般不小于1.2m。水平位移监测标志必要时可与沉降监测标志共用。

地基深层位移、地基分层沉降等其他监测项目,一般在工程试验段和试验断面上才进行监测,监测点布设位置通常由设计人员提出,可参考本章第15.2节,此处不再详述。

### 15.3.3 监测周期的确定

表15-4所列为《土石坝安全监测技术规范》对监测频次的要求,可作为参考标准。对于防洪大堤施工阶段地面变形监测,通常按加载阶段和变形是否趋于稳定确定监测周期。第一阶段,从基础施工开始到满荷载为止,这一阶段是变化最快阶段,一般断面每7天左右监测1次,试验断面可3~4天监测1次;第二阶段,从满荷载到变形逐渐变小,这一阶段应逐渐减少监测频次,可1个月监测1次;当变形趋向稳定时,可半年监测1次,直到停止监测。

表15-4 土石坝安全监测频次

| 观测项目 | 施工期/(次/月) | 初蓄期/(次/月) | 运行期/(次/年) |
| --- | --- | --- | --- |
| 表面变形 | 6~3 | 10~4 | 6~2 |
| 内部变形 | 10~4 | 30~10 | 12~4 |
| 裂缝及接缝 | 10~4 | 30~10 | 12~4 |
| 岸坡位移 | 6~3 | 10~4 | 12~4 |
| 混凝土面板变形 | 6~3 | 10~4 | 12~4 |

### 15.3.4 数据处理与分析

每一次监测完成后,应尽快进行有关数据处理,向有关单位提交监测成果报表。表15-5是沉降监测成果报表的基本格式,水平位移监测成果报表的格式可类似设计。

表15-5 ××堤防工程××标段第××期沉降监测成果

| 监测断面 | 沉降部位 | 上期监测时间 | 本期监测时间 | 时段天数/d | 累积填土标高/m | 时段沉降/mm | 累积沉降/mm | 沉降速率/(mm/d) |
| --- | --- | --- | --- | --- | --- | --- | --- | --- |
| I | 轴线 | | | | | | | |
| | 堤脚 | | | | | | | |
| | 河口 | | | | | | | |

提交监测成果报表时,应对监测结果的有关情况作出说明,如变形速率是否超过预警值、监测点的破坏和恢复情况等。此外,还应对变形进行分析,根据统计数据说明变形是否满足有关规范和设计的要求。为便于分析和充分描述变形规律,可绘制时间—填土高度—变形量的关系曲线,描述变形与时间及荷载的关系。在获得一定数量的监测资料后,可以采用合理的方法进行变形预报,给施工调节提供技术支持。

## 15.4 堤防工程施工监测实例

### 15.4.1 工程概述

淮河入海水道是国家重点防洪工程,防洪大堤西起洪泽湖东侧二河闸,沿苏北灌溉总渠北侧与总渠成二河三堤,东至扁担港注入黄海,全长 163.5km。工程的主要内容为泓道开挖、堤防填筑、滩面清障和青坎排水等。大堤分北堤和南堤,土质结构,北堤设计堤顶高程为 9.65m,南堤设计堤顶高程为 10.14m,堤顶宽为 8m,主堤两侧平台宽为 30m,主堤和两侧平台的坡度为 1:3。北堤北侧开挖一条调度河,北堤和南堤之间开挖两条河道分称北泓和南泓,以北隔堤和南隔堤分开,北泓和南泓底宽分别为 50m 和 68m,设计河底高程为 -2.0m。位于江苏省阜宁县境内的防洪大堤,处于地质条件很差的软土地区,因此需要在大堤整个施工阶段进行地面水平位移和沉降监测,通过监测及其分析调节施工速率,以保证大堤的施工安全。

### 15.4.2 控制网建立与观测

如图 15-4,淮河入海水道阜宁Ⅰ标位于江苏省阜宁县境内,大堤分南堤和北堤,每堤长约 4km。根据防洪大堤带状的特点、观测断面的设计要求和实际地形情况,在实地选定了 8 个

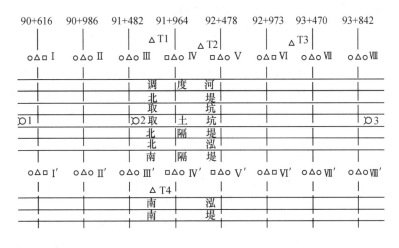

图 15-4 大堤平面与控制网布设略图

观测断面Ⅰ-Ⅰ′~Ⅷ-Ⅷ′,断面间距约 500m,其中Ⅰ-Ⅰ′、Ⅳ-Ⅳ′为施工速率试验断面。在相应断面调度河子堰北侧和南隔堤南脚以南 3m 左右分别选择 8 个工作基点,每个工作基点先用 4 根无缝钢管打入地下 2m,然后浇筑钢筋混凝土观测墩,并安装强制对中底盘,观测墩底座埋入土层 0.5m 以下,底盘对中误差小于 0.2mm。墩基上预留钢筋头作为沉降监测的工作基点标志,每个工作基点附近埋设 2 个混凝土标石水准点,用于工作基点高程的临时性检查。由于通视困难,网中增设了 4 个永久性过渡点和 3 个临时性过渡点,所有点构成导线网和水准网。导线网采用 T2000 电子经纬仪(标称精度 ±0.5″)和 DI5 测距仪(标称精度 ±(3mm + $2 \times 10^{-6} \times D$))按四等导线观测。水准网采用 Ni007 自动安平水准仪(标称精度 ±0.7mm/km)和铟钢标尺按二等水准观测。导线网和水准网每半年复测一次,根据复测平差结果分析工作

基点的稳定状态。

### 15.4.3 监测点选埋与监测

大堤横断面与监测点布设如图 15-5 所示。北堤每个断面上布设 7 个监测点,分别布置在调度河河口、堤脚、压载平台、堤顶轴线和北泓河口等部位;南堤每个断面上布设 4 个测点,分别布置在南泓河口、坡脚、平台和堤顶轴线等部位。每个点均进行水平位移和沉降监测。水平位移和沉降监测点采用两种标志,调度河河口 1、取土坑边缘 7、南泓河口 8 三个点埋设普通混凝土标石,其他部位采用非坑式埋设沉降板。钢管每节 80cm,钢管两端制成螺口,通过管套相互连接,管的一端刷上红漆作为保护监测点的一种警示标志。

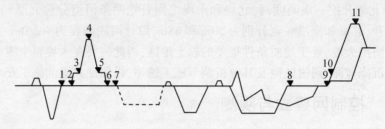

图 15-5 大堤横断面与监测点布设略图

按照设计和施工的要求,施工速率试验断面每 3~4 天左右监测 1 次,其他断面每 7 天左右监测 1 次,满足《土石坝安全监测技术规范》关于土石坝施工期 6 次/月~3 次/月的监测频率要求。

监测点的水平位移采用 T2000 + DI5 以极坐标法观测,即将仪器安置于某断面两端的观测墩上,以相邻控制点作后视,按一级导线要求观测该断面上各测点的水平角和边长,其中北堤上的点 1~点 4 在调度河北边的观测墩上观测,北堤上的点 5~点 7 和南堤上的点 8~点 11 在南隔堤上的观测墩上观测。

监测点的沉降采用 Ni007 和铟钢标尺进行单程观测,北堤上的点自调度河北边的水准工作基点起测,南堤上的点自南隔堤上的水准工作基点起测,进行沉降监测的同时,测记堤面的实际填土高程,作为堤防施工速率试验和沉降分析的重要资料。

按有关规范和设计、施工单位的要求,防洪大堤可持续施工的条件是:日均水平位移 5mm,日均沉降 10mm。根据这些要求,对水平位移监测和沉降监测所采用的仪器和方法进行分析,其监测精度完全满足相应的要求。

### 15.4.4 数据处理与分析

监测点高程和沉降的计算相对比较简单,直接利用 Excel2000 进行计算,填入预先设计好的沉降监测成果报表中,并打印提交有关单位。水平位移监测数据量大,选用了 Excel2000 电子表格进行数据的存储,采用 Excel2000 下的 VBA 编程工具编制了相应的数据处理软件,其核心包括数据输入与更新、数据计算、数据维护和图表打印输出。计算时首先调用观测值表进行计算,得出本期各测点的坐标,再计算出相邻周期的位移量和累积位移量,填入预先设计好的水平位移监测成果报表中,并打印提交有关单位。为了施工单位更好地理解水平位移的变化情况,建立了一个以横断面和堤轴线组成的新坐标系,在程序中设置坐标旋转功能,将测量坐标转换到新坐标系中,再计算出相邻周期的位移量和累积位移量。

技术报告采用了3种形式,即日报表、阶段性技术报告、技术总结报告。日报表中只对监测点的变形量、变形速率、填土高度、监测点的破坏和恢复等情况作出描述,指出变形速率是否超过允许值。阶段性技术报告一般1~2个月提交一次,对这一阶段的监测资料和成果进行汇总,绘制变形量与时间、荷载等变形关系曲线,根据资料和曲线描述监测点变形趋势,必要时建立合理的数学模型进行变形预报,对施工提出有关建议。当监测工作全部结束后提交技术总结报告,对整个监测阶段的资料、成果进行汇总和分析,对全部监测工作进行总结,提出有关结论和建议。

该工程确定北堤Ⅳ号断面为施工速率试验断面,该断面施工速度最快,填土高程最高,监测次数最多,由于4号点所处的特殊位置,所以,主要以Ⅳ号断面4号点为例进行沉降分析。

4号点位于大堤的中心,填土速度最快,自2000年7月11日首期观测,到2001年12月22日,524天共观测了67期,此时大堤的堤面高程已达8.66m,离设计高程还差0.99m,累积沉降为1133.0mm,平均日沉降量一般在0.8~4.3mm,最大日沉降量达8.0mm,小于有关规范关于日沉降量10mm的要求。根据67期的监测数据绘制了时间—沉降过程线和填土高程—沉降过程线,分别见图15-6和图15-7。由图可以看出,4号点在施工期间一直具有沉降的趋势,且随着填土高程即荷载的增加有较大的变化。由于堤基的压缩变形是一个渐进的过程,因此即使荷载在某一阶段停止增加,沉降也还存在一定的变化,说明沉降与时间存在一定的关系。此外,4号点的沉降还有可能受到诸如地下水等不明因素的影响。从统计数据和沉降过程线上看,4点的沉降没有出现异常的现象,对施工安全无影响。

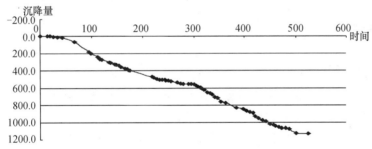

图15-6 时间—4号点沉降量过程线

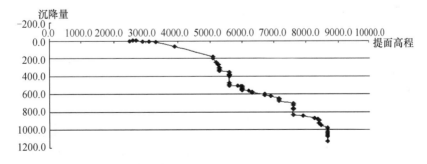

图15-7 堤面高程—4号点沉降量过程线

按1~7号点的沉降量与监测点间距的关系作图(图15-8),可以看出大堤基础整体的沉降情况:4号点具有显著的沉降趋势;而1号点由于离主大堤较远,没有表现出明显的沉降趋势;7号点与1号点有相似的规律;2、3号点与5、6号点在4号点两侧成对称布置,也对应表现出相似的沉降规律。

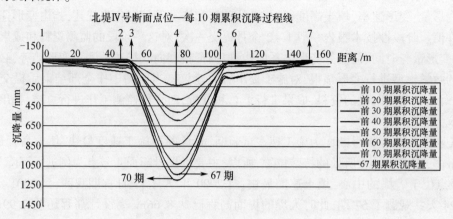

图 15-8　Ⅳ号断面整体沉降曲线

根据上述分析,沉降与时间、填土高程等存在密切的关系。先以主堤填土高程、压载平台填土高程、时效作为影响因子,采用回归分析方法进行沉降分析和预报,预计到 2002 年 5 月 31 日完工时,大堤堤面高程达到 9.65m,压载平台高程达到 5.00m,累积沉降量将达到 1752.3mm,再采用灰色模型进行沉降量的预报,累积沉降量将达到 1682.8mm,两种方法的预报结果与工程设计预计沉降量 1.8m 都很接近。

 **思考题**

1. 软土地基沉降与稳定性监测的目的是什么?
2. 高速公路软基监测的主要内容有哪些?主要监测方法有哪些?
3. 高速公路软基监测断面和监测点如何布设?
4. 堤防工程施工监测的主要内容有哪些?主要监测方法有哪些?
5. 堤防工程施工监测断面和监测点如何布设?
6. 高速公路和堤防工程外部变形监测分析时应结合哪些资料和图件?

# 参 考 文 献

[1] 中华人民共和国建设部综合勘察研究设计院.建筑变形测量规程:JGJ/T 8—97[S].北京:中国建筑工业出版社,1998.
[2] 电力行业大坝安全监测标委会.混凝土坝安全监测技术规范:DL/T 5178—2003[S].北京:中国电力出版社,2003.
[3] 中华人民共和国水利部大坝安全监测中心.土石坝安全监测技术规范:SL 60—1994[S].北京:中国水利水电出版社,1994.
[4] 中华人民共和国水利部大坝安全管理中心.土石坝安全监测资料整编规范:SL 169—96[S].北京:中国水利水电出版社,1996.
[5] 全国地理信息标准化技术委员会.测绘基本术语:GB/T 14911—94[S].北京:中国标准出版社,1994.
[6] 中国有色金属工业总公司.工程测量基本术语标准:GB/T 50228—96[S].北京:中国计划出版社,1996.
[7] 中华人民共和国交通部第一公路勘察设计院.公路全球定位系统(GPS)测量规范:JTJ/T066—98[S].北京:人民交通出版社,1998.
[8] 中国有色金属工业总公司.工程测量规范:GB 50026—93[S].北京:中国计划出版社,1993.
[9] 中华人民共和国交通部第一公路勘察设计院.公路勘测规范:JTJ 061—99[S].北京:人民交通出版社,1999.
[10] 中华人民共和国交通部公路管理司中国公路学会.公路工程技术标准:JTJ 001—97[S].北京:人民交通出版社,1997.
[11] 中华人民共和国建设部勘察与岩土工程标准.城市测量规范:GJJ 8—99.[S].北京:中国建筑工业出版社,2004.
[12] 张正禄.工程测量学[M].武汉:武汉大学出版社,2005.
[13] 赵志仁.大坝安全监测设计[M].郑州:黄河水出版社,2003.
[14] 章书寿,华锡生.工程测量[M].北京:水利水电出版社,1999.
[15] 吴中如,顾冲时.大坝安全综合评价专家系统[M].北京:科学技术出版社,1997.
[16] 华锡生,黄腾.精密工程测量技术及应用[M].南京:河海大学出版社,2002.
[17] 孔祥元,梅是义.控制测量学[M].武汉:武汉测绘科技大学出版社,2004.
[18] 於宗俦,于正林.测量平差基础[M].武汉:武汉测绘科技大学出版社,1989.
[19] 陈永奇,吴子安,吴中如.变形监测分析与预报[M].北京:测绘出版社,1998.
[20] 李青岳,陈永奇.工程测量学[M].北京:测绘出版社,1995.
[21] 夏才初,潘国荣.土木工程监测技术.北京:中国建筑工业出版社,2001.
[22] 姜柳琦,裴灼炎,王基尧.精密弦矢导线法与边角导线法比较浅析[J].大地测量与地球动力学,2002(1):114 - 118.
[23] 王立军,周江余.CZY无浮托引张线系统在水电站观测上的应用[J].华中电力,2004(5):56 - 58.
[24] 张加献,麻凤海,徐佳.基于TCA2003全站仪的变形监测系统的研究[J].中国矿业,2005,14(4):67 - 69.
[25] 花向红,王新洲,吴凤华,等.用全站仪对建筑物水平位移及倾斜进行监测研究[J].测绘信息与工程,2003(6):9 - 11.
[26] 高改萍,李双平,苏爱军,等.测量机器人变形监测自动化系统[J].人民长江,2005,36(3):63 - 65.
[27] 吴景勤.自动极坐标实时差分监测系统在滑坡区大坝外部变形监测中的应用[J].地质灾害与环境保护,2005,16(2):215 - 219.
[28] 吕刚.大坝安全监测技术及自动化监测仪器、系统的发展[J].大坝观测与土工测试,2001(3):1 - 4.
[29] 刘敏,张黎明.通用分布式MCU的研究及在飞来峡大坝安全监测中的应用[J].水利水文自动化,2004(2):17 - 20.
[30] 郝长江,杜泽快,胡长华.彭水电站工程安全监测与自动化系统设计[J].人民长江,2006(1):29 - 30.
[31] 张正禄,张松林,黄全义.大坝安全监测、分析与预报的发展综述[J].大坝与安全,2002(5):13 - 16.
[32] 叶培伦,俞亚南.应用层次分析法评判混凝土桥梁综合性能[J].华东公路,2000,10(5):18 - 20.
[33] 张永清,冯忠居.用层次分析法评价桥梁的安全性[J].西安公路交通大学学报,2001,21(3):52 - 56.
[34] 许甫华.层次分析法在铁路既有混凝土桥梁综合性能评价中的应用[J].贵州工业大学:自然科学版,2003(3):88 - 92.
[35] 过静珺,戴连君,卢云川.虎门大桥GPS(RTK)实时位移监测方法研究[J].测绘通报,2002(12):4 - 5,12.
[36] 岳建平,华锡生.大坝安全监控在线分析系统研究[J].大坝观测与土工测试,2000(1):12 - 15.

[37] 陈伟清.高耸建筑物倾斜观测方法探讨[J].北京测绘,2002(3):32-35.
[38] 彭启友,裴灼炎.三峡水利枢纽工程变形监测综述[J].大坝与安全,2004(4):1-4.
[39] 严建国,李双平.三峡大坝变形监测设计优化[J].人民长江,2002,33(6):36-38.
[40] 马天兵,杜菲.光纤传感器的应用与发展[J].煤矿机械,2004(8):9-10.
[41] 鲍吉龙,章献民,陈抗生,等.光纤光栅传感器及其应用[J].激光技术,2000,24(3):174-179.
[42] 符伟杰,储华平,周柏兵.光纤传感器在大坝安全监测中的应用及前景[J].大坝与安全,2003(6):48-51.
[43] Elamari A, Inaudi D, Breguet J, et al. Low-Coherence Fiber Optic Sensors for Structural Monitoring[J]. Vurpillot, Structural Engineering International, 1998.
[44] 蔡德所.光纤传感技术在大坝工程中的应用[M].北京:中国水利水电出版社.2002.
[45] Inaudi D, Elamari A, Pflug L, et al. Low-coherence deformation sensors for the monitoring of civil-engineering structures Vurpillot, Sensor and Actuators A, 1994.
[46] 刘基余,李征航,王跃虎,等.全球定位系统原理及其应用[M].北京:测绘出版社,1995.
[47] 刘大杰,施一民,过静珺.全球定位系统(GPS)的原理与数据处理[M].上海:同济大学出版社,1997.
[48] 许其凤.GPS卫星导航与精密定位[M].北京:解放军出版社,1989.
[49] 周忠谟,易杰军.GPS卫星测量原理与应用[M].北京:测绘出版社,1992.
[50] 岳建平.工程测量[M].北京:科学出版社,2006.
[51] 王利,张勤,赵超英,等.GPS一机多天线技术在公路边坡灾害监测中的应用研究[J].公路交通科技,2005(S1):163-166.
[52] 桑文刚,何秀凤,许斌,等.基于GPS多天线技术的远程自动化高边坡监测系统[J].水利水电科技进展,2006,26(1):63-65.
[53] 徐良,过静珺,戴连君,等.基于GPS(RTK技术)的虎门大桥位移实时监测数据分析[J].工程勘察,2001(1):47-48,62.
[54] 何秀凤,华锡生,丁晓利,等.GPS一机多天线变形监测系统[J].水电自动化与大坝监测,2002,26(3):34-36.
[55] 黄声享,尹晖,蒋征.变形监测数据处理[M].武汉:武汉大学出版社,2003.
[56] 白迪谋.工程建筑物变形观测和变形分析[M].成都:西南交通大学出版社,2002.
[57] 邓聚龙.灰色预测和决策[M].武汉:华中理工大学出版社,1986.
[58] 张树京,齐立心.时间序列分析简明教程[M].北京:清华大学出版社,北方交通大学出版社,2003.
[59] 赵显富,吴宝珍.沉降观测内外业数据处理一体化专家系统研究[J].测绘通报,2002(10):37-39.
[60] 赵显富,孟庆云.高层建筑物变形监测任意点置镜方向交会计算[J].兰州铁道学院学报,1997(1):20-23.
[61] 白迪谋.交通工程测量学[M].成都:西南交通大学出版社,1996.
[62] 吴子安.工程建筑物变形观测数据处理[M].北京:测绘出版社,1989.
[63] B H 甘申.建筑物垂直位移的观测与水准标石稳定性分析[M].高士纯,任慧舲,译.北京:测绘出版社,1986.
[64] 刘钊,佘才高,周振强.地铁工程设计与施工[M].北京:人民交通出版社,2004.
[65] 栾元重,曹丁涛,徐乐年,等.变形观测与动态预报[M].北京:气象出版社,2001.
[66] 周文波.盾构法隧道施工技术及应用[M].北京:中国建筑工业出版社,2004.